中央宣传部　新闻出版总署　农业部
推荐“三农”优秀图书

简明养猪手册

（第2版）

杨远新　田有庆　童晓莉　编著

中国农业大学出版社
·北京·

图书在版编目(CIP)数据

简明养猪手册/杨远新等编著.—2版.—北京:中国农业大学出版社,2010.4

ISBN 978-7-81117-968-2

Ⅰ.①简… Ⅱ.①杨… Ⅲ.①养猪学-手册 Ⅳ.①S828-62

中国版本图书馆 CIP 数据核字(2010)第 031904 号

书　名 简明养猪手册(第 2 版)

作　者 杨远新 田有庆 童晓莉 编著

策划编辑 赵 中　　**责任编辑** 潘晓丽

版式设计 郑 川　　**责任校对** 陈 莹 王晓凤

出版发行 中国农业大学出版社

社　址 北京市海淀区圆明园西路 2 号　　**邮政编码** 100193

电　话 发行部 010-62818525,8625　　读者服务部 010-62732336

编辑部 010-62732617,2618　　出 版 部 010-62733440

网　址 http://www.cau.edu.cn/caup　　**e-mail** cbsszs@cau.edu.cn

经　销 新华书店

印　刷 北京时代华都印刷有限公司

版　次 2010 年 4 月第 2 版　2012 年 3 月第 8 次印刷

规　格 850×1 168　32 开本　10.125 印张　250 千字

印　数 42 971～47 970

定　价 18.00 元

再版前言

本书能有机会再版，作为编写者，我们感到十分欣慰。

随着农家养猪和规模化养猪齐头并进，我国的养猪业得到迅速发展，猪肉产品的商品率越来越高。市场对猪肉的需求量已基本得到满足，甚至在一些地区还出现了供大于求的现象。在这种形势之下，消费者将对猪肉产品数量上的要求，逐渐转向了对质量上的追求。这种质量上的追求表现为两个方面：一方面要求猪肉瘦肉含量高、风味好；另一方面要求猪肉中不含有毒有害物质（如瘦肉精、激素、过量的抗生素、微量元素和兽药等），达到无公害绿色安全肉食品要求。同时，由于人们的环保意识增强，要求养猪生产与环境保护要相协调。新形势给养猪生产者提出了新的要求。为反映这种思想观念，在对本书的修订中，对第一版的章节和内容做了较大的调整和增删，以求让它更能适应新形势下的养猪业对科学技术的要求。但愿修订后的《简明养猪手册》能实现这个愿望。

在《简明养猪手册》修订之前不久，本书编著者之一，重庆市畜牧科学研究院研究员、硕士生导师童晓莉同志不幸英年早逝。在这里，我们谨向她表示诚挚的悼念。

这次修订仍难免存在错误和疏漏，敬请读者批评指正。本书修订还参阅、引用了有关资料，没有在各章节中一一列出。在此，借再版之际谨向原作者表示由衷的谢意。

编著者

2009 年 7 月于重庆

第一版前言

随着社会经济的发展和人民群众生活水平的提高，市场对猪肉的需求不断增加，这为养猪业提供了广阔的发展前景。从猪的生物学特性来看，猪是杂食动物，对饲料营养物质的转化率高，可以充分利用饲料资源；猪的肥育期短，繁殖力强，具有较强的生产性能。我国养猪历史悠久且品种资源丰富，现代科学技术为我国养猪业的发展提供了有利条件；只要充分利用和发挥我国的资源优势和市场优势，在现代科学技术的指导下就能进一步提高我国养猪生产水平，使我国的养猪生产步入商品化、产业化轨道。

为了向广大养猪生产者推广、普及科学的养猪技术，我们编写了这本《简明养猪手册》。

《简明养猪手册》围绕养猪生产的各个环节，介绍了猪的品种、营养与饲料、繁殖技术、种猪饲养管理、仔猪培育、猪的肥育、猪舍建筑设计与设备、猪的产品加工、猪病防治等有关知识与技术。

在本书的编写过程中，我们得到了四川畜牧兽医学院、重庆市养猪科学研究院的支持和帮助，特致谢意。

由于我们的经验和水平有限，书中缺点和疏漏之处敬请读者批评指正。

编著者

2002 年 2 月

目　录

第一章　猪舍的建筑与设备

根据猪的生物学特性和不同生理阶段的要求，因地制宜，合理规划，合理建造猪舍，选择适用的设施设备，方便饲喂和管理，让猪只生长好，发育快，对减少疾病发生和降低饲料消耗有重要意义。另一种养猪新形式——生态养猪，采用发酵床养猪技术，既达到养猪零排放的目的，又提高了猪肉品质，生产出真正意义上的绿色、健康、安全放心猪肉。

第一节　猪对环境的要求

猪的健康和生产性能与环境因素关系甚为密切。了解这些环境因素对猪的影响，就可为猪只创造适宜的环境条件，保证猪只健康，提高猪只生产性能和劳动生产率。

一、温度

适宜的环境温度，是保证猪正常生长发育、产肉、繁殖的前提条件。猪所需要的适宜温度，因年龄、类型和品种的不同而有差异，详见表 1-1。

表 1-1　不同年龄和不同类型猪的适宜温度

猪日龄或类型	温度/℃	猪日龄或类型	温度/℃
0～3/d	28～30	幼猪(40 kg 以下)	18～20
4～7/d	25	育肥猪(40 kg 以上)	15～17
8～15/d	24	成年公、母猪	12～13
16～28/d	22	分娩母猪	18～22
29～56/d	20		

随着猪体重和日龄的增长，猪所需要的环境温度逐渐降低。试验研究表明：猪生长速度最快所需要的气温与其体重的关系可用以下公式表示。

$$T=-0.06W+26$$

式中：T——猪生长最快所需要的气温(℃)；W——猪的体重(kg)。

从上式可以推算出：猪每增加 10 kg，需要的气温相应下降 0.6℃。在最适宜的气温以下时，每下降 1℃，日增重减少 10～17.3 g。若高于最适气温则日增重下降得更多。如果气温超过 37℃时，体重 45 kg 以上的全都减重。气温对猪日增重的影响见表 1-2。

表 1-2　气温对猪日增重的影响　　kg

猪体重/kg	气温/℃							
	4	10	15	21	26	32	37	43
45	—	0.67	0.71	0.91	0.90	0.64	−0.13	−0.66
68	0.58	0.67	0.80	0.98	0.83	0.52	−0.09	−1.18
90	0.54	0.71	0.87	1.00	0.76	0.40	−0.35	—
113	0.50	0.76	0.95	0.98	0.70	0.28	−0.62	−0.62
135	0.46	0.80	1.01	0.95	0.62	0.16	−0.90	—
158	0.42	0.85	1.09	0.90	0.55	0.04	−1.15	—

当猪舍内温度过高时，会降低猪的采食量，因而使增重降低。相反，若猪舍温度过低，猪为了维持其体温，则需将采食的部分饲料转变为热能以抵御寒冷，从而使增重下降，甚至生长停止。

试验和实践证明，当猪获得最好的日增重时，会同时获得最佳的饲料转化率，即生长速度越快，越省饲料。在不同温度条件下饲养的肥育猪(体重 35 kg)，其饲料转化率是不同的(表 1-3)。

表 1-3　猪舍温度与饲料转化率的关系

猪舍温度/℃	4.4	10	16	20	27	32	37
饲料转化率/%	5.3	4.1	3.2	2.55	3.1	4.7	7.5

试验还表明：体重 35 kg 左右的猪，在 12℃条件下饲养比在 7℃条件下饲养，采食量减少 13%，但增重相同。也就是说，从 12℃开始，温度每下降 1℃，要获得相同的增重，每天需要多喂 45.5 g 饲料。

二、湿度

猪舍内的湿度常常高于舍外。它的来源有 3 个方面：第一是随外界空气进入舍内的水分，占舍内空气中水汽总量的 10%～15%；第二是动物体排出的水分和水汽，约占 75%；第三是地面、墙壁以及其他物体蒸发的水分占 10%～15%。

湿度对猪只的影响是多方面的。直接的影响是影响猪只的热调节，从而影响猪只的健康和生产性能；间接影响是通过植物、病原微生物而引起的。

在湿度不高、空气比较干燥的情况下，使温度升高，亦容易忍受。

在低温情况下，如空气中湿度增加，就会增加空气的热容量、导热性以及机体放出的长波辐射，从而加剧了猪体的寒冷感。

此外，试验证明，高湿度能促使致病性真菌、细菌和寄生虫的繁殖滋生，降低猪只的抵抗力，使猪易患疥癣、湿疹等皮肤病。

猪适宜的相对湿度为 60%～75%。猪舍湿度过高，特别是猪床过于潮湿，对幼猪和育肥猪的生长速度影响也很大，会使增重和饲料转化率都降低，见表 1-4。

防止高湿度的措施，可以从以下几方面入手：第一，在修建猪舍前选好场址；第二，对于建成的猪舍应让其充分干燥后方可使用；第三，在饲养管理过程中，尽量减少不必要的用水，尤其是在冬季，并尽量及时清除粪尿；第四，保持圈舍通风良好；第五，使用干燥垫草；第六，训练猪只在固定地点排粪尿，防止乱拉乱屙。

表 1-4 温度在 7.5℃ 时猪床湿度对猪的影响

猪床干湿情况	日增重/g	饲料转化率/%
潮湿床面	522	3.52
干燥床面	589	3.11

三、气流

气流指空气的流动，它有助于猪体在高温夏季的散热，对猪只的健康生产有良好作用。但在冬季，由于气流增强猪体的散热量，使能量消耗增多，甚至降低增重。一般认为，冬季猪舍气流应保持在 0.1～0.2 m/s，最高不超过 0.25 m/s，并在严寒冬季堵塞屋顶、天棚、门、窗上的一切缝隙，防止贼风侵袭。

四、空气中的有害气体

猪舍内的空气，由于受家畜呼吸、生产过程及粪尿、垫草有机物的分解等因素的影响，化学成分与大气差异较大，增添了一些大气中没有或很少有的成分，其中主要是氨、硫化氢和甲烷，它们对猪只健康和生产力影响很大。

1. 氨

氨是一种无色、有刺激性臭味、比空气轻的气体，在猪舍里通常是由含氮有机物分解而来。氨对猪只的危害是多方面的。在 50 mL/m^3 氨浓度下猪只表现为口腔、鼻腔和泪腺分泌物显著增多，在 100 mL/m^3 以上氨浓度时更为严重，并影响猪只的日增重和饲料利用率。猪只长期处于含氨量较高的猪舍中就会造成慢性中毒，这往往不易被人发现，但对生产已经造成了损失，饲养管理中必须予以重视。猪舍中氨浓度以低于 26 mL/m^3 为宜。

2. 硫化氢

硫化氢是一种无色、有臭鸡蛋气味、比空气重的气体。猪舍中的硫化氢多由含硫有机物分解而来。当猪只采食富含蛋白质的饲料而且消化机能紊乱时，可由肠道排出大量硫化氢。硫化氢的毒性很强，在高浓度时毒性不亚于氢氰酸。猪只长期处于低浓度环境中，会感觉不适：浓度为 20 mL/m^3 时，猪变得怕光，丧失食欲，神经质；浓度为 50～200 mL/m^3 时，会引起呕吐、恶心和腹泻。硫化氢中毒过程很快，在 650～800 mL/m^3 时，猪会突然呕吐，失去知觉，接着因呼吸中枢及血管运动中枢麻痹而死亡。猪舍中硫化氢的含量以不超过 10 mL/m^3 为宜。消除猪舍中的有害气体应采取综合措施。第一，要及时清除粪尿，不让其在舍内有分解的机会。第二，圈舍地面要坚实无缝，不漏水，要有一定坡度，以利于排水，以免粪尿积留后腐败分解。第三，氨和硫化氢都易溶于水，舍内潮湿时，它们就被溶解而吸附在物体上，并渗入其中，当舍内变得干燥或温度上升时，它们就挥发出来，污染空气。可见，防止舍内温度过高是消除有害气体的前提条件。第四，在猪床上铺设垫草，可以吸收一定量的有害气体。第五，注意猪舍通风，将有害气体及时排出舍外。

五、光照

光照对肥育猪的增重和饲料转化率影响不太大，一般认为，不宜太长和太强的光照，以便于饲养管理就行了。但光照对性机能影响很大。试验表明光照时间愈长，卵巢的重量愈大，每个卵巢上的卵泡数和新鲜黄体数也随之增多，而发情周期则缩短。

六、饲养密度

饲养密度过大，使猪只没有足够活动和休息的地方，互相争斗频繁，影响猪只采食、休息和睡眠，并会加大应激因素和非生产性能量消耗，这就必然降低猪的增重和饲料利用率。相反，密度过小，对圈舍利用不经济，也不利于猪舍的保温，加快猪体热能的散失，因而对生产也是不利的。

试验研究表明，在限制饲养条件下，育肥猪，每栏饲养10～15头，效果最好。每头占栏面积，体重30～50 kg阶段0.45 m^2/头、51～100 kg阶段0.8 m^2/头为宜。在自由采食条件下，每栏饲养头数可以增加到20头左右。饲养密度与增重和耗料的关系见表1-5。各类猪的圈养头数及每头猪的占栏面积和采食宽度可参考表1-6。

表1-5 饲养密度与增重和耗料的关系

项目	密度		
	密	适度	稀
每栏饲养头数	20.00	13.00	8.00
占栏面积/(m^2/头)			
30～50 kg猪	0.3～0.37	0.45	0.60
51～100 kg猪	0.55	0.80	1.10
平均每头日耗料/kg	2.31	2.48	2.59
平均每头日增重/g	531.00	622.00	613.00

表1-6 各类猪的圈养头数及每头猪的占栏面积和采食宽度

猪群类别	大栏群养头数	每圈适宜头数	占栏面积/(m^2/头)	采食宽度/(cm/头)
断奶仔猪	20～30	8～12	0.3～0.4	18～22
后备猪	20～30	4～5	1.0	30～35
空怀母猪	12～15	4～5	2.0～2.5	35～40
妊娠前期母猪	12～15	2～4	2.5～3.0	35～40
妊娠后期母猪	12～15	1～2	3.0～3.5	40～50
设防压架的母猪	—	1	4.0	40～50
泌乳母猪	1～2	1～2	6.0～9.0	40～50
生长肥育猪	10～15	8～12	0.8～1.0	35～40
公猪	1～2	1	6.0～8.0	35～45

第二节 猪场场址的选择和猪舍布局

一、场址的选择

猪场场址的选择既要服从城市发展规划的需要，又要符合环保的要求，不能影响人居环境。具体把握以下几个方面。

1. 地势

地势指地面高低起伏状况而言。由于地势及方位不同，从太阳获得的辐射热量不同，因而小气候也不同，直接影响猪场的温湿状况。因此，要求场地地势高燥、平坦、向阳背风，如为坡地，坡幅以不超过1%～3%为宜。

2. 土壤

选择地下水位较低的沙壤土为好。因为沙壤土排水性强，透气性好，毛细管作用弱，吸湿性和导热性小，质地均匀耐压。而含有碎石的沙地，排水性虽好，但夏季日照反射的热量多，会使舍温温差过大；黏土则排水不良，易积水，使地面泥泞，运动场上不易清除粪尿，如发酵分解会产生有害气体。

3. 水源

应选择水质良好、水量充足的水源，最好用深层地下水。猪的饮水、生产用水、人的生活用水量都很大。如猪场供水不足，既影响猪只健康和生产力的提高，又不能有效地进行生产。每头猪每昼夜用水定额：公猪和怀孕母猪每头 40 L，哺乳母猪每头 75 L，育成猪每头 30 L，育肥猪每头 25 L。

4. 交通运输

猪场的交通运输，主要是供应饲料、运送肥料及畜产品 3 个方面。因此，猪场应选在交通运输方便之处，但交通运输频繁的地区，易传染疾病，须注意防疫。一般要求猪场距交通主干线

1 000 m 以上,距离一般公路 100 m 以上,如果有围墙、河流、林带等屏障,则距离可适当缩短些。

二、猪舍的布局

猪舍的合理布局对建立良好的小气候环境和提高劳动生产率有着非常重要的作用。在猪舍布局时,应注意下面几点。

(一)猪舍的朝向

朝向的选择,主要从采光、保温、防暑和通风几方面来考虑。

1. 采光

猪舍采光的多少和太阳照射到墙面的时间有关,而太阳照射到墙面的时间又和太阳的方位角有关。冬季太阳方位角变化范围小,各朝向墙面上得到的日照时间相差很大,因而舍内所得辐射热量相差亦大。在我国地理位置条件下,北墙得到太阳辐射量较少,南墙得到日照时间长,辐射热量也最多。

2. 保温、防暑

南向猪舍在冬季太阳高度角降低,阳光射入舍内深,接受太阳辐射热和紫外线较多,可提高舍温,改善舍内卫生条件,夏季由于太阳高度角较高,阳光射入舍内不深,接受太阳辐射热较少,在低纬度地区,夏季阳光还照射不到舍内。南向有利于冬暖夏凉。

3. 风向

我国处在北纬 20°～50°,地属亚洲东南季风区,夏季盛行东南风,冬季多东北风或西北风。因此,南向猪舍较为适宜。有利于夏季的自然通风。

但由于各地条件还有差别,应根据具体情况区分主次。一般朝南偏东或偏西 15°～30°均较适宜。

(二)猪场各类建筑物的平面布局

1. 猪场平面布局的基本要求

生产性建筑区内,各种猪舍安排要符合生产工艺流程顺序,并处于核心位置；各种后勤保障建筑布局应有利于各种物资供应，接近生产区；管理及生活服务设施应远离生产区。如图 1-1 所示。

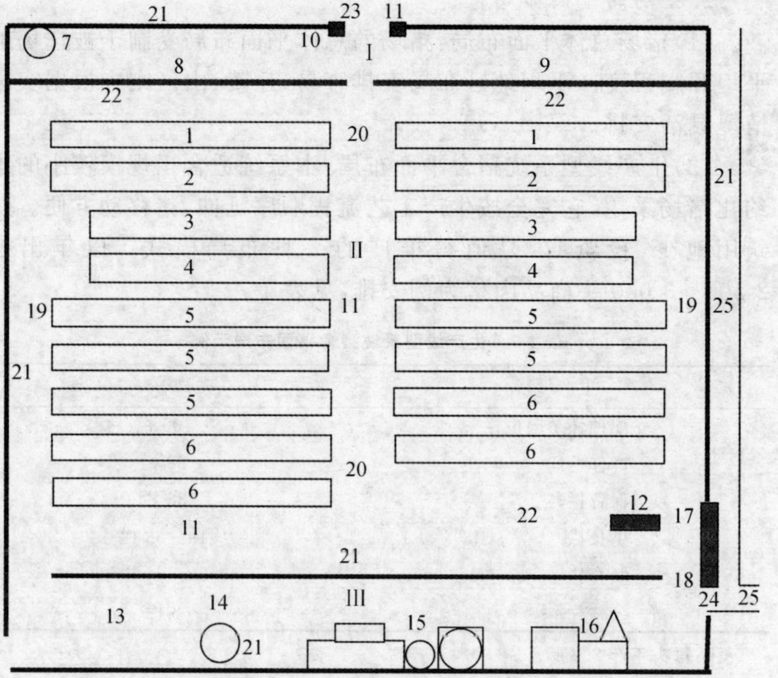

图 1-1　550～600 头基础母猪养猪场总平面简图

1. 配种舍　2. 妊娠舍　3. 产房　4. 保育舍　5. 生长舍　6. 育肥舍　7. 水泵房　8. 生活、办公用房　9. 生产附属用房　10. 门卫　11. 消毒室　12. 厕所　13. 病猪隔离舍及剖检室　14. 焚尸坑　15. 污水处理设施　16. 粪污处理设施　17. 选猪间　18. 装猪台　19. 污道　20. 净道　21. 围墙　22. 绿化隔离带　23. 场大门　24. 粪污出口　25. 场外污道

圈舍及其附属设施布局以安全生产为原则，舍与舍之间间距

不少于10 m;生产区、管理区及生活区应安排在主风方向的上风位置;消毒卫生设施应设置在每一生产小区的出入口,病猪隔离舍、焚尸坑应设在远离生产区,并处于下风处。

2. 猪场的平面布局

(1)猪场总体平面布局:猪场的总体平面布局受制于被选场址平坦开阔程度。平坦地区布局安排容易,丘陵、山区则应根据实际情况灵活安排。

(2)生产线型系统猪舍平面布局:本系统适合于规模较小的集约化猪场采用,它完全按生产工艺流程顺序延伸,猪移动方便。建筑用地少,投资省,是值得推广的一种布局模式。以年出栏2 500～3 000头商品肉猪为例安排,见表1-7。

表1-7 生产线型系统猪舍平面布局示例

生产母猪	150头
配种怀孕限位栏	105栏
产仔栏	38栏
保育栏	38栏
生长栏	19～38栏
肥育栏	32～64栏
公猪栏	8栏

注:每头年产2.2胎。

生产栏和怀孕栏数目,若一窝一栏分别为38栏和64栏,两窝一栏分别为19栏和32栏。

(3)单位系统猪舍平面布局:本系统每一个单元都具有较大规模的完整生产系统。每个单元自成一条或半条生产线,每条生产线年出栏肉猪1万头。今后要扩大规模,可再建相同规模、模式的一个或多个单元系统即可,但一切都必须事先有周密的计划安排。粪污处理应纳入投资计划,后勤保障设施合理布局。以每单元年出栏肉猪5 000头为例说明,见表1-8。

表 1-8　单位系统猪舍平面布局示例

生产母猪	300 头
配种限位栏	63 栏
怀孕限位栏	145 栏
产仔栏	76 栏
保育栏	76 栏
生长栏	38 栏(2 窝/栏)或 76 栏(1 窝/栏)
肥育栏	62 栏(2 窝/栏)或 124 栏(1 窝/栏)
公猪栏	12 栏

(4)H 形(Z 形)系统猪舍平面布局:本系统整个生产流程的各个环节分为配种与怀孕、产仔与保育和生长肥育 3 个车间,在地形受到限制或生产规模不继续扩大的情况下采用。以年出栏肉猪 3 000 头为例说明,见表 1-9。

表 1-9　H 形(Z 形)系统猪舍平面布局

生产母猪	200 头
配种群养栏/(1 头/栏)	11 栏(如用限位栏需 12 栏)
怀孕栏	98 栏
产仔栏	51 栏
保育栏	51 栏(1 窝/栏)或 26 栏(2 窝/栏)
生长栏	52 栏(1 窝/栏)或 26 栏(2 窝/栏)
肥育栏	82 栏(1 窝/栏)或 41 栏(2 窝/栏)
公猪栏	11～13 栏(1 头/栏,包括后备公猪 3 头/栏)

(三)农户猪舍的位置

农户养猪一般饲养头数都不会太多,为便于管理,往往把猪圈建在住宅的附近。因此,在修建猪舍时,应考虑住宅的卫生,避免臭气朝家里吹。为此,应将猪圈建在住宅的下风方向。如当地经常刮西北风,则猪圈就应建在住宅的东南角最理想。此外,为避免猪圈阴冷潮湿，建圈地点一定要高燥、不积水，如地势低洼，建圈前应加以垫高，并形成一定坡度，以利于排水。

第三节 猪舍各结构和建筑卫生要求

一、地基基础

承受整个建筑物的土层叫"地基"。由于畜舍对土层的负荷一般不超过 1.5～2 kg/cm^2(98 066.5 N/m^2)，一般畜舍多用天然地基(直接利用天然土层)。一般以具有一定厚度的沙壤土层或碎石土层为好。黏土、黄土和富含有机质的土层不宜用作地基。

基础是指墙壁埋入地下的部分，它直接承受建筑物的重量。应坚固、耐火、防潮。它比墙宽，并成梯形或阶梯形，以减少建筑物对地基的压力。深度一般为 50～70 cm。为防止土壤中水分沿墙壁孔隙上升影响墙的强度，在地平部位应铺设防潮层，如油毡、沥青等。

二、墙壁和屋顶

墙为猪舍建筑结构的重要部分，它将猪舍与外界隔开。按墙所处位置可分为外墙、内墙。外墙为直接与外界接触的墙，内墙为舍内不与外界接触的墙。按墙长短又可分为纵墙和山墙(或叫端墙)，沿猪舍长轴方向的墙称为纵墙，两端沿短轴方向的墙称为山墙。猪舍一般为纵墙承重。

猪舍墙壁要求坚固耐用，承重墙的承载力和稳定性必须满足结构设计要求。墙内表面要便于清洗和消毒，地面以上 1.0～1.5 m 高的墙面应设水泥墙裙，以防冲洗消毒时溅湿墙面和防止猪弄脏、损坏墙面。同时，墙壁应具有良好的保温隔热性能，这直接关系到舍内的温湿度状况。我国墙体的材料多采用黏土砖。砖墙的毛细管作用较强，吸水能力也强，为保温和防潮，同时，为提高舍内照度和便于消毒等，砖墙内表面宜用白灰水泥砂浆粉刷。墙壁的厚度应根据当地的气候条件和所选墙体材料的热工特性来确定，既要满足墙的保温要求，同时，要尽量降低成本和投资，避免造成浪费。

屋顶起遮挡风雨和保温隔热的作用，要求坚固，有一定的承重能力，不漏水、不透风，同时由于其夏季接受太阳辐射和冬季通过它失热较多，因此要求屋顶必须具有良好的保温隔热性能。屋顶采用草料建造，优点是造价低和保温性能好，主要缺点是不耐久、易腐烂。泥灰屋顶其耐久性虽不很高，但造价低并兼有避雨、防暑、防寒等优点。青瓦屋顶，其保温性能虽不及草顶，但却兼有坚固耐用等优点，有条件时应尽量选用青瓦顶猪舍。比较理想的屋顶为水泥预制板平板式，并加 15～20 cm 厚的土以利于保温、防暑。

三、地面

猪舍地面是猪活动、采食、躺卧和排粪尿的地方。地面对猪舍的保温性能及猪的生产性能有较大的影响。猪舍地面要求保温、坚实、不透水、平整、不滑，便于清扫和清洗消毒。地面一般应保持2%～3%的坡度，以利于保持地面干燥。土质地面、三合土地面和砖地面保温性能好，但不坚固、易渗水，不便于清洗和消毒。水泥地面坚固耐用、平整，易于清洗消毒，但保温性能差。目前猪舍多采用水泥地面和水泥漏缝地板。为克服水泥地面传热快的缺点，可在地表下层用孔隙较大的材料（如炉灰渣、膨胀珍珠岩、空心砖等）增强地面的保温性能。

四、门窗

猪舍的门窗要求坚固结实，能保持舍内温度和易于出入，并向外开。双列式猪舍中间过道双扇门宽度 1.5 m，高度 2 m；单列式猪舍走廊门宽度 1 m,高度 2 m。各种猪舍圈栏门宽度 0.8 m,高度同猪栏高,圈门也应向外开。

窗户主要为了采光和通风。一般窗户的大小以采光面积对地面面积之比来计算。种猪舍要求是 1∶(8～10),肥猪舍 1∶(15～20),窗户距地面 1.1～1.3 m,从窗顶距屋檐 40 cm,2 个窗间隔距离为窗宽的 2 倍。窗户的大小和数量应根据当地气候条件确定。

第四节 养猪设备

猪因不同的生理阶段和生产目的,需要不同的生活环境条件,现代化养猪就是利用现代科学技术,给猪创造良好的生存环境,充分发挥它的生产潜力,以提高养猪场的生产水平和经济效益。正确合理配置猪场的设备,是建好猪场的一项十分重要的任务。它不仅能有效地控制猪场环境、改善饲养管理条件,利于卫生防疫,减少疫病,促进猪群正常生长发育和生产性能的充分发挥,而且能降低饲料和饮水的消耗,减轻饲养人员的劳动强度,提高劳动生产率。

现代化猪场的设备主要包括各种限位饲养栏、漏缝地板、供水系统、饲料加工、贮存、运送及饲养设备,供暖通风设备,粪便处理设备等。

一、猪栏

现代化猪场均采用固定栏式饲养,猪栏一般分为公猪栏、配种栏、妊娠栏、分娩栏、保育栏、生长肥育栏等。

(一)公猪栏和配种栏

我国现代化猪舍的公猪栏和配种栏的构造有实体、栏栅式和综合式 3 种。在大、中型工厂化养猪场中,应设有专门的配种栏

(小型猪场可以不设配种栏，而直接将公、母猪驱赶至空旷场地进行配种)，这样便于安排猪的配种工作。

典型的配种栏的结构形式有 2 种。一种是结构和尺寸与公猪栏相同(图 1-2)，配种时将公、母猪驱赶到配种栏中进行配种。另一种是由 4 头空怀待配母猪与 1 头公猪组成一个配种单元(图 1-3)，4 头母猪分别饲养在 4 个单体栏中，公猪饲养在母猪后面的栏中。空怀母猪达到适配期后，打开后栏门由公猪进行配种，配种结束后将母猪转到空怀母猪栏进行观察，确定妊娠后再转入妊娠栏。这种配种栏的优点是利用公猪诱导空怀母猪提前发情，缩短了空怀期，同时也便于配种。缺点是消耗金属材料较多，一次性投资较大。

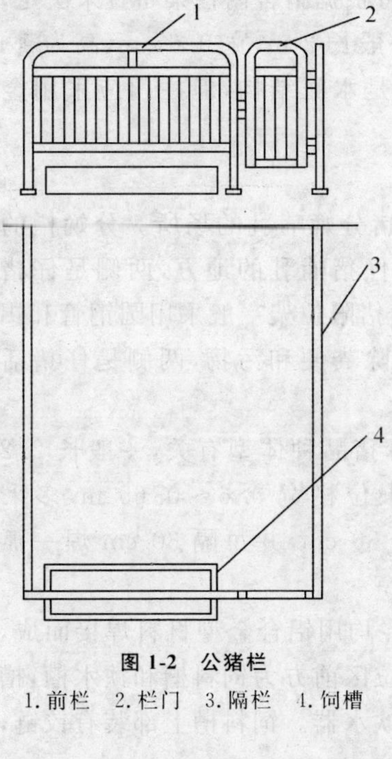

图 1-2　公猪栏

1. 前栏　2. 栏门　3. 隔栏　4. 饲槽

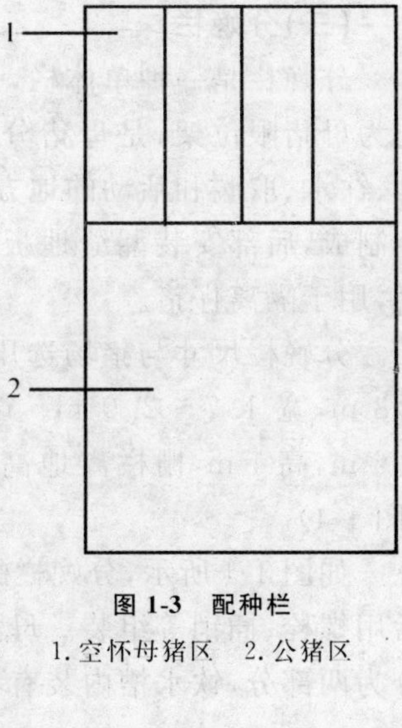

图 1-3　配种栏

1. 空怀母猪区　2. 公猪区

公猪栏一般每栏面积为7～9 m^2 或者面积更大些。公猪栏每栏饲养1头公猪，栏长、宽可根据猪舍内栏架布置来确定，栏高一般为1.2～1.4 m，栏栅结构可以是金属的，也可以是混凝土结构，但栏门应采用金属结构，便于通风和管理人员观察和操作。

(二)母猪栏

现代化猪场繁殖母猪的饲养方式，有大栏分组群饲、小栏个体饲养和大小栏相结合群养3种方式，其中小栏单体限位饲养，具有占地面积少，便于观察母猪发情和及时配种，母猪不争食、不打架，避免互相干扰，减少机械性流产，但个体小栏投资大，母猪运动量小，不利于延长繁殖母猪使用寿命，其结构有实体、栏栅式、综合式3种。

母猪大栏的栏长、栏宽尺寸可根据猪舍内栏架布置来决定，而栏高一般为0.9～1 m，个体栏一般长2 m，宽0.65 m，高为1 m。栏栅结构可以是金属的，也可以是水泥结构，但栏门应采用金属结构。

(三)分娩栏

分娩栏是一种单体栏，是母猪分娩哺乳的场所。分娩栏的中间为母猪限位架，是母猪分娩和仔猪哺乳的地方，两侧是仔猪采食、饮水、取暖和活动的地方。母猪限位架一般采用圆钢管和铝合金制成，后部安装漏缝地板以清除粪便和污物，两侧是仔猪活动栏，用于隔离仔猪。

分娩栏尺寸与猪场选用的母猪品种体型有关，一般长2.2～2.3 m，宽1.7～2.0 m。母猪限位栏宽0.6～0.65 m，多采用0.6 m，高1 m，栅栏离地高度为30 cm，并每隔30 cm焊一孤脚(图1-4)。

如图1-4所示，分娩栏的栅栏均用铝合金型材料焊接而成，然后用螺栓、插销等组装。母猪限位区前方为饲料槽和饮水槽，槽体分为两部分，饮水槽内装有自动饮水器。饲料槽上部装有铰链，可从下往上转动整个饲料槽翻转，便于清洗。分娩栏后部为金属漏缝板、粪尿漏至下面的粪尿沟。母猪限位区设有前后栏门，母猪可从后门进前门出，移动方便。前栏门上设有喷塑的金属食槽。槽下装有铰链，可将食槽向外转动约 90°，便于清洗，前栏门内侧上方或下方装有自动饮水器，供母猪饮水用。分娩栏一侧装有仔猪保温箱。分娩栏采用直杆式防压杆和耙齿式防压装置。

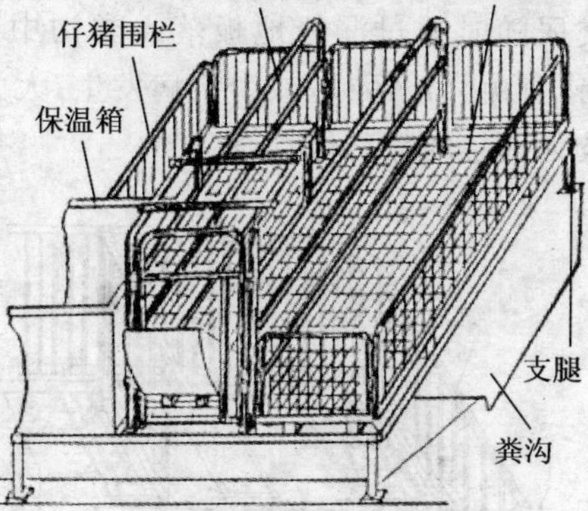

图 1-4　母猪分娩栏

我国在现代化猪场饲养分娩母猪的实践中，结合我国实际，研制出了一种新型的高床分娩栏（图 1-4）。这种分娩栏是将金属编织漏缝地板敷设在粪沟的地上面，再在金属地板网上安装母猪限位架、仔猪围栏、仔猪保温箱等，这样母猪分娩和仔猪哺乳在网上，母猪和仔猪的粪尿及时通过漏缝地板掉入粪沟，使仔猪和母猪脱离了粪尿污物和地面的低温潮湿，改善了饲养环境，大大地减少了仔猪下痢等疾病，从而提高了仔猪的成活率、生长速度和饲料转化率。高床分娩栏是当前饲养分娩、泌乳母猪和哺乳仔猪的理想设备。

(四)仔猪保育栏

保育栏一定要为小猪提供一个清洁、干燥、温暖、空气新鲜的生长环境。目前我国现代化猪场多采用高床网上保育栏(图1-5),主要由金属编织漏缝地板网、围栏、自动食槽、连接卡、支腿等组成,金属编织网通过支架设在粪尿沟上(或实体水泥地面上),围栏由连接卡固定在金属漏缝地板网上,相邻两栏在间隔处设有一个双面自动食槽,供两栏仔猪自由采食,每栏安装一个自动饮水器。网上饲养仔猪,粪尿随时通过漏缝地板落入粪沟中,保持网床上干燥、清洁,使仔猪避免粪便污染,减少疾病发生,大大提高仔猪的成活率,是一种较为理想的仔猪保育设备。

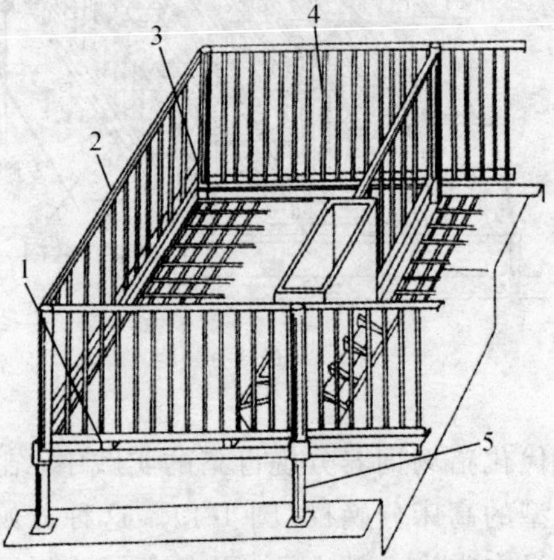

图1-5 仔猪保育栏

1.连接板 2.围栏 3.漏缝地板 4.自动落料饲槽 5.支腿

仔猪培育栏的长、宽、高尺寸,视猪舍结构不同而定。常用的有栏长2 m,栏宽1.7 m,栏高0.6 m,侧栏间隙6 cm,离地面高度为25～30 cm,可养10～25 kg的仔猪10～12头,实用效果很好。

在生产中,因地制宜,保育栏也采用金属和水泥混合结构,东西面隔栏用水泥结构，南北面栅栏仍用金属，这样既可节省一些金属材料，又可保持良好通风。

保育栏也可以全部采用水泥结构，既可节省金属材料，又可降低造价。

(五)生长猪栏与肥育猪栏

现代化猪场的生长猪栏和肥育猪栏均采用大栏饲养，其结构类似，只是面积大小稍有差异，有的猪场为了减少猪群转群麻烦，给猪带来应激，常把这两个阶段并为一个阶段，采用一种形式的栏，生长猪栏与肥育猪栏有实体、栅栏和综合3种结构。常用的有以下几种：一种是采用全金属栅栏和全水泥漏缝地板条，也就是全金属栅栏架安装在钢筋混凝土板条地面上，相邻两栏在间隔栏处设有一个双面自动饲槽。供两栏内的生长猪或肥育猪自由采食，每栏安装一个自动饮水器供自由饮水。另一种是采用水泥隔墙及金属大栏门，地面为水泥地面，后部有0.8～1.0 m宽的水泥漏缝地板，下面为粪尿沟。生长肥育猪栏的栏栅也可以全部采用水泥结构，只留一金属小门。

二、漏缝地板

现代化猪场为了保持栏内的清洁卫生，改善环境条件，减少人工清扫，普遍采用粪尿沟上敷设漏缝地板，漏缝地板有钢筋混凝土板条、板块、钢筋编织网、钢筋焊接网、塑料板块、陶瓷板块等。对漏缝地板的要求是耐腐蚀，不变形，表面平，不滑，导热性小，坚固耐用，漏粪效果好，易冲洗消毒，适应各种日龄猪的行走站立，不卡猪蹄。

钢筋混凝土板块、板条，其规格可根据猪栏及粪沟设计要求而定，漏缝断面呈梯形，上宽下窄，便于漏粪，其主要结构参数见表1-10。

金属编织地板网，由直径为5 mm的冷拔圆钢编织成

10 mm×40 mm、10 mm×50 mm 的缝隙网片与角钢，扁钢焊合，再经防腐处理而成。这种漏缝地板网具有漏粪效果好、易冲洗、栏内清洁、干燥、猪只行走不打滑、使用效果好等特点，适于分娩母猪和保育猪使用。

表 1-10 不同材料漏缝地板的结构与尺寸 mm

猪群	铸铁		钢筋混凝土	
	板条宽	缝隙宽	板条宽	缝隙宽
幼猪	35～40	14～18	120	18～20
肥育猪、妊娠母猪	35～40	20～25	120	22～25

塑料漏缝地板，由工程塑料模压而成，可将小块连接组合成大面积，具有易冲洗消毒、保温好、防腐蚀、防滑、坚固耐用、漏粪效果好等特点，适用于分娩母猪栏和保育仔猪栏。

三、饲槽

在养猪生产中，无论采用机械化送料饲喂还是人工饲喂，都要选配好食槽和自动落料饲槽，对于限量饲喂的公猪、母猪、分娩母猪一般都采用钢板食槽或混凝土地面食槽；对于自由采食的保育仔猪、生长猪、肥育猪多采用钢板自动落料饲槽，这种饲槽不仅能保证饲料清洁卫生，而且还可以减少饲料浪费，满足猪的自由采食。

(1)限量饲槽。采用金属或水泥制成，每头猪喂饲时所需饲槽的长度大约等于猪肩宽(图 1-6)。

(2)自动饲槽。在保育、生长、肥育猪群中，一般采用自动食槽让猪自由采食。自动食槽就是在食槽的顶部装有饲料贮存箱，贮存一定量的饲料。随着猪只的吃食，饲料在重力的作用下不断落入食槽内。因此，自动食槽可以隔较长时间加一次料，大大减少了喂饲工作量，提高劳动生产率，同时也便于实现机械化、自动化喂饲。

自动食槽可以用钢板制造，也可以用水泥预制板拼装。在国外还有用聚乙烯塑料制造的自动食槽。自动食槽有长方形、圆形等多种形状。

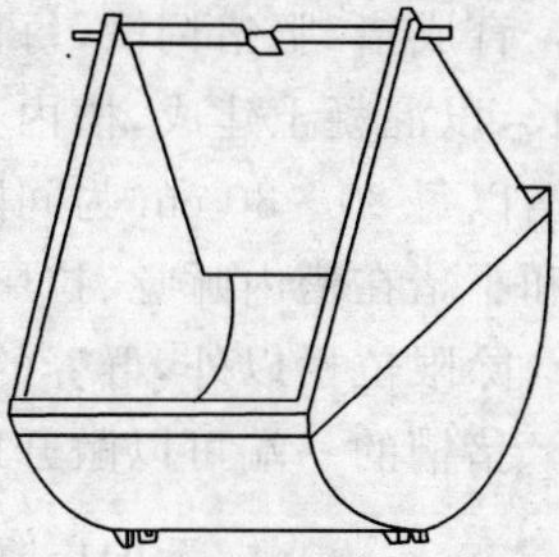

图 1-6　限量饲槽(铸铁制造)

图 1-7 是一种钢板制造的长方形自动饲槽，它分双面、单面 2 种形式。双面自动食槽供两个猪栏共用，单面自动食槽供一个猪栏用。每面可同时供 4 头猪吃料。

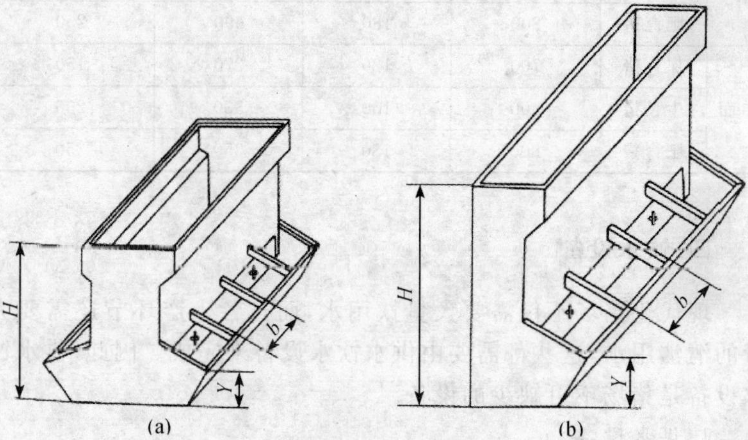

图 1-7　长方形自动饲槽(钢板制造)

a. 双面采食　b. 单面采食

钢板制自动食槽的主要结构参数见表 1-11。

各类猪只饲槽要求：

乳猪补料诱食槽，各式各样，以防乳猪进入食槽为根本。

仔猪(保育猪)饲槽，每栏以 10～20 头猪为宜(约 2 窝猪为一群)。

育成猪/肥猪饲槽，每栏以 8～16 头猪为宜，槽应靠走道，尽可能长，以混凝土建成，槽内光滑或粘贴瓷砖，小猪饲槽以中号钢筋将槽以每 20～30 cm 为间隙隔成小格，以便猪只充分采食，避免争抢和小猪在槽内睡觉、拉屎尿。

除限位栏以外，群养的母猪栏的饲槽也参照前项修建。

猪槽的一端可以敞开或预留大孔，以便清洗消毒。

表 1-11　钢板制自动饲槽主要结构参数 mm

类别		高度(*H*)	前缘高度(*Y*)	最大宽度(*B*)	采食间隔(*b*)
双面	保育猪	700	120	520	150
	生长猪	800	150	650	200
	肥育猪	800	180	690	250
单面	保育猪	700	120	270	150
	生长猪	800	150	330	200
	肥育猪	800	180	350	250

四、饮水设备

现代化猪场不仅需要大量饮用水，而且各生产环节还需要大量的清洁用水，这些都需要由供水饮水设备来完成。因此，供水饮水设备是猪场不可缺少的设备。

1. 供水设备

猪场供水设备包括水的提取、贮存、调节、输送分配等部分，即水井提取、水塔贮存和输送管道等。供水可分为自流式供水和压力供水。现代化猪场的供水一般都是压力供水，其供水系统主要包括供水管路、过滤器、减压阀、自动饮水器等。

2. 自动饮水器

猪必须能够随时饮用足够量的清洁水。一头育成猪一昼夜需饮水 8～12 L，妊娠母猪 14～18 L，泌乳母猪 18～22 L；1 周龄的仔猪每千克体重日需水量为 180～240 g，4 周龄的仔猪每千克体重需水量为 190～255 g。

猪用自动饮水器的种类很多，有鸭嘴式、乳头式、杯式等(图 1-8)，应用最为普遍的是鸭嘴式自动饮水器。

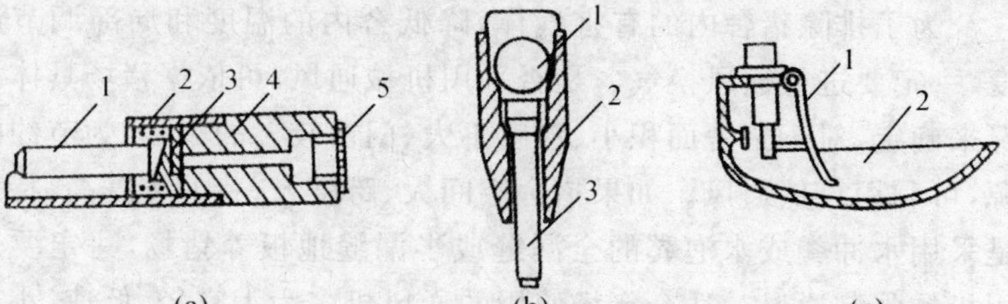

图 1-8　自动饮水器

(a)鸭嘴式饮水器　1. 阀门　2. 弹簧　3. 胶垫　4. 阀体　5. 栅盖

(b)乳头式饮水器　1. 钢球　2. 饮水器体　3. 阀杆

(c)杯式饮水器　1. 活门　2. 杯体

五、降温与采暖设备

(一)供热保温设备

猪场供热保温设备大多是针对小猪的，主要用于分娩舍和保育舍。在分娩舍为了满足母猪和仔猪的不同温度要求，如初生仔猪要求 30～32℃，而对于母猪则要求 17～20℃。因此，常采用集中供暖，维持分娩哺乳猪舍温 18℃，而在仔猪栏内设置可以调节的局部供暖设施，保持局部温度达到 30～32℃。

目前大多数猪场实现高床分娩和育仔。因此，最常用的局部环境供暖设备是采用红外线灯或远红外板，前者发光、发热，后者只发热不发光，功率规格为 250 W。这种设备本身的发热量和温度不能调节，但可以调节灯具的吊挂高度来调节小猪群的受热量，如果采用保温箱，则加热效果会更好。这种设备简单，安装方便灵活,只要装上电源插座即可使用。但红外线灯泡使用寿命短,常由于舍内潮湿或清扫猪栏时水滴溅上而损坏,而电热板优于红外线灯。

(二)通风降温设备

为了排除猪舍内的有害气体,降低舍内的温度和局部调节温度,一定要进行通风换气。是否采用机械通风,可依据猪场具体情况来确定,对于猪舍面积小、跨度不大、门窗较多的猪场,为节约能源,可利用自然通风。如果猪舍空间大、跨度大、猪的密度高,特别是采用水冲粪或水泡粪的全漏缝或半漏缝地板养猪场,一定要采用机械强制通风。适合猪场使用的通风机多为大直径、低速、小功率的通风机。这种风机通风量大、噪声小、耗电少、可靠耐用,适于长期使用。

猪舍降温常采用水蒸发式冷风机,它是利用水蒸发吸热原理,以达到降低舍内温度的目的。由于这种冷风机是靠水蒸发的,在干燥的气候条件下使用时,降温效果好,如果环境空气湿度较高时,降温效果稍差。

有的猪场采用猪舍内喷雾降温系统,其原理是冷却水由加压水泵加压,通过过滤器,进入喷水管系统,通过喷雾器喷出成水雾,在猪舍内空间蒸发吸热,使猪舍内空气温度降低。如果猪场内自来水系统压力足,可不用水泵加压,但过滤器还是必需的,否则易造成喷雾器孔堵塞,不能正常喷雾。

在母猪分娩舍内,由于母猪和仔猪要求不同,有的猪场采用滴水降温法,即冷却水通过管道系统,在母猪上方留有滴水孔对准母猪的头颌部和背部下滴,水滴在母猪背部体表蒸发,吸热降温,未等水滴流到地面上已全部蒸发掉,不易使地面潮湿,这样既保持了仔猪干燥,又使母猪和栏内局部环境温度降低。实际使用时,要注意调节好适度滴水量。

猪舍也可安装水帘降温,利用水帘墙降温系统,水蒸发吸热原理、负压通风原理，来排出舍内的废气、污气及解除高温闷热。安装后可以非常有效地改善舍内的高温闷热环境，可使舍内的温度(32～45℃的高温环境)迅速地在 10 min 内下降，并将温度保持在26～30℃。

供热保温、通风降温均可通过自控装置实现自动调节。如果温度较高、空气污浊时，冷风机或通风机接通工作，进行降温通风换气；如果温度较低时，关闭冷风机和通风机则保温设备开始启动工作，使舍内保持适宜的温度。

六、清洁与消毒设备

集约化养猪场，由于采用高密度限位饲养工艺，必须有完善严格的卫生防疫制度，对进场的人员、车辆、种猪和猪舍内环境都要进行严格的清洁消毒，才能保证养猪高效率安全生产。

(一)人员、车辆清洁消毒设施

凡是进场人员都必须经过温水彻底冲洗、更换场内工作服，工作服应在场内清洗、消毒，更衣间主要设有更衣柜、热水器、淋浴间、洗衣机、紫外线灯等。

集约化猪场原则上要保证场内车辆不出场，场外车辆不进场。为此，装猪台、饲料或原料仓、集粪池等设计在围墙边。考虑到其他特殊原因，有些车辆必须进场，应设置进场车辆清洗消毒池、车身冲洗喷淋机等设备。

(二)环境清洁消毒设备

国内外常用的环境清洁消毒设备有以下两种。

1. 地面冲洗喷雾消毒机

94×P220 冲洗喷雾消毒机，工作时，柴油电动机启动带动活塞和隔膜往复运动，清水或药液先吸入泵室，然后被加压经喷枪排出。该机工作压力为 15～20 kg/cm^2，流量为 20 L/min，冲洗射程12～14 m，是工厂化猪场较好的清洗消毒设备。其主要优点是：

①高压冲洗喷雾，冲洗彻底干净，节约用水和药液；②喷枪为可调节式，既可冲洗，又可喷雾；③活塞式隔膜泵可靠耐用；④体积小，机动灵活，操作方便；⑤工效高，省劳力。

2. 火焰消毒器

用药物消毒平均杀菌率只有84%，达不到杀菌率95%以上的要求。因此，一般猪场必须采用药物消毒两遍，这就加大了工作量和作业成本。此外，用药物消毒残留较多，而火焰消毒克服了以上缺点，火焰消毒器是利用煤油高温雾化，剧烈燃烧产生高温火焰对舍内的猪栏、舍槽等设备及建筑物表面进行瞬间高温燃烧，达到杀灭细菌、病毒、虫卵等消毒净化目的。其优点主要有：①杀菌率高达97%；②操作方便、高效、低耗、低成本；③消毒后设备和栏舍干燥，无药液残留。

第五节 生态养猪

当前在我国养猪生产中，采用发酵床技术解决粪尿污染也得到了多方面的高度关注，该技术是把猪饲养在添加了微生物的厚垫料（床）上，通过微生物的作用，消化粪尿中的有机物质，养猪场消除了臭气，粪尿被消化，无污染物排到猪舍外，因此对环境不构成影响，该技术目前在我国一些地区在试验示范性推广。目前有两种方法，一种是用洛东酵素，效果很明显；另一种是使用土著菌发酵，还在摸索阶段；在福建、山东、江西、湖南、东北、四川、重庆等地的试验已经取得了初步的成果。这种发酵床零排放养猪称为生态养猪。本节主要介绍洛东零排放养猪法，它是根据微生态理论和生物发酵理论，采用特殊工艺加工而成的菌种，在猪舍内建立并全面铺设一定厚度的谷壳、锯末和“菌种”等混合有机物垫料，猪饲养在上面，其所排出的粪尿在猪棚内经微生物完全被发酵迅速降解、消化，从而达到免冲洗猪栏、无臭味、零排放，从源头实现环保、无公害养殖目的。

图 1-9、图 1-10 为生物发酵床养猪场。

图 1-9　生物发酵床养猪场(一)

图 1-10　生物发酵床养猪场(二)

一、生态养猪的优点

1. 彻底解决养猪对环境的污染

采用零排放养猪技术后，由于有机垫料里含有相当活性的特殊有益微生物，能够迅速有效地降解、消化猪的粪尿排泄物。不需要每天清扫猪栏，冲洗猪舍，于是没有任何冲洗圈舍的污水，从而没有任何废弃物排出养猪场，真正达到养猪零排放的目的。

2. 改善猪舍环境

发酵床猪舍为全开放，使猪舍通风透气，阳光普照，温、湿度均适合于猪的生长。猪粪尿在"菌种"迅速分解下，猪舍里不会臭气冲天和苍蝇滋生。

3. 提高饲料利用率

在饲料中按一定比例添加菌种，可相互作用而产生代谢物质和淀粉酶、蛋白酶、纤维酶等，同时还耗去肠道内的氧气，给乳酸菌的繁殖创造了良好的生长环境，改善猪的肠道功能，提高饲料的转化率，一般可以节省饲料 12%左右。

4. 提高猪肉品质

猪饲养在垫料上，显得十分舒适，猪活动量较大。猪生长发育健康，几乎没有猪病发生，几乎不用抗生药物，提高了猪肉品质，生产出真正意义上的有机猪肉。

5. 变废为宝

垫料在使用 3 年后，形成可直接用于果树、农作物的生物有机肥，达到循环利用、变废为宝的效果。

6. 省工节本、提高效益

由于零排放养猪技术有不需要用水冲猪舍、不需要每天清除猪粪；采用自动给食、自动饮水技术等众多优势，达到了省工节本的目的。可节水 90%以上，在规模养猪场应用这项技术，经济效益十分明显。总之，零排放养猪技术是一种无污染、零排放的环保农业技术，是传统养猪模式的一场革命。

二、技术原理

1. 在猪体内的工作原理

把带有高单位的纳豆菌和酵母菌——洛东饲料添加剂拌入饲

料中喂养生猪，纳豆菌和酵母菌进入猪的肠道后产生的代谢物质，它既具有抗生物质功能，又可以促进猪肠道中乳酸的大量繁殖，在肠壁形成一个生物膜，使有害病菌无着附点，起到夺氧占位作用，提高猪的抗病能力，还可以分解出淀粉酶、蛋白酶和纤维酶等，从而提高肠道对饲料吸收率，降低料肉比。

2. 垫料中的工作原理

把洛东饲料添加剂加入由有机物质组成的垫料（只要保水性和透气性达到平衡即可）中，通过好氧发酵，既杀死垫料中的有害菌和虫卵，又使洛东饲料添加剂中的有益菌充分增值，使之成为以有益菌为强势菌的生物有机垫料。它既可以降解猪的排泄物，水分得到蒸发，又可以抑制有害病菌的繁殖。

三、生态养猪的饲养方法

（1）圈舍要求：一般要求猪舍坐南朝北，这样的圈舍采光好，利于发酵；而且通风良好，不臭，也没有蚊蝇。用大棚，冬天采光好、保暖，猪可以安全越冬；夏天放下遮阳膜，把四周裙膜摇起，可以通风、降温。

（2）建垫料床：用水泥砌深度在 1 m 左右的水泥池，在南方，地下水位比较高的地方，一般采用地上式，在地下水位比较低的地方，可以采用地下式。

（3）垫料准备：垫料主要是木屑、谷壳，占到 90%，因为它很松软，可以吸收水分，其他 10%可用土和少量的盐，要用没有用过化肥农药的干净泥土，因为这里面微生物比较多；盐要用粗盐，有利于木屑的分解。

（4）上床发酵：把菌种和垫料拌匀后上床，垫料厚度在 80～90 cm，一般发酵 4～5 d，就可以进猪饲养。

四、生态养猪注意事项

（1）入圈生猪事先要彻底清除体内外的寄生虫。

(2)如果垫料水分偏多,氨臭较浓,应全面上下翻弄一遍。看情况可以适当补充米糠与洛东饲料添加剂混合物。

(3)菌床表面不能太干燥,既要保持很松散,又不让灰尘扬起来。否则,猪容易得呼吸道病。

(4)平时发现猪粪便堆积较多时,应将它摊散均匀,便于降解。

(5)注意饲养密度,单位面积饲养猪的头数过多,床的发酵状态就会降低,不能迅速降解、消化猪的粪便,一般以每头猪占地1.2～1.5 m^2 为宜。

思考题

1. 猪对环境的要求是什么?
2. 应该选什么样的地方建猪场?
3. 如何排列布置猪舍?
4. 养猪设备种类及要求有哪些?
5. 什么是生态养猪?
6. 生态养猪有什么优点?
7. 生态养猪的原理是什么?

第二章 猪的品种

猪的品种是在一定自然和社会经济条件下，经人工选择形成的一个具有共同来源、相似并能稳定遗传的外形和生产性能，并拥有一定数量的种群。社会生产力的发展水平和人类的需求引领着品种的发展方向。因此，品种又是一个具有变异性与可塑性的群体。了解我国地方猪种的分布和种质特性，以及引入猪种和我国培育猪种的概况等，可以为更好地发展养猪生产提供有益帮助。

第一节 我国猪的品种类型

一、猪的经济类型

猪的经济类型可分为脂肪型、兼用型和瘦肉型3类。

脂肪型，又称脂用型。这类猪的胴体脂肪多，瘦肉少。外形特点是体躯宽、深而短，全身肥满，头、颈较重，四肢短，体长与胸围相等或相差2～3 cm，胴体瘦肉率在45%以下。我国绝大多数地方品种属于脂肪型。

兼用型，这类猪的外形特点介于瘦肉型和脂肪型之间，胴体中肉比脂肪稍多，瘦肉率为45%～55%。我国培育的大多数品种属于兼用型品种。

瘦肉型，又称肉用型。这类猪的胴体瘦肉多，脂肪少。外形特点与脂肪型相反，头颈较轻，体躯长，四肢高，前后肢间距宽，腿臀发达，肌肉丰满，胸腹肉发达。体长比胸围长15 cm以上，胴体瘦肉率达55%以上。外国引进的长白猪、大约克夏猪、杜洛克猪和汉普夏猪，以及我国培育的三江白猪、苏太猪和湖北白猪等属于这个类型。

二、猪品种的区域类型及其特点

根据猪品种的起源、生产性能、体型外貌和生活环境条件，常将我国地方猪的品种分为6个类型。

（一）华北型

华北型分布最广，主要分布在淮河、秦岭以北的广大地区，包括东北、华北、内蒙古自治区、新疆维吾尔自治区、宁夏回族自治区，以及陕西、湖北、安徽、江苏四省的北部大部分地区及青海的西宁、四川广元附近的小部分地区。这些地区气候寒冷，空气干燥，土壤中磷、钙含量较高，饲养较粗放。许多地区过去养猪多采用放牧或放牧与舍饲相结合的饲养方式。喂猪的青粗饲料比例也较高。

猪的外形表现为体质健壮，骨骼发达，体躯高大，四肢粗壮，背腰狭窄，大腿不够充实，头较平直，嘴筒长（便于放牧掘地采食）；耳较大，额间多纵行皱纹，为适应严寒的自然条件，皮厚多皱褶，毛粗密，鬃毛发达，冬季还生有一层棕红色的绒毛。毛色绝大多数为全黑。

华北型猪繁殖力强，产仔数多在12头以上，护仔性好，仔猪育成率高，乳头有8对左右，性成熟早，一般多在3～4月龄开始发情。公母猪在4月龄左右即初次配种。

肥育性能中等，前期增重缓慢，而在肥育后期增重很快。脂肪积累在育肥后期，因而膘一般不厚，而板油较多，瘦肉量大，肉味香浓。

华北型猪体型大小差异极大。山区及边远地区，多饲养体型较大的猪，而城市附近多饲养小型猪，农村多饲养中型猪。大型猪数量呈减少趋势。代表品种有：东北民猪、西北的八眉猪、河北深县猪、山西马身猪、内蒙古的河套大耳猪，山东的莱芜猪、河南的淮南猪和安徽定远猪等。

（二）华南型

华南型猪分布在云南省的西南和南部边缘、广西壮族自治区、广东省偏南的大部分地区及福建省的东南角和台湾省各地。这一地区属我国的亚热带，气候温暖，雨量充沛，日照长，农作物一年三熟，饲料丰富，尤以青绿多汁饲料最多，养猪条件最好。由于猪终年可获得营养丰富的青料和多汁料以及富含糖分的精料，因而形成的猪品种早熟易肥、皮薄肉嫩。

华南型猪品种体躯一般较短，皮薄毛稀，鬃毛短少，毛多为黑色或黑白花，背腰宽阔，腹多下垂，臀部丰圆，四肢开阔而粗短多肉，头较短小，额有横行皱纹，耳小直立或向两侧平伸。

该型猪繁殖力较华北型低，一般窝产仔数8～9头，乳头5～6对。性成熟较早，母猪多在3～4月龄时开始发情，6月龄左右体重达30 kg以上即可配种。母性良好，护仔性强。

早期生长发育快，肥育时脂化早，早熟易肥，肉质细致。屠宰率70%左右，膘厚4～6 cm，厚的可达8 cm以上。

本类型代表猪品种有：广西陆川猪、广东小耳黑背猪、云南的滇南小耳猪、福建的槐猪和台湾省的桃园猪。

（三）华中型

华中型分布于长江和珠江之间的广大地区。分布地区属亚热带，气候温暖，雨量充沛，自然条件较好。粮食作物以水稻为主，青饲料丰富，富含蛋白质的精料较多，更有利于猪的生长发育。

华中型猪的体型与华南型猪基本相似，其生产性能一般介于华北、华南型之间。体质较疏松，早熟。背较宽，骨骼较细，背腰多下凹，四肢较短，腹大下垂，体躯较华南猪大，额部多横行皱纹，耳较华南型猪大且下垂，被毛稀疏，毛色多为黑白花。

一般窝产仔数10～12头，乳头6～7对。生长较快，成熟较早，肉质细致。

本类型代表猪品种有：浙江金华猪、广东大花白猪、湖南宁乡猪、湖北监利猪、江西赣中南花猪、安徽皖南花猪和贵州的关岭猪。

(四)江海型

江海型猪主要分布在汉水、长江中下游和沿海平原地区，以及秦岭和大巴山之间的汉中盆地。这些地区气候温和，雨量充沛，土地肥沃，都是稻麦三熟地区。青粗多汁饲料及能量和蛋白质饲料均很丰富。

江海型猪品种的外形和生产性能因类别不同而差异较大。共同特点是头大小适中，额较宽，皱纹深且多呈菱形，耳长大下垂，背腰较宽，腹部较大，骨骼粗壮，皮多有皱褶。性成熟早，母猪 3～4 月龄已开始发情，经产母猪窝产仔数在 13 头以上，乳头 8 对以上，以繁殖力高而著称。

经济成熟早，积脂能力强，增重较快，屠宰率一般为 70%左右。

太湖流域的太湖猪、陕西的安康猪、浙江的虹桥猪和江苏的姜曲海猪均属此类型。

(五)西南型

西南型猪分布在云贵高原和四川盆地。由于西南地区的气候条件相似，饲料条件基本相同，因而大部分猪品种的体质外形与生产性能基本相似。

西南型猪的特点为头大，腿较粗短，额部多有旋毛或横行皱纹，毛色以全黑和“六点白”居多，也有黑白花和红毛猪。

西南型猪繁殖力中等，产仔数一般 8～10 头，奶头 5～6 对。肥育能力强，饲料利用率中等。屠宰率 65%～72%。

西南型猪的代表品种有：荣昌猪、内江猪、成华猪、贵州的柯乐猪和凉山猪、云南的富源大河猪等。

(六)高原型

高原型猪主要分布在青藏高原。这一地区自然地理条件和社会经济条件特殊,因而高原型猪与国内其他地区的猪种有很大差别。

猪体型小,外貌似野猪,四肢发达,粗短有力,蹄小结实,嘴尖长而直,耳小而直立,背窄微弓,腹紧,臀倾斜。毛色为全黑、红棕色或黑白花。

为适应高原干寒和温差大的气候,皮相对较厚,毛密长,并生有绒毛,鬃毛发达,富有弹性。鬃毛长达 12～18 cm,一头猪年产鬃毛 250 g。

高原型猪属于小型晚熟品种,体躯较小,耐粗饲,适于放牧,繁殖力较低,母猪性成熟较晚,通常 4～5 月龄才开始发情。一般窝产仔数 5～6 头,乳头 5 对。妊娠期较长,达 120 d,屠宰率 65%。肉质鲜美多汁,呈大理石状。

高原型猪代表品种有:青藏高原的藏猪,甘肃的合作猪和云南的迪庆藏猪等。

第二节 我国主要的地方猪品种

我国地方猪品种具有繁殖力强、适应性强、耐粗饲、肉质好的特点,但瘦肉率低,增重慢。可用长白或大约克公猪与其母猪杂交提高瘦肉率和日增重。

一、东北民猪

属华北型猪品种,原产于东北和华北部分地区。现有繁殖母猪近 2 万头,广泛分布于辽宁、吉林、黑龙江和河北北部等地区,民猪分为大、中、小 3 个类型。体重 150 kg 以上的大型猪称大民猪;体重 95 kg 左右的中型猪称二民猪,体重 65 kg 左右的小型猪称荷包猪。

民猪头中等大，面直长，耳大下垂。体躯扁平，肋骨弯曲度较小，背腰狭窄，臀部倾斜，四肢粗壮。全身被毛黑色，毛密而长，猪鬃发达，冬季密生绒毛。乳头 7～8 对。

民猪性成熟早，母猪 4 月龄左右出现初情，母猪发情表现明显，配种受胎率高。公猪一般在 9 月龄、体重 90 kg 左右开始配种；母猪在 8 月龄、体重 80 kg 左右初配。母猪头胎产仔数平均 11.04 头，二胎平均 11.48 头，三胎平均 11.93 头±0.53 头，四胎以上平均 13.54 头。

据测定，民猪在体重 18～92 kg 阶段平均日增重 458 g。

二、太湖猪

太湖猪属江海型猪品种，产于江苏、浙江和上海交界的太湖流域。由二花脸猪、枫泾猪、梅山猪、嘉兴黑猪等地方类型组成，统称为太湖猪。现有种猪 60 多万头。太湖猪是全世界猪品种中繁殖力最高，产仔数最多的品种。而且肉质也好。

太湖猪的体型中等，头大额宽，额部皱褶多、深，耳特大、软而下垂，形似大蒲扇。全身被毛黑色或青灰色，毛稀疏或丛密，腹部皮肤多呈紫红色，也有鼻吻白色或尾尖白色的。梅山猪的四肢末端为白色，乳头多为 8～9 对。

太湖猪性成熟早，繁殖力强。据对产区几个主要育种场统计。母猪头胎产仔数平均 12.14 头，二胎平均 14.88 头，三胎及以上平均 15.83 头。

在一般饲养条件下，梅山猪在体重 25～90 kg 阶段平均日增重 439 g。

三、荣昌猪

荣昌猪属西南型猪品种，产于重庆市荣昌县和四川省隆昌县，后又分布到泸县、内江、重庆市大部分地区，还推广到全国 20 多个省、市和自治区。据不完全统计，产区共有荣昌猪种猪 50 多万头。

荣昌猪体型较大，两眼周围及头部有大小不等的黑斑，其余全身被毛多为白色，也有极少数在尾根及体躯出现黑斑或全身被毛纯白。农民群众习惯把荣昌猪的毛色分为金架眼、小黑眼瞠、大黑眼瞠、小黑头、大黑头、两头黑、单边照、飞花、铁嘴、洋眼等 10 种类型。荣昌猪头大小适中，面微凹，耳中等大、下垂，额部有横行皱纹，还有毛旋。体躯较长，发育匀称，背部微凹，腹大而深，臀部稍倾斜。四肢细致、结实。乳头 6～7 对。

荣昌猪性成熟早，公猪 4 月龄性成熟，6～8 月龄体重 60 kg 以上可开始配种。母猪初情期为 71～113 日龄，初配以 6～8 月龄、体重 50～60 kg 较为适宜。荣昌猪母猪初产仔数平均为 8.56 头，经产母猪平均产仔数 11.7 头。

在较高营养水平下，体重 15～90 kg 阶段平均日增重 623 g。

四、香猪

香猪产于广西和贵州的交界处，分布在广西的巴马瑶族自治县田东、田阳以及环江、罗城一带和贵州的从江县。属于小型猪种。

香猪毛色全黑或不完全的“六白”特征，体型小，骨骼纤细，头较直，耳小而薄，向两侧平伸或稍竖起，腹大而圆，四肢短细。乳头 5 对，成年体重 38.8 kg。

香猪为我国具有特色的小型猪，虽然增重慢，产肉量低，但具有体小早熟、肉质嫩美的特点，宜加工烤猪和用作实验动物的小型猪种。也有作为观赏、宠物饲养于城市家庭中。

五、金华猪

金华猪属华中型猪品种，产于浙江省金华地区的义乌、东阳和金华3个县。现已推广到浙江全省20多个市、县和省外部分地区。种猪数据产区3个县统计有5万多头。金华猪具有皮薄、骨细和肉脂品质好的特点，用其后腿制作的金华火腿质佳味香，外形美观，在国内外享有盛誉。

金华猪体型中等偏小，毛色除头颈和臀尾为黑色外，其余均为白色，故有“两头乌”之称。在黑白交界处有黑皮白毛的“晕带”。耳中等大、下垂，额上有皱纹，颈粗短，背微凹，腹大微下垂，臀较倾斜，四肢较短，蹄坚实，皮薄毛稀。乳头多为7～8对。

金华猪按头型可分为“寿字头”和“老鼠头”两种类型。“寿字头”型猪分布于金华和义乌等地，个体较大，生长较快，头短，额部有粗深皱纹，背稍宽，四肢较粗壮。“老鼠头”型猪分布在东阳等地，个体较小，头长，额部皱纹较浅或无皱纹，背较窄，四肢高而细。

金华猪具有性成熟早、性情温驯、母性好和产仔多等优良特性。在农村饲养条件下，三胎以上母猪平均窝产仔数11.92头，据对金华种猪场157窝统计，平均窝产仔数14.25头。

在体重17～76 kg阶段，饲养期127 d，平均日增重464 g。

六、大花白猪

大花白猪属于华中型猪品种，产于广东珠江三角洲一带，主要分布在广东省的乐昌、仁化、顺德和连平等42个市、县。产区现有母猪44万头左右。大花白猪具有耐潮湿、耐热，性成熟早，繁殖力高，早熟、易肥和沉积脂肪能力强等特点。

大花白猪体型中等大，毛色为黑白花，头部和臀部有大块黑斑，在黑白交界处有黑皮白毛的灰带环绕，被毛稀疏，耳稍大、下垂，额部多有横行皱纹，背、腰较宽，微凹，腹较大。乳头多为7对。

大花白猪繁殖力较高，据广东省农业科学院畜牧所测定，初产母猪平均产仔11.7头，二胎平均12.9头，经产平均13.8头。

大花白猪在较好的饲养条件下，体重20～90 kg阶段，平均日增重 519 g。

七、陆川猪

陆川猪原产于广西壮族自治区陆川县，1982 年起，陆川猪与分布于广东省和广西壮族自治区相邻的浔江、西江流域的公馆猪、福棉猪和广东小耳花猪等地方类群统称为两广小耳花猪。

陆川猪体型较小，具有头短、颈短、耳短、身短、脚短和尾短的特点，故有“六短猪”之称。被毛稀疏柔软，毛色为黑白花，除头、耳、背、腰、臀为黑色外，其余为白色。

陆川猪的特点是皮薄、肉嫩、早熟、易肥。在整个肥育阶段都是肥胖状态，无明显架子期。其不足之处在于体型较小，生长发育慢，饲料利用率和胴体瘦肉率低。据陆川种猪场对 13 头 8.5 月龄陆川猪屠宰测定结果，体重 75 kg 左右时，屠宰率为 67.59%，皮厚 0.38 cm，膘厚 5.9 cm，胴体瘦肉率占 37.2%。

八、滇南小耳猪

滇南小耳猪属华南型猪种，产于云南省的勐腊，潞西、干山等地，分布于德宏州、临沧地区、西双版纳州及思茅地区及红河州、文山州、玉溪地区的部分县镇。

滇南小耳猪体躯短，皮薄，毛稀，被毛以纯黑为主，耳小、直立或向外横伸，背腰宽广，全身丰满，乳头多为 5 对。按体型可分为大、中、小 3 种类型。小型猪群众称“冬瓜猪”或“细骨猪”。

性成熟较早，公猪 3 月龄，母猪 4 月龄即可配种受胎。据调查，一般初产母猪平均产仔数为 5～6 头，经产母猪平均为 7～9 头，育成率在 80%以上。

山区以放牧为主，多采用“先吊架子”后集中粮食催肥的方式养猪，饲养期 1.5～2 年，体重可达 80～100 kg。

九、藏猪

藏猪属高原型猪品种，产于西藏、四川西部以及云南西北部的广大地区，是典型的高原型品种。主要分布在西藏的山南地区、昌都地区、拉萨市、四川省的甘孜州、阿坝州、云南省的迪庆州和甘肃省的甘南州等地。

藏猪被毛多为黑色，部分猪具有不完全“六白”特征，少数猪为棕色，也有仔猪被毛具有棕黄色纵行条纹。鬃毛长而密，被毛下密生绒毛。体小，嘴筒长、直，呈锥形，额面窄，额部皱纹少。耳小直立、转动灵活。胸较窄，体躯较短，背腰平直或微弓，后躯略高于前躯，臀倾斜，四肢结实紧凑、直立，蹄质坚实。乳头多为5对。

藏猪多为放牧饲养。母猪一般年产一窝，初产母猪平均产仔4.78头，二胎平均6.03头，经产平均6.43头。

藏猪在终年放牧饲养条件下，育肥猪增重缓慢，12月龄时体重20～25 kg，24月龄时35～40 kg。

藏猪与内江猪杂交效果最好。

第三节 我国培育品种

我国培育品种是用外种猪和我国地方猪杂交选育而成，可直接用于商品生产，也可再与外种猪杂交生产商品猪，进一步提高瘦肉率和日增重。

一、三江白猪

三江白猪分布于黑龙江东部合江地区境内的国营农牧场及其附近的县、乡猪场，产区为著名的三江平原地区。

三江白猪是由长白猪×民猪正反交产生的一代杂种母猪再与长白公猪回交，从其后代中择优组成零世代猪群，连续进行5～

6 世代的横交和选择育成的新品种。

三江白猪被毛全白，头轻嘴直，耳较大下垂或前倾。背腰宽平，腿臀丰满，四肢粗壮，蹄质坚实，乳头一般为 7 对，排列整齐，毛丛稍密。

三江白猪成年体重，公猪 187 kg，母猪 138 kg。性成熟较早，初情期 4 月龄左右，发情表现明显。初产母猪平均产仔 10.2 头，经产母猪平均产仔 12.4 头。

按三江白猪饲养标准饲养，6 月龄肥育猪体重可达 90 kg，平均日增重 666 g。

二、哈白猪

哈尔滨白猪简称哈白猪，产于黑龙江省南部和中部地区，以哈尔滨及其周围各县为中心产区。广泛分布于滨州、滨绥、滨北和牡佳等铁路沿线。

哈白猪是由不同类型约克夏猪×东北民猪杂交选育而形成。

哈白猪体型较大，全身被毛白色，头中等大小，两耳直立，面部微凹。背腰平直，腹稍大但不下垂，腿臀丰满，四肢健壮，体质结实。乳头 7 对以上。哈白猪成年体重，公猪 222 kg，母猪 176 kg，据对 380 窝初产母猪统计，平均产仔数 9.4 头；对 1 000 窝经产母猪统计，平均产仔 11.3 头。

体重 14.95～120.6 kg 阶段平均日增重 587 g。

三、北京黑猪

北京黑猪产于北京市双桥农场和北郊农场，主要分布在北京市朝阳区、海淀区、昌平区、顺义区、通州区等京郊各区县，并推广于河北、河南、山西等省。

北京黑猪是在北京本地黑猪引入巴克夏猪、中约克夏猪、苏联大白猪、高加索猪进行杂交后选育而成的。

北京黑猪全身被毛黑色，体质结实，结构匀称。头大小适中，两耳向前上方直立或平伸，面部微凹，额较宽，颈肩结合良好，背腰较平直且宽，腿臀较丰满，四肢健壮。乳头多为7对。

北京黑猪成年体重，公猪262 kg，母猪236 kg。初产母猪平均窝产仔数10头，经产母猪平均窝产仔数11.52头。

据测定，20～90 kg体重阶段平均日增重为609 g。

四、湖北白猪

湖北白猪产于湖北武昌地区，主要分布于华中地区。

湖北白猪是通过大约克夏猪×长白猪·本地猪杂交和群体继代选育法，闭锁繁育育成的。为我国新培育的瘦肉型猪种之一。

湖北白猪除个别猪眼角、尾根有少许暗斑外，其余全身被毛白色。头较轻，大小适中，鼻直稍长，耳向前倾或下垂，背腰平直，中躯较长，腿臀丰满，肢蹄结实，有效乳头6对以上。

湖北白猪成年体重，公猪230 kg，母猪200 kg，初产母猪平均产仔数为10.5头，经产母猪平均产仔数为12.5头。

湖北白猪育肥到180日龄，体重可达90 kg左右，日增重620 g左右。

五、苏太猪

苏太猪育成于江苏省苏州地区，是苏州猪畜种中心用美系杜洛克猪与太湖猪杂交选取育而成。

苏太猪全身被毛黑色，耳中等大而垂直向前下方，头面有清晰皱纹，嘴中等长而直，腹小，后躯丰满。

苏太猪150日龄左右性成熟，且发情明显，初产母猪平均产仔数11.68头，产活仔数平均10.84头，经产母猪平均产仔数14.45头，产活仔数平均13.26头。

苏太猪生长速度较快，170日龄可达85 kg，日增重630 g左右，料重比 3.18∶1，屠宰率 72.85%，胴体瘦肉率 55.98%。

苏太猪适应性强，产仔数多，生长发育较快，肉质较好，是生产商品瘦肉猪的理想母本品种。

第四节　国外引入瘦肉型品种

目前我国影响较大的引入品种有大约克夏猪、长白猪、杜洛克猪、汉普夏猪和皮特兰猪 5 个品种；引入的专门化品系杂优猪有 PIC 猪、斯格猪、迪卡猪等。引入品种的共同特点是：①生长速度快，在标准饲养条件下，肥育猪 20～90 kg 阶段的日增重 550～650 g，高的可达 700 g 以上。②胴体瘦肉率高，一般在 55%～62%；优秀的高达 65%以上。③屠宰率较高，体重在 90 kg 左右，屠宰率可达 70%～72%。④产仔数较少，母猪通常发情不明显，配种较难。⑤肉质较差，肌肉纤维较粗，肌间脂肪较少，出现 PSE 或 DFD 劣质肉的比例较高。⑥对饲养管理要求较高，每头猪每天需精料量较多。在较低的饲养水平下，生长发育缓慢，有时生长速度还不及我国地方品种。对猪舍建筑要求亦高。

总之，引入品种在我国猪品种改良中，曾发挥过作用，在当今的养猪生产中，引入品种主要用作杂种优势利用的亲本。

一、大约克夏猪

大约克夏猪，又称大白猪，于 18 世纪在英国育成，是目前国外所有瘦肉型猪种中分布最广的品种。

我国先后从澳大利亚和英国引进数批几百头大约克夏猪，主要分配在华中、华东、华南等地区，以后被引种到全国各地。目前饲养较多的有湖北、湖南、浙江、江西、江苏、广东和河南等省。

大约克夏猪体格大，体型匀称。全身被毛白色，头长面宽微凹。耳中等大直立，体躯深长，背腰平直略呈弓形，四肢较高，肌肉发达。乳头7对,初产母猪平均产仔数9～10头,经产母猪产仔数11～12头,产活仔数10头左右。

大约克夏猪增重速度快,饲料利用率高,生后5～6月龄体重可达100 kg,平均日增重700 g左右,料重比3∶1左右,胴体瘦肉率60%～65%,适应性较强,能较好地适应我国各地的条件。常用作二元杂交父本和洋三元杂交母本。

二、长白猪

长白猪原名兰德瑞斯猪,原产于丹麦,是世界著名的瘦肉型品种。现已分布到世界各国,尤其是欧洲各国分布最多。1964年由瑞典引入我国,目前是我国引入最多的国外品种。主要分养在浙江、河南、湖南、湖北、广东和河北等省。

长白猪全身被毛呈白色,头狭长,颜面直,耳大向前倾,背腰长,腹线平直而不松弛,体躯长,前躯窄后躯宽,肋骨16～17对,大腿丰满,蹄质坚实,乳头6～7对,初产母猪平均产仔数8～10头,经产母猪平均产仔数10～13头。

长白猪生长速度快,胴体瘦肉率高,5～6月龄体重可达100 kg,平均日增重800～1 000 g,料重比(2.3～2.7)∶1,胴体瘦肉率63%～65%。常用作二元杂交父本和洋三元杂交母本。

三、杜洛克猪

杜洛克猪是美国在19世纪60年代用纽约州的杜洛克猪和新泽西州的泽西红毛猪杂交育成。在美国的猪品种中其日增重和料重比排名第一,分布最广,数量最多。我国于1972年首次引入。

1978年和1982年又先后从美国、日本、匈牙利等国大批引入,达数百头之多,现已分布于全国。

杜洛克猪体型大,被毛红色,从金黄色到暗棕色深浅不一,樱桃红色最受欢迎。耳中等大,耳尖下垂,颜面微凹,体躯深广,肌肉丰满，四肢粗壮。

杜洛克初产母猪平均产仔数9头左右，经产母猪平均产仔数10～11头。180日龄体重可达100 kg，平均日增重800～900 g，料重比(2.3～2.6)：1，胴体瘦肉率64%～68%。

杜洛克猪的特点是：体质健壮，适应性强，饲养条件比其他瘦肉型猪要求低，生长速度快，饲料利用率高，胴体瘦肉率高，肉质好。常用作三元杂交终端父本。

四、汉普夏猪

汉普夏猪原产于美国肯塔基州，由薄皮猪和白肩猪杂交选育而成。以其膘最薄、瘦肉率最高而在美国猪品种中仅次于杜洛克猪排名第二。我国最早于1936年引进过少量汉普夏猪，1978年以后我国先后从英国、日本、匈牙利和美国引入该品种。

汉普夏猪体型大，毛色特征突出，被毛黑色，在肩部和颈部接合处有一条白带围绕，在白色与黑色边缘，由黑皮白毛形成一灰色带，故有“银带猪”之称。头中等大小，耳中等大小而直立，嘴较长而直，体躯较长，背腰呈弓形，后躯臀部肌肉发达。

汉普夏猪初产母猪平均产仔数7～8头，经产母猪平均产仔数8～9头。180日龄体重可达90 kg，平均日增重600～700 g，料重比3.0：1左右，胴体瘦肉率60%以上。

汉普夏猪的主要特点是：生长发育快，抗逆性强，饲料利用率较高，胴体瘦肉率高，肉质较好，但繁殖力较差。常用作三元杂交终端父本。

五、皮特兰猪

皮特兰猪产于比利时的布拉邦特省，是由法国的贝叶杂交猪与英国的巴克夏猪进行回交，然后再与英国大白猪杂交育成的。

皮特兰猪体型中等，体躯呈方形。被毛灰白，夹有形状各异的大块黑色斑点，有的还夹有部分红毛。头较轻盈，耳中等大小，微向前倾，颈和四肢较短，肩部和臀部肌肉特别发达。

皮特兰猪平均产仔数10～11头，产活仔数9～10头，6月龄体重可达100 kg，平均日增重800 g左右，料重比(2.5～2.8)：1左右，胴体瘦肉率70%以上。

皮特兰猪的主要特点是：瘦肉率高，后躯和双肩肌肉丰满。目前以德国饲养量最多，我国已引进饲养。用作三元杂交终端父本。

六、PIC配套系猪

PIC配套系猪是由英国种猪改良公司运用"通过培育专门化父系和母系能够提高生产效率和经济利益"这一理论，经过30余年培育的具有世界先进水平的优良配套系猪。父系猪具有生长速度快、饲料利用率高、体型好等优点；母系猪具有产仔率高、母性强等优点；用其父母代父母系猪杂交生产五元杂交商品猪，能够更好地提高养猪生产效率和经济效率。

PIC配套系猪平均产活仔数10.5～12头，150～155日龄体重可达100 kg，平均日增重900 g左右，料重比(2.6～2.8)：1左右，胴体瘦肉率66%～68%。

重庆大正畜牧科技股份有限公司于1999年引进PIC配套系猪，现已推广13个省市，种猪数达4万余头。

七、斯格猪

斯格猪原产于比利时。1999年3月由河北斯格种猪有限公司引进，共引进5个系，2个父系3个母系。

斯格猪父母代经产平均产仔数11.8～12.8头，5～6月龄体重可达100 kg，父系猪的平均日增重800 g以上，料重比(2.2～2.6)：1左右，胴体瘦肉率67%～68%。母系稍低于父系。

斯格猪的主要特点是：父系生长快，饲料利用率高，胴体瘦肉率高；母系体较长，发情明显，产仔数较高，泌乳力强，杂交后代肉质较好。

八、迪卡猪

迪卡猪是美国迪卡公司培育的配套系猪的总称。迪卡猪是美国猪育种公司从当今世界上最优秀的长白猪、大白猪、杜洛猪、汉普夏猪等品种中选育出来的5个配套系，其中A、B为父系，C、E、F为母系。

迪卡猪经产平均产仔数11～12头，5月龄体重可达90 kg，父系猪的平均日增重600～700 g，料重比2.8∶1左右，胴体瘦肉率达65%，该猪与我国北方母猪有良好的杂交优势。

迪卡猪主要特点是，生长速度快，饲料利用率高，瘦肉率高，繁殖力强，肉质较好。

第五节 猪的引种

一、引种的意义

将外地或外国的优良品种、品系或类型引入当地，直接推广或作为育种材料的工作，称之为“引种”。引种可以直接引入种猪，也可以引入良种公猪的精液，或优良种猪的胚胎。

引种有3方面的意义，一是以引入的优良品种代替当地原品种，直接推广利用，用以提高当地养猪生产水平。二是将引入品种作为杂种优势利用的亲本。三是将引入品种作为育种材料，用以改良当地品种或培育新品种。我国先后从国外引入了不少的优良猪品种，如大约克夏猪、长白猪、杜洛克猪、汉普夏猪、皮特兰猪、斯格猪、迪卡猪等。我国的地方良种如荣昌猪、内江猪、东北民猪、太湖猪等也在国内各省、市频繁调运。这些品种的引入和调运，对我国养猪业的生产和发展，都起到了积极的作用。

二、引种的措施

引种是现代养猪生产中的重要环节，为保证引种成功须做好以下工作。

（一）根据需要，有目的、有计划地引种

引种的总目的是服从于当地发展养猪生产的需要，根据当地养猪生产的实际需要和当地品种区域化引种，这是必须遵循的原则。只有符合需要的品种引入后才能受到重视，才能发挥它应有的作用。如果一哄而起，盲目引种，引入品种就不能在当地生根落户，很快消失而造成损失。在需要的前提下，事先计划好引入什么样的品种，引入种猪的数量，或一次性引入，或分批次引入，引入种猪落户的场、站、圈舍。落实引种所需资金、人员等事项。在调查研究基础上，确定引种场，选择品种质量高，信誉好的大型种猪场引种。同时，选择引种场尽量在与本地自然条件和饲养管理条件差异小的原种场引种，它可以缩短引入种猪个体对本地条件的适应过程。

（二）慎重选择个体

引入品种的优良特性是通过引入的种猪个体带来，所以，对引入的种猪个体应严格选择。引入的种猪个体，必须具有该品种的典型特征，发育良好，健康无病。同时注意审查系谱，注意其亲代及同胞的生产性能高低，防止带入有害基因和遗传缺陷。引入个体之间，一般不宜有亲缘关系，公猪最好是不同的品系。对母猪重点是母性能力，高产仔猪数和断奶重，温顺易管理，乳头 6 对以上，排列整齐匀称，没有无效乳头（瞎乳头、翻乳头、巴乳头等），外阴端正下垂。公猪挑选要点是睾丸发育良好，轮廓明显，左右对称，大小一致，无单睾、隐睾或疝气，包皮不积尿，四肢强健有力，具有明显的雄性特征。此外，还须考虑个体的年龄，一般而论，幼年个体

较易适应新环境，因此，应引入健康的幼年个体，其体重一般以不超过 60 kg 为宜。

（三）妥善安排调运季节

为使引入个体在生活环境上变化不过于突然，减少调运过程中的管理，引入种猪时宜在适宜的季节。一般而论，春、秋两季气候温和，饲料条件好，调运种猪比较适宜。而在酷暑和严冬则不宜调运种猪，否则，会造成运途中的困难。

（四）严格执行防疫制度，切实加强种猪检疫，严格实行隔离观察

防止疫病因引种而传入，是引种中必须重视的一环。如果检疫制度不严，常会带进当地没有的传染病。我国曾因引种而带入猪喘气病就是一个沉痛的教训。在引入种猪进入本场之前，规划好隔离观察所用的圈舍，并对其严格消毒。运载种猪的运输车辆及用具亦应严格消毒。在经检疫确认所选定的种猪健康无病后装运。种猪到场后，用刺激性小的消毒药对猪体表及运输工具消毒，再用清水冲洗干净，进入隔离猪舍。12 h 内不要喂料，先让猪休息并采用少量多次的方法供给饮水，防止暴饮，饮水中可以加入口服补液盐或电解多维。12 h 后，少量地、逐渐地喂给饲料，3～5 d 达到正常喂量。为减少因应激而引发疾病，可在饲料中加入预防药物（支原净 100 mg/kg＋金霉素 400 mg/kg）连喂 2 周。猪只到场 1 周后，待其各方面情况基本正常后，应根据当地疫病流行情况，本场疫苗接种情况和抽血检疫情况进行必要的免疫接种。隔离的种猪经一段时间观察，确定其无异常情况后，对猪身彻底消毒，才能合群饲养。

（五）加强饲养管理和适应性锻炼

品种最适宜于培育条件，引进的外国优良品种如长白猪、杜洛克猪等，都是在精料型日粮、高蛋白质水平下培育成的，它们对饲料条件和环境及管理条件要求高，当其引入后如果不能满足这些条件，引入的种猪个体会表现出极不良的反应。因此，必须尽可能地为引入品种个体创造良好条件，甚至可以采用其原日粮类型，管理上采取必要的防寒或防暑降温措施，调整饲喂、放牧运动时间，注意预防地方性传染病和寄生虫对引入个体的侵袭。当引入种猪产生后代后，再逐渐改变其后代的日粮结构，逐渐在其日粮中增加青粗料比例，并对其加强适应性锻炼，使其经过几个世代后过渡到引入地饲养水平。同时，在其后代群中从适应性方面注意选择，尽可能地选留对当地条件适应较好的个体。

思 考 题

1. 猪经济类型是指什么？
2. 我国地方猪品种有何特点？如何利用？
3. 我国培育品种有何特点？如何利用？
4. 国外引入瘦肉型品种有何特点？如何利用？
5. 什么是引种？引种有什么意义？
6. 在引种过程中应该重视哪些方面的问题？

第三章　猪的纯种繁殖和杂交利用

猪的品种是养猪生产的生产资料，品种性能的优劣，在很大程度上决定了养猪生产水平的高低。繁育本地品种，改善品种质量，或者从外地引入优良品种，都是为提高养猪生产水平之所需。杂种优势利用在我国养猪生产中得到广泛推广利用，它对提高养猪生产水平，获取养猪生产更大的效益发挥了极大的作用。因此，在养猪生产中利用杂种优势，在我国及全世界养猪生产中，均有广阔的前景。

第一节　猪的纯种繁殖

一、猪的纯种繁殖的意义

所谓纯种繁殖是在本品种范围内用同一品种的公母猪交配。纯种繁殖它使原品种猪的数量增加，并保持原品种的特征特性；若在纯种繁殖过程中，辅以必要的选种选配措施，原品种的性能则可望提高。

我国地方猪品种资源十分丰富，它们具有适应性强、繁殖力高，肉的质量好和耐粗饲等优良品质。一个品种就是一个基因库，对它们实行纯种繁殖，既能保存原品种，同时也能为这些品种在养猪生产中的合理利用打下良好的基础。

对于引进的外来品种，一方面用它作为改良我国品种的材料，而在当今的养猪生产中更多的是作为经济杂交的亲本。对它们进行纯种繁殖，可以为经济杂交方案的实施，源源不断地提供杂交亲本。

所以，猪品种作为养猪生产的生产资料，无论从原品种的保存、提高或杂种优势利用的亲本提供，猪的纯种繁殖，均是一项十分重要的生产环节。

二、猪的选种选配

猪的纯种繁殖不是简单地在本品种内让公母猪交配，以求增加原品种的数量，保住原品种特性，更重要的还需在纯种繁殖过程中，施以必要的繁育措施，以求逐步地提高原品种质量，使原品种更能适应和满足养猪生产的需要。对参加繁殖的种猪实行选种选配，是很重要的繁育措施。

(一)猪的选种

所谓选种，就是选择作为种用的亲本，即选择种用公猪和种用母猪。选种不是一次性的工作，它在猪的生长发育过程中，经过多次选择淘汰而完成。选种是一项复杂而又细致的工作，在一般不负有选育任务的猪场，可按下面程序选择。

1. 断奶仔猪的选择

仔猪断奶时，可以从亲代的种用价值，本身的生长发育、外形和个体表现 3 个方面进行选择。

常言道“好种出好苗”，因此，父母猪的生产性能的好坏，可以在一定程度上反映出仔猪遗传品质的优劣。选种时，可视不同窝仔猪的系谱资料进行比较，在双亲性能优良的窝中选留后备种猪，甚至可以全窝(必须淘汰同窝中发育不良个体)留种。

同窝仔猪的表现，是指同窝仔猪的整齐度。凡同窝仔猪在生长发育(主要是断奶重及均匀度)、毛色及外貌特征上一致性好的，其遗传品质一般较好，可在这个窝次中选留后备种猪。

断奶时根据个体本身选择的具体要求是：在同窝仔猪中断奶体重大的，体格发育良好、外形上无缺陷，乳头 6～7 对，排列均匀，其头型、耳型、毛色、体躯结构等要符合该品种的典型特征。外形结构要求，额宽、鼻嘴宽大，眼睛明亮有神，体躯长摆，肢蹄健壮，尾根着生高，膘度适中。动作灵活，食欲旺盛，被毛光洁顺贴。公猪无隐睾、单睾、疝等遗传疾患、母猪外生殖端正无缺陷。

2.4 月龄阶段的选择

本阶段选择的主要目的在于淘汰发育不良的个体。将从断奶至 4 月龄期间，体重或日增重达不到选种标准，体型结构不符合要求的个体予以淘汰，这样可以减少后备母猪的饲养量。

3.6 月龄阶段的选择

本阶段选择的要求是：选留个体的外形特征必须符合该品种特征，身体各部位发育良好，相互协调、结构匀称，骨骼发育良好，四肢结实有力。腿臀部平整丰满。体质结实、健康无病。个体性征表现明显，公猪性机能旺盛、睾丸发育良好对称，母猪乳房发育良好，采食速度快、食量大、不挑食。凡不符合上述要求的个体，予以淘汰。

4.配种时期的选择

后备种母猪一般在 8 月龄配种，此时将生长发育缓慢而达不到选种指标的个体以及因有繁殖疾患而不能作种用的个体淘汰，被选留的个体配种，参与繁殖。

5.初产母猪（14～16 月龄）的选择

此时母猪已有繁殖成绩，是本阶段选择的主要依据。

当母猪产生一窝仔猪并达到断奶时，首先将所产仔猪中有畸形、脐疝、隐睾等遗传疾患及毛色、耳型等不符合品种特征的母猪淘汰，然后按初产母猪的产仔数、断奶窝重两项性状综合评定母猪的繁殖成绩，淘汰低劣者。

（二）猪的选配

选配是有目标、有目的、有计划地组织公、母猪交配。选配是选种的继续，它实际上是在人工干预下，为优秀的公、母猪个体提供更多的繁殖机会，从而留下更多的优秀后代。

就个体选配而言，选配方法又分为品质选配和亲缘选配。

1. 品质选配

它根据交配双方的品质对比而决定配偶组合，它指猪的体质、体型、生物学特性、生产性能、产品品质等可以观察，度量的表型性状。所以，品质选配又称为“表型选配”。品质选配又根据交配双方品质的同、异，可区分为同质选配和异质选配。

(1)同质选配。此法是选择表型相同的公、母猪进行交配繁殖。例如，用体长的公猪配体长的母猪；日增重大的公猪配日增重大的母猪等。同质选配的主要作用是使亲本的优良性状加深，从而稳定和巩固，使之稳定地遗传。在实践中，当猪群中出现符合要求的优良性状或理想型个体时，可以采用同质选配，让具有这些优点的公母猪交配，产生具有其优良性状的后代，使优良性状得以固定、稳定地遗传。采用同质交配必须注意：交配双方除要求重要性状同质外，还应无其他共同的缺陷，以免加深这种缺陷。此外，长期使用同质选配它使群内变异范围相对缩小，某些缺点被加深，猪的适应性、生活力下降，为防止这些不良作用，在同质选配过程中，应加强选择，严格淘汰体质衰弱和有遗传缺陷的个体。

(2)异质选配。此法是选择表型或类型不相同的公母猪进行交配。例如，用生长快的公猪与产仔性能优异的母猪交配；用日增重高的公猪配日增重低的母猪。异质选配的重要作用在于综合公母猪双方的优良性状，丰富后代遗传基础，创造新类型，并能提高后代的适应性和生活力。当猪群处于停滞状态或需为通过性状的重组以获得理想个体时，采用异质选配。

同质和异质选配是个体选配中最常用的方法，有时两者并用，有时交替使用。一般而言，在选育初期阶段，欲综合公母猪不同的优点，创造出新类型时，采用异质选配。当群内出现理想的新类型时，则转为同质选配，用以固定理想性状。就不同的猪群而言，核心群一般以同质选配为主，可以增加群内优秀个体数量，保持猪群优良特性。而一般繁殖群则多采用异质选配，它既可促使新类型出现，同时又能保持猪群良好的适应性和生活力。

2. 亲缘选配

根据交配的公、母猪的亲缘关系和亲缘程度确定的交配组合，称亲缘选配，若交配双方到共同祖先的总世代数不超过 6 个世代，称为近亲交配，简称“近交”。

近交可纯化猪群的遗传结构，提高猪群的遗传纯度和同质性，使猪群遗传性状趋于稳定。在猪的品系建立时使用。近交可以加速品系的建立。对于因品种混杂而造成退化时，近交可以在纯化遗传结构的基础上，恢复品种性能，从而复壮品种。此外，有目的地安排近交，还可以暴露猪群的有害基因，从而淘汰携带有害基因的种猪个体，提高猪群遗传品质。由于近交有以上几方面作用，在猪的繁育过程中亦是一种选择的基本方法。但是近交有其不利的一面，即“近交衰退”。即由近交所产生的后代出现繁殖性能下降，生活力适应性降低，生长发育受到抑制，生产性能降低，猪群内遗传缺陷的个体数增加等一系列不良表现。所以，一般繁殖猪群须慎用近交，以免近交衰退的发生给生产造成损失。

选配是在选种基础上，通过恰当的配偶组合产生出理想的后代，在实施个体选配时，必须遵循以下原则：

(1)配偶对的确定要有明确的目的，它以加强其优良品质，克服其缺点为宗旨。

(2)配对中的公猪的品质(等级)要高于母猪，起码要公、母猪的等级相等。猪群中鉴定出的特、一级种公猪应该充分使用，而二、三级种公猪则控制使用。农谚中的“公好好一坡，母好好一窝”就是这个道理。

(3)不要无目的地采用近交，一般繁殖场则不宜采用近交。

(4)交配双方应是体格健康个体，年龄上最好是壮年公、母猪交配。不用老年配老年、幼年配幼年,幼年配老年等配偶组合,交配双方至少应有一方为青壮年。

(5)具有相同缺点的公、母猪不能选配,否则在后代中会加深这种缺点。

(6)在对猪群过去交配结果分析基础上,找出能产生优良后代的组合,并维持这种配偶组合。选配事先要有计划,对选配方案的实施和选配的结果,均应有详尽的记录记载,作为重要的技术资料妥善保存。

第二节 猪的杂交利用

一、猪杂交利用的意义

用不同品种、品系或类型的公母猪之间的交配,称之为杂交。杂交一般能产生杂种优势,杂交后代在生活力、抗逆性、生长势等方面优于纯种亲本,在主要经济性状上能超过父母双亲同一性状的平均值,它表现出比纯种更优的生产性能。杂交利用的含义就是利用杂交方法,产生杂种优势来提高商品猪的生产能力,获得养猪生产更佳的效益。

利用杂种优势提高商品猪的生产能力,已成定论。我国养猪生产中的两品种、三品种间的杂交,已普遍开展,对提高养猪的生产水平,改善肉猪胴体品质,提高肉猪增重速度,降低饲料消耗等方面,发挥了良好作用。同时,杂种群在相同的饲养管理条件下,可以有相同的表现型,杂种的主要性能表现一致。能够实现产品的规格化,我国养猪业生产已逐步步入专业化、商业化的规模养猪。欲获取养猪生产的高效益、并生产出规格化的猪产品,杂交利用则是必由之路。

二、杂种优势利用的方法

杂种优势利用的杂交方法有多种，主要介绍二元杂交和三元杂交。

（一）二元杂交

二元杂交又称单杂交或单交。二元杂交的方法是利用两个亲本种群，其中一个为父本，另一个为母本进行杂交，由杂交所获得的 F_1 代杂种仔猪，无论其公母，皆不留作种用，全部用作商品肥育猪，如图 3-1 所示。

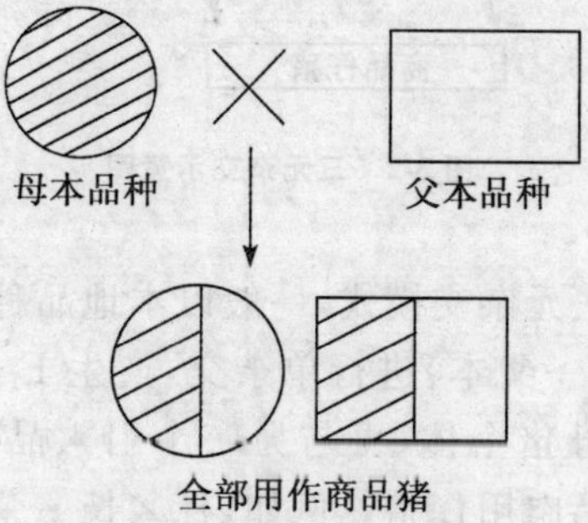

图 3-1　二元杂交示意图

在我国养猪生产中杂种优势利用的初级阶段所推行的养猪“三化”，即“公猪良种化，母猪本地化，肉猪杂种一代化”，就是二元杂交的具体实施。

二元杂交的优点在于它方法简单，容易推广，在肉猪生产实践中，二元杂种猪在生长速度、饲料利用率和胴体品质等经济性状上均有良好的表现，对提高肉猪生产效率发挥了较好的作用。

（二）三元杂交

三元杂交是利用三个亲本种群杂交。首先选用两个亲本种群杂交，在获得 F_1 代杂种后，从中选择出繁殖性能优良的 F_1 代母猪个体,作为继续杂交的母本,将 F_1 代杂种中的全部公猪和不符合留种的母猪作肉猪肥育。用选出的杂种母猪再与第三个种群的公猪交配,由所产生的三元杂种仔猪,无论公母,全部用作肉猪肥育,如图 3-2 所示。

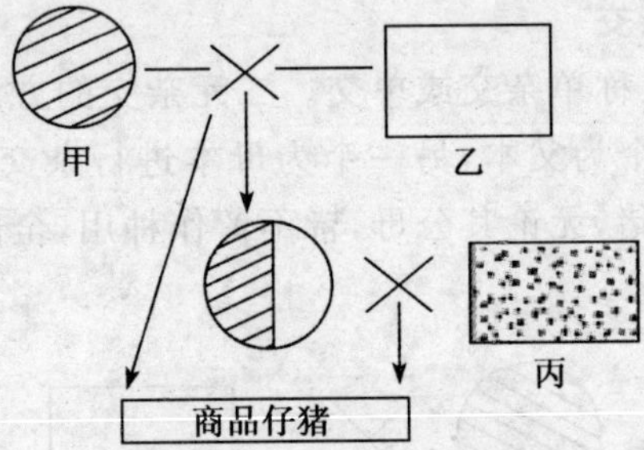

图 3-2 三元杂交示意图

我国推广的三元杂交模式,一般以本地品种为母本,一个引入品种为父本(称第一父本)进行单杂交,产生 F_1 代杂种后,从中选出繁殖性能好的母猪个体,再与另一个引入品种公猪(称第二父本)交配,生产商品肉用仔猪。例如,杜×长·荣组合,它是以荣昌猪为母本,长白猪为第一父本,杜洛克猪为第二父本,与选出的 F_1 代(长×荣)杂种母猪交配。

三元杂交它集合了 3 个亲本群的遗传优势,有比二元杂交更好的杂种优势表现,这种杂交方法已在我国肉猪生产中得到广泛的推广和应用。据研究报道,我国成功的三元配套组合还有:大约克猪×(长白猪×北京黑猪)、杜洛克猪×(长白猪×嘉兴黑猪)、杜洛克猪×(长白猪×太湖猪)等。

近年来,在肉猪生产中,为更高地追求胴体瘦肉率以及更优的生长速度和饲料报酬,三元杂交的模式又采用"洋三元"杂交。所谓"洋三元"杂交是选用瘦肉率高且有较优的增重速度和饲料报酬的 3 个引入品种(即所谓的洋种),例如,长白猪、大约克夏猪、杜洛克猪、皮特兰猪、汉普夏猪等，通过配合力测定而进行配合组合，生产杂种仔猪。例如，杜×长·大组合，它采用杜洛克猪、长白猪和大约克夏猪3个品种，以大约克夏猪为母本，长白猪为第一父本，杜洛克猪为第二父本。此外，汉普夏猪×(长白猪×大约克猪)、皮特兰猪×(长白猪×大约克夏猪)等组合，已得到应用。据报道，由洋三元所产生的杂种后代，都有良好的表现，但对饲料和饲养管理条件却有更高的要求。

三、杂种优势利用的措施

杂种优势利用的实施，它包含一整套技术与组织措施，必须做好各个环节的工作，才能收到预期效果。

(一)选择最优杂交组合和适宜的杂交方式

杂交一般能产生优势，但并不是各种杂交都能产生优势，而且由于杂交组合的不同，不同组合产生的优势的程度也各异。杂交利用的目的在于提高养猪生产效益，故只有选择最优势杂交组合才能将生产效益提高到理想水平。各地区科研院所及相关部门，通过配合力测定筛选出较多的优秀杂交组合，可以从中选取适合本场条件的杂交配套组合在生产中应用。

杂种优势利用所采用的杂交方式，应根据当地的猪品种资源、饲养管理水平、技术水平以及对猪肉的品质要求等诸多因素综合考虑。一般而言，广大农村有地方品种资源可以利用。饲养水平还不很高，采用以本地品种为母本，引入品种为父本的二元杂交方式较为妥当。随着养猪生产的发展，饲养水平的提高以及杂种优势利用经验的积累，逐步过渡到三元杂交方式，甚至采用“洋三元”杂交。在饲养条件和技术条件皆好的地区和规模化、商品化猪场，对胴体品质要求较高，宜采用三元杂交。

(二)杂交亲本的选优提纯

无论任何杂交组合，杂交所用的亲本是其根本。要求杂交亲本有优良的性能和遗传纯度。凡参与杂交的亲本个体,无论其是本地品种还是外来品种,都必须是遗传稳定,群中性能优秀的个体。

我国地方品种猪具有独特的性能和对产区条件良好的适应性。但是,这些品种一般缺乏系统选育,其遗传品质和纯度均未达到理想水平,用作杂交亲本,必须重视在群内选优。对引入品种,它有对当地条件的适应过程,对它们进行风土驯化,使之尽快适应当地条件,表现出自身的优良特性。同时也应该重视群内的选优。

(三)杂交繁育体系

建立杂交繁育体系是确保杂种优势工作顺利开展,同时又避免对地方猪品种造成不良影响的重要措施。

杂交繁育体系包括:纯种繁殖场、杂交猪繁殖场和商品猪场3种类型的猪场。纯种繁殖场的任务是进行杂交亲本的纯种繁殖和选育提高,它为杂交猪场提供优质的纯种亲本。在二元杂交推广地区,纯种繁殖场包括父本品种和母本品种的纯种繁殖。三元杂交推广地区,还必须有第二父本品种纯繁场。杂交繁殖场的任务是利用纯种亲本杂交,生产杂种猪,并从杂种母猪中选出优秀个体为商品场提供三元杂交母本的杂种母猪。商品猪场的任务是生产杂种商品仔猪供作肥育。在推行二元杂交地区,商品猪场从纯种繁殖场获得纯种公母猪,用之杂交生产商品仔猪,推行三元杂交地区,商品猪场从杂种猪场获得杂种母猪,从纯种繁殖场获得第二父本纯种公猪,用之杂交,生产商品仔猪。

(四)改善杂种的培育条件

优秀的杂交组合奠定了杂种优势的遗传基础,它是获得高额杂种优势率和高生产效率的前提。但是,猪的生产能力的表现是遗传基础和环境共同作用的结果。遗传潜力的发挥必须要有相应的饲养管理条件作保证。所以,杂种所处饲养管理条件的好坏,影响杂种优势表现的程度。在我国的农户养猪中,不少还采用传统的养猪方法，致使杂种猪的生产潜力得不到充分发挥，其生产性能仍不突出，生产效益一般化。为了最大限度地提高杂种优势利用的效益，充分发挥杂种猪的增产作用，改变传统的养猪方法，推广科学的养猪技术，尽可能地为杂种提供较好的条件就势在必行。

思　考　题

1. 什么是纯种繁殖？纯种繁殖在养猪生产中有何意义？

2. 在仔猪断奶阶段，如何选择种用仔猪？

3. 在猪的繁殖中，为什么要进行选配？如何实施品质选配？选配要遵循哪些原则？

4. 什么是杂交？杂种优势利用在养猪生产应用中有何意义？前景如何？

5. 解释“二元杂交”、“三元杂交”、“洋三元”。三元杂交如何实施？

6. 在杂种优势利用中，为什么要改善杂种猪的饲养管理条件？

第四章　猪的生物学特性和饲养管理的一般原则

家猪是由野猪进化而来的。猪在长期的进化过程中，因自然和人工选择的作用，逐渐形成了其特有的一些生物学特性和行为习性，只有充分认识和把握这些特性与习性，遵循饲养管理的一般原则，才能获得理想的饲养效果和经济效益。

第一节　猪的生物学特性

猪的生物学特性就是猪的生理特点和生活习性。不同于其他家畜的特性，了解猪的生物学特性，对于合理饲养管理猪只，提高养猪生产水平具有重要意义。

一、食性广，饲料转化率高

猪是杂食动物，牙齿发达，胃介于肉食动物的单胃和反刍动物复胃之间的中间类型，肠道较长，是体长的15～18倍，因而能充分利用各种动植物饲料和矿物质饲料。猪对精料中的有机物消化率为76%，对青草和优良干草的有机物消化率分别为64.6%和51.2%。但猪对粗纤维的消化能力有限，随着日粮中粗纤维含量升高，猪对其日粮的消化率大幅度下降。因此，在配制日粮时应注意控制日粮中粗纤维含量，当然，中国猪种对粗纤维的消化能力又高于外国猪种，种猪高于幼猪和生长肥育猪。

二、多胎高产，世代间隔短，繁殖率高

猪的性成熟早，初配早，妊娠期短，年产多胎，一胎多仔。

我国地方品种猪一般4～5月龄达到性成熟，6～8月龄就可以初次配种，妊娠期只有114 d，可年产两胎或两年产五胎，年提供仔猪20～30头。

三、生长强度大，生长发育快，生长期短，周转快

由于猪的妊娠期短，因此初生重较小，占成年体重的1%，但出生后生长迅速，30日龄时仔猪体重为初生重的5～6倍，60日龄仔猪体重为初生重的15～20倍。在中等营养条件下，8～10月龄体重可达75～90 kg，在高营养水平下6月龄体重可达90～100 kg，自繁自养一年可出栏两批肉猪，专门育肥一年可出栏三批肉猪。猪的屠宰率高达70%以上，产肉率60%以上，均高于牛、马、羊。

四、嗅觉和听觉灵敏，视觉不发达

猪嗅觉非常灵敏，猪识别群内个体，寻找食物以及两性联系等主要靠嗅觉，而视觉只起辅助作用，小猪生下来就靠嗅觉寻找奶头，母猪也靠嗅觉识别自已的子女，以防外来的仔猪偷吃自己的奶。放牧时靠嗅觉寻找地下食物。公猪闻到母猪尿液就会引起性兴奋，发情母猪嗅到公猪气味也会兴奋，生产上利用这种特性做母猪发情鉴定和训练公猪采精。

猪对声音辨别能力强，因为猪的耳廓大，外耳腔深广，形如喇叭，收音范围广，能精细辨别声音的强度，音调和节律，对呼名、口令以及喂食、饮水等有关的声响易形成条件反射。

猪的视觉很弱。不靠近物体几乎看不见东西，对光线反应远不如气味和声音敏感，人工采精就是利用这一点。

五、小猪怕冷，大猪怕热

小猪怕冷，尤其是初生仔猪对低温特别敏感，因为初生仔猪大

脑皮层体温调节中枢发育不完善,对体温调节能力差,再加上小猪皮下脂肪少,皮薄毛稀,抗寒力差,冬春季节都应注意防寒保温。

大猪怕热,特别是肥猪怕热,主要原因是猪的汗腺退化,皮下脂肪厚,不利于散热,因此,夏天应注意防暑降温。

六、喜清洁,易调教

猪有爱清洁的习惯,喜欢在干燥清洁的地方躺卧,排粪尿也有一定的时间和地点,一般都在采食后、起卧时排泄,排泄地点多在阴暗、潮湿、肮脏的角落。但圈舍过小,饲养密度过大时,易破坏其良好的生活习惯。

七、群居漫游,群体位次明显

猪有成群生活在一起的习性,几头公猪从小养在一起,长大后很少打架,同窝仔猪生活在一起,很少打架,生长也比较好,这就是猪的群居性,但新合群猪只或猪群过大、密度过高时,则往往发生争斗,以至打得皮开肉裂,鲜血直流,缺耳少尾。特别是当饲料不够,饲槽太小,猪只又处于饥饿状态时,争斗现象更为突出,一般通过几天的争斗,很快就会排出群体位次,并保持相对稳定,若遇生活环境有较大改变时,就会重新建立群体位次。因此,生产上提倡原窝原圈肥育,减少分群调圈次数,以减少打架次数。

第二节　猪的行为学特点

行为是动物对某种刺激和外界环境适应的反应。猪和其他动物一样,对其生活环境、气候条件和饲养管理条件等的反应,在行为上都有其特殊的表现,而且有一定的规律性。只有把握猪的行为特性,在生产中加以科学地利用,制定合理的饲养工艺,设计新型的猪舍和设备,改革传统饲养技术方法,最大限度地创造适于猪只习性的环境条件，提高猪的生产性能，获得最大的经济效益。

一、采食行为

猪的采食行为包括摄食与饮水，并具有各种年龄特征。

猪生来就具有拱土的遗传特性，拱土觅食是猪采食行为的一个突出特征。每次喂食时猪都力图占据食槽有利的位置，有时将两前肢踏在食槽中采食，如果食槽易于接近的话，个别猪甚至钻进食槽，站立于食槽的一角，就像野猪拱地觅食一样，以吻突沿着食槽拱动，将食料搅弄出来，抛洒一地。所以在设计饲槽时石应加设挡板。

猪的采食有选择性，特别喜爱甜食。颗粒料和粉料相比，猪爱吃颗粒料；干料与湿料相比，猪爱吃湿料，且花费时间也少。

猪的采食是有竞争性的，群饲的猪比单饲的猪吃得多、吃得快，增重也快。

猪白天采食 6～8 次，比夜间多 1～3 次，每次采食持续时间 10～20 min，限饲时少于 10 min。大猪的采食量和摄食频率随体重增人而增加。

猪在一般情况下，饮水与采食同时进行。猪的饮水量是相当大的，仔猪初生后就需要饮水，吃料时饮水量为丁料的 2～3 倍；成年猪的饮水量除饲料组成外，很大程度上取决于环境温度。吃颗粒料的小猪，每昼夜饮水 9～10 次，吃湿料的猪平均 2～3 次，吃干料的猪每次采食后需要立即饮水，自由采食的猪通常采食与饮水交替进行，直到饮足为止，限制饲喂的猪则在吃完料后才饮水。2 月龄前的小猪就可学会使用自动饮水器饮水。

二、排泄行为

猪不在吃睡的地方排粪尿，这是祖先遗传下来的本性，因为野猪不在窝边拉屎撒尿，可以避免被敌兽发现。

猪排粪尿有一定的时间和区域，一般在猪栏内远离窝床的一个固定地点排粪尿；多在食后饮水或起卧时，选择阴暗潮湿或污浊的角落排粪尿，且受邻近猪的影响。据观察，生长猪在采食过程中不排粪，饱食后 5 min 左右开始排粪 1～2 次，多为先排粪再排尿，在饲喂前也有排泄的，但多为先排尿后排粪，在两次饲喂的间隔时间里，猪多为排尿而很少排粪，夜间一般排粪 2～3 次，早晨的排泄量最大。

三、群居行为

猪的群体行为是指猪群中个体之间发生的各种交互作用。结对是一种突出的交往活动，猪群体表现出更多的身体接触和保持听觉的信息传递。

在无猪舍的情况下，猪能自找固定地方居住，表现出定居漫游的习性，猪有合群性，但也有竞争习性、大欺小、强欺弱和欺生的好斗特性，猪群越大，这种现象越明显。

稳定的猪群，是按优势序列原则，组成有等级制的社群结构，个体之间保持熟悉，和睦相处，当重新组群时，稳定的社群结构发生变化，发生激烈的争斗，直至重新组成新的社群结构。一般体重大的、气质强的猪占优位，年龄大的比年龄小的占优位，公比母、未去势比去势的猪占优位。小体型猪及新加入到原有群中的猪则往往列于次等，同窝仔猪之间群体优势序列的确定，常取决于断奶时体重的大小，不同窝仔猪并圈喂养时，开始会激烈争斗，并按不同来源分小群躺卧，24～48 h 内，明显的等级体系就可形成。

四、争斗行为

争斗行为包括进攻防御、躲避和守势等活动。

在生产实践中能见到的争斗行为一般是为争夺饲料和地盘所

引起，新合并的猪群内相互交锋，除争夺饲料和地盘外，还有调整猪群群居结构的作用。

猪的争斗行为，多受饲养密度的影响，当猪群密度过大，每头猪所占空间下降时，群内咬斗次数和强度增加，会造成猪群吃料攻击行为增加，降低采食量和增重。这种争斗形式一是咬对方的头部，二是在舍饲猪群中，咬尾争斗。

新合群的猪群，主要是争夺群居位次，只有群居构成形成后，才会更多地发生争食和争地盘的格斗。

五、性行为

性行为包括发情、求偶和交配行为。母猪在发情期，可以见到特异的求偶表现，公、母猪都表现一些交配前的行为。

发情母猪主要表现卧立不安，食欲忽高忽低，发出特有的音调柔和而有节律的哼哼声，爬跨其他母猪，或等待其他母猪爬跨，频频排尿，尤其是公猪在场时排尿更为频繁。发情中期，性欲高度强烈的母猪，当公猪接近时，调其臀部靠近公猪，闻公猪的头、肛门和阴茎包皮，紧贴公猪行走，甚至爬跨公猪，最后站立不动，接受公猪爬跨。饲养人员压其背部时，立即出现举尾不动的压背反应，这种压背反应是母猪发情的一个关键行为。

公猪一旦接触母猪，会追逐它，嗅其体侧肋部和外阴部，把嘴插向母猪两腿之间，突然往上拱动母猪的臀部，口吐白沫，往往发出连续的、柔和而有节律的喉音哼声，有人把这种特有的叫声称为"求偶歌声"，当公猪性兴奋时，还出现有节奏的排尿。

六、母性行为

母性行为包括分娩前后母猪的一系列行为，如絮窝、哺乳及其他抚育仔猪的活动等。

母猪临近分娩时，通常以衔草、铺垫猪床絮窝的形式表现出来，如果栏内是水泥地而无垫草，只好用蹄子抓地来表示。母猪整个分娩过程中，自始至终都处在放乳状态，并不停地发出哼哼的声音，乳头饱满，甚至奶水流出，使仔猪容易吸吮。母猪分娩后以充分暴露乳房的姿势躺卧，形成一热源，引诱仔猪挨着母猪乳房躺下。授乳时常采取左侧卧或右侧卧姿势，一次哺乳中间不转身，母仔双方都能主动引起哺乳行为，母猪以低度有节奏的哼叫声呼唤仔猪哺乳，有时是仔猪以它的召唤声和持续地轻触母猪乳房以刺激授乳，一头母猪授乳时母仔的叫声，常会引起同舍内其他母猪也哺乳。

我国地方品种母猪非常注意保护自己的仔猪，在行走、躺卧时十分谨慎，不踩伤、压伤仔猪，当母猪躺卧时，选择靠栏三角地不断用嘴将仔猪推出卧位慢慢地依栏躺下，以防压住仔猪，一旦遇到仔猪被压，只要听到仔猪的尖叫声，马上站起，防压动作再重复一遍，直到不压住仔猪为止。

带仔母猪对外来的侵犯，先发出报警的吼声，仔猪闻声逃窜或伏地不动，母猪会张合上下颌对侵犯者发出威吓，甚至进行攻击。刚分娩的母猪即使对饲养人员捉拿仔猪也会表现出强烈的攻击行为。现代培育品种，尤其是高度选育的瘦肉猪种其母性行为有所减弱。

七、活动与睡眠

猪的行为有明显的昼夜节律，活动大都在白天，在温暖季节和夏天，夜间也有活动和采食，遇上阴冷天气，活动时间缩短。猪昼夜活动也因年龄及生产性能不同而有差异，仔猪昼夜休息时间平均60%～70%，种猪70%，母猪80%～85%，肥猪为70%～85%。休息高峰在半夜，清晨8时左右休息最少。

哺乳母猪睡卧时间随哺乳天数的增加逐渐减少，走动次数由少到多，时间由短到长，这是哺乳母猪特有的行为表现。

仔猪出生后3 d内，除吸乳和排泄外，几乎全是酣睡不动，随日龄增长和体质的增强活动量逐渐增多，睡眠相应减少，但至40日龄大量采食补料后，睡卧时间又有增加，饱食后一般安静睡眠。仔猪活动与睡眠仿效母猪。出生后10 d左右便开始同窝仔猪群体活动，单独活动很少，睡眠休息主要表现为群体睡卧。

八、后效行为

猪的行为有的与生俱来，如觅食、哺乳和性行为等，有的则是后天形成的，如识别某些事物和听从人们指挥的行为等。后天获得的行为称条件反射行为，或称后效行为。后效行为是猪生后对新鲜事物的熟悉而逐渐建立起来的。猪对吃、喝的记忆力强，对饲喂的有关工具、食槽、饮水槽及其方位等，最易建立起条件反射。小猪在人工哺乳时，每天定时饲喂，只要按时给以笛声或铃声或饲喂用具的敲打声，训练几次，即可听从信号指挥，到指定地点吃食。

九、探究行为

探究行为是探查活动和体验行为。猪一般通过看、听、闻、尝、啃、拱等感官进行探究活动，猪对新近探究活动中所熟悉的许多事物，表现出好奇、亲近两种反应，仔猪对小环境中的一切事物都很好奇，对同窝仔猪表示亲近。猪在采食时首先是拱掘动作，先是用鼻闻、拱、舔、啃，当诱食料合乎口味时，便开口采食，其摄食过程也是探究行为。同样，仔猪吮吸母猪乳头的序位，母仔之间彼此能准确识别也是通过嗅觉、味觉探查来建立的。

十、异常行为

异常行为是指超出正常范围的行为。恶癖就是对人畜造成危害或带来经济损失的异常行为。它的产生多与猪所处的环境中的有害刺激有关。如饲养密度过大则猪咬尾、咬栏柱的频率和强度增加，又如神经质的母猪在产后出现吃仔猪现象。

猪以上各方面的行为特性，为养猪者饲养管理好猪群提供了科学依据。在整个养猪生产工艺流程中，充分利用这些行为特性，精心安排各类猪群的生活环境，使猪群处于最优生长状态，方可充分发挥猪的生产潜力，获取最大经济效益。

第三节　猪群类别划分

为了使猪场有计划地组织生产和更好地根据各类猪的生理特点进行饲养管理，对猪的年龄、性别、生理阶段和用途进行分类。

(1)哺乳仔猪：从出生到断奶前的仔猪，一般为 45～60 日龄，早期断奶为 21～35 日龄。

(2)育成猪：从断奶到 4 月龄留作种用的小猪。其中公的叫育成公猪，母的叫育成母猪。

(3)后备猪：生后 4 月龄到开始配种以前留作种用的猪。公的叫后备公猪，母的叫后备母猪。

(4)种公猪：凡正式参加配种的公猪都为种公猪。

(5)种母猪：凡已配种产仔的母猪。

(6)检定公猪：指 1～2 岁的配种公猪。根据它所配种母猪产仔断奶成绩确定其是否转入基础群。

(7)基础公猪：经检定合格留作种用的公猪，其年龄在 2 岁以上。

(8)检定母猪：指产仔 1～2 胎的母猪，依据其性能确定是否转入基础群。

(9)基础母猪：经检定合格的 1～2 胎以上的母猪。是猪群的主要部分。

(10)育肥猪：不作种用，专门用来育肥提供肉食的猪。根据育肥猪不同饲养阶段又分为小猪、架子猪、催肥猪3类。

第四节 猪饲养管理的一般原则

一、科学配合日粮

日粮：是指家畜在一昼夜(24 h)内所采食的各种饲料的总量。

科学配合日粮就是按照饲养标准所规定的能量和营养物质的需要量，选用适当的饲料配合成日粮。

要做到科学配合日粮，须把握住以下几个方面：一是根据不同猪只选定饲养标准；二是选定饲料原料，多品种原料配合；三是计算配方；四是兼顾价廉物美、消化性好、适口性好和饲喂效果好；五是日粮对猪体及其产品无毒、无害。

传统的单一饲料喂猪营养不全，利用率低。

二、合理调制饲料

合理调制饲料就是根据饲料的性质对饲料进行合理的处理以提高饲料的适口性和利用率，据试验整粒大麦喂猪，消化率为67%，粉碎后饲喂消化率就提高到85%。因此，精料、粗料应粉碎后喂猪，粒径小于1 mm，青料应切碎或打浆后饲喂，豆类应炒熟或膨化处理以提高消化利用率。

三、提倡生饲干喂

熟饲稀喂是农村养猪的传统和习惯，它有许多不足和缺陷。既费人工，又浪费柴火，还消化不充分，造成饲料营养损失，甚至煮制不当造成亚硝酸盐中毒。所以，应提倡生饲干喂。最好是用颗粒饲料直接喂猪，既营养全面，又不会浪费。饲料利用率最好。粉料喂猪时可采用料比水 1∶1 的湿拌料饲喂，优于干粉料和稀拌料的饲喂效果。

四、限量饲喂与自由采食

限量饲喂就是将日粮分顿次饲喂，做好“四定”，即定时、定量、定质、定温是其关键。一般每天饲喂 2～3 次，架子猪和妊娠后期母猪可适当增加饲喂次数。

自由采食又叫不限量饲喂，就是将饲料装入自动饲槽或饲箱，随各个猪的食欲自由采食，不加限制。这种饲喂方法的优点是能充分满足猪的营养需要，不会有饥饿或过饱的现象，比限量饲喂增重快，肥育期短，料重比低。

五、供给清洁充足的饮水

水是猪体重要的组成部分之一，据测定，猪体内水占体重的百分比是 36.7%～59.1%。年龄、体重越小的水占的比重越大。

水参与饲料的消化、吸收和体温调节等生理机能，所以要求每天供给充足清洁的饮水。

猪的需水量，夏季多，冬季少，饲喂干料、湿拌料需水多，稀喂需水少。

供水方法：设自动饮水器，专用水槽或共用水槽。

六、精心管理猪群

1. 合理分群

分群的目的是为了充分利用圈舍和便于饲养管理，提高生产效率，降低成本，合理分群的目的是为了避免或减轻争斗性。

合理分群的原则是根据猪的品种、性别、体重大小、体质强弱、性情好坏和采食快慢等进行分群分圈饲养。

分群方法:采取留弱不留强,拆多不拆少,夜并昼不并的原则。种公猪和怀孕后期母猪应单圈饲养,不宜群养。

2. 耐心调教

饲养员对猪应温和。不要鞭打和惊吓它,使猪见了人不害怕,便于管理,并做好“吃、拉、睡”三点定位调教,以便养成良好的生活习惯。

3. 搞好清洁卫生

圈舍应清洁干燥,通风良好,做到勤扫圈、勤除粪、勤换垫草,做到圈干槽净、无积存粪尿、无蚊蝇干扰,定期消毒,母猪产前一周应清扫消毒圈舍,消毒药常用2%的NaOH或10%的石灰水。

猪体应经常刮刷,夏季经常给猪冲凉,保持皮肤清洁,防止皮肤病和体外寄生虫病。

4. 给予适当运动

适当运动可促进食欲,帮助消化,增强体质,并要增加阳光,阳光中的紫外线可使猪皮下的7-脱氢胆固醇转为维生素 D_3,促进钙的吸收,运动接触土壤还可获得矿物质营养,适当运动对公猪可提高配种能力,对母猪可提高受胎率和产力,防止难产。对小猪和后备猪能促进骨骼及肌肉的发育,但对肥育猪则要限制运动,减少能量消耗,以利于增重。

运动方法有3种,驱赶运动、放牧运动和自由运动。

工厂化养猪没有运动场,就只力求饲料全价。

5. 注意防寒、防暑

猪圈内应保持适宜的温度和湿度,育肥猪的增重和饲料利用率受环境温度影响较大。低温造成体热散失多,能量消耗增加,饲料利用率降低,高温造成采食量下降,增重降低(表4-1)。

表 4-1 环境温度对生产育肥猪增重和饲料转化率的影响

气温/℃	日平均食量/g	日增重/g	耗料与增重比
0	5.07	540	9.45∶1
5	3.76	530	7.10∶1
10	3.50	800	4.37∶1
15	3.15	790	3.99∶1
20	3.22	850	3.79∶1
25	2.63	720	3.65∶1
30	2.21	450	4.91∶1
35	1.51	310	4.87∶1

因此，在生产中应创造条件使猪舍内温度接近猪只的最适温度，以获得最佳的日增重和最低的料重比。

防寒措施：

(1)加强保温和防湿，保持圈舍干燥，勤换垫草，调教猪只在固定地点排粪尿，防止尿窝，减少饮水。

(2)维修猪舍，堵塞风洞，可在门窗上悬挂草帘挡风。

(3)加强饲养管理，提高抗寒能力，增加精料喂量，加夜餐等。

防暑措施：

(1)有条件的安装空调、水帘或喷雾降温，安装排风扇通风。

(2)在运动场上设置凉棚或植树遮阳。

(3)保证供给充足清洁的饮水。

(4)在运动场上修浅水浴池让猪自由洗澡。

(5)定期喂防暑药。如车前草、金银花、野菊花、茅草根煎水，凉后喂服。

6. 建立正常的工作日程

工作日程就是一天的工作安排，建立正常的工作日程对猪和饲养员都有好处，对于猪可养成良好的生活习惯，对饲养员工作有条不紊，便于操作。

思　考　题

1. 猪的生物学特性有哪些？
2. 猪的行为特性有哪些？
3. 猪群类别如何划分？
4. 猪的饲养管理的一般原则有哪些？

第五章　猪的营养与饲料

饲料是养猪业的物质基础，也是用以满足猪只营养和生产产品的基础。饲料中所含的营养物质，对猪的营养功能有差异，而不同的饲料又有其不同的营养特点，使用任何单一的饲料，在养猪生产中皆不能达到良好的饲养目的。

在营养需要上，处于不同阶段和不同生产类型的猪只，对饲料营养物质的需求又各不相同。根据猪只的营养需要，按不同的需要量将多种饲料科学地配合，发挥饲料营养物质的互补，从而提高饲料的全价性，在满足猪只营养需求的基础上，实现科学养猪，充分发挥猪的生产潜能，提高养猪生产效益。

第一节　饲料养分及功能

一、蛋白质

（一）蛋白质的营养

1. 蛋白质的概念

蛋白质指饲料中的一类含氮化合物。包括真蛋白质和一切非蛋白质结构的含氮化合物，如酰胺、多肽、游离氨基酸、硝酸盐等。

蛋白质由氨基酸组成。饲料蛋白中的氨基酸和猪体内整个代谢相适应，其品质越好。具体地说，饲料蛋白质的必需氨基酸的含量及其比例是否平衡，平衡性越好，则饲料蛋白质的品质越好。

2.蛋白质的组成与存在

蛋白质存在于猪的细胞和组织之中，是猪体的重要成分之一，猪的各种组织、器官与产品中都含有大量的蛋白质。猪所需要的蛋白质只能从饲料中提供。

蛋白质的基本结构是氨基酸。自然界的氨基酸多达200种以上，但多数蛋白质降解成的氨基酸只有20种。蛋白质在猪体中的含量，基本稳定在15%左右。

蛋白质的生物意义表现在凡是与生命有关的机制都有蛋白质参加。蛋白质的营养作用表现为：

维持动物的生命活动，为生长繁殖所必需。组成和更新动物的细胞、组织和器官。蛋白质是各种酶、抗体以及一些激素的成分。形成肉、乳等动物产品。在能量不足时，可以转化为热能供猪体利用。

饲料中的蛋白质在猪的消化道内，分解成氨基酸，被肠壁吸收进入血液供猪体利用。饲料中的蛋白质消化率一般为80%～85%。

猪日粮中缺乏蛋白质或蛋白质不足，影响猪的健康、生长发育与繁殖，降低生产力与产品品质。对仔猪血红蛋白减少，发生贫血症，抗病力下降，生长发育减缓或停滞。使公猪性欲减退、精子畸形、精子活力不强，影响配种繁殖，使受胎率与产仔数下降。使母猪发情不正常，排卵数减少，受精卵与胚胎早期死亡，发生死胎、流产及产后泌乳力下降等。

(二)氨基酸的营养

蛋白质营养实质上是氨基酸营养。构成猪体及产品的多种氨基酸，对猪来说都是必不可少的，但并不是均需由饲料直接提供。

凡是猪体不能合成，或者合成数量很少，合成速度慢，不能满足猪体营养需要，必须由饲料中提供的氨基酸，叫必需氨基酸。其余的叫非必需氨基酸。常用氨基酸的分类见表 5-1。

表 5-1 常用氨基酸在营养上的分类

必需氨基酸	非必需氨基酸	必需氨基酸	非必需氨基酸
赖氨酸	甘氨酸	异亮氨酸	脯氨酸
苏氨酸	丙氨酸	亮氨酸	羟脯氨酸
缬氨酸	丝氨酸	蛋氨酸	胱氨酸
组氨酸	谷氨酸	色氨酸	半胱氨酸
苯丙氨酸	天门冬氨酸	精氨酸	酪氨酸

必需氨基酸是重要的氨基酸，但是，尽管必需氨基酸的数量和比例都合适，如果非必需氨基酸含量不足，猪的生长同样受阻。非必需氨基酸和必需氨基酸之间的比例，一般为 45％和 55％。

在猪的饲养上，不但要满足所有必需氨基酸的绝对数量，而且各种必需氨基酸之间的比例要平衡，作为一个整体，以摄入量比营养需要量最小的某一氨基酸为标准，进行氨基酸平衡。如果这个氨基酸的摄入量只是需要量的 50％，则其他氨基酸的摄入量不论多么多，都要以这个氨基酸需要量的半量为基准，成比例地参加代谢，见表 5-2。

表 5-2 氨基酸平衡的有效代谢模式 ％

项目	赖氨酸	蛋氨酸	精氨酸	苏氨酸	缬氨酸	异亮氨酸	亮氨酸
需要量	0.85	0.32	1.00	0.56	0.62	0.60	1.00
摄入量	0.43	0.31	1.21	0.66	0.77	0.69	1.43
参加总有效代谢的	0.43	0.16	0.50	0.28	0.31	0.30	0.50
多余的	0.00	0.15	0.71	0.38	0.46	0.39	0.93

由表 5-2 可见，蛋氨酸在日粮中的含量虽然与需要量相差无几，但只能以 0.16％与赖氨酸（0.43％）成比例地参加总的代谢，而其余的 0.15％则是多余的了。其他必需氨基酸也是这种情况。

多余的这些氨基酸不能参加合成肉、蛋的总的有效代谢，它们经过脱氧基作用，含氮部分随尿排出体外，不含氮部分降解为水和二氧化碳释放出能量，或形成脂肪沉积，在这种情况下，氨基酸的利用率降低，蛋白质饲料浪费。

如果将猪体对各种氨基酸的需要量比喻成一块等长的“板桶”，那么用这些桶板组成的“桶”就能装满水；但是，如果从需要量出发考虑必需氨基酸的平衡供给，则“水桶”是由长短不一的桶板构成，不论其他板条有多高，只要有一块板条很短，则“水桶”的盛水量便只能达到这个最低板条的高度。这就是说，不从必需氨基酸的平衡供应出发，仅单独考虑某种或几种必需氨基酸，亦不能获得良好的饲养效果。

在猪的蛋白质营养中，常常感到赖氨酸和蛋氨酸的不足，赖氨酸与动物生长有关，生长速度越快，生长强度越高，需要的赖氨酸也越多。因而赖氨酸可叫做“生长性氨基酸”。

蛋氨酸在猪体内的作用是多方面的，有人统计，猪体内有80种以上的反应都需要蛋氨酸的参与，故可称蛋氨酸为“生命性氨基酸”。

一般在猪只生长强度大时，赖氨酸需要量大，蛋氨酸需要量小。在限制饲养时或在生长停止（成熟）时期，赖氨酸的需要量相对地少，蛋氨酸的需要量相对地多。

二、能量

饲料中的脂肪、碳水化合物和蛋白质在体内氧化所释放出的热能，称为能量。它是维持猪的体热、生理活动和进行生产活动必不可少的营养物质。热能的单位是卡（卡路里，Calorie），也叫小卡。在标准大气压下，1 g 纯水从 14.5℃ 上升到 15.5℃ 所需要的热量，叫做 1 卡。在猪饲料与营养方面的能量，即以卡计量。千卡等于 1 000 个小卡。千卡也叫大卡。1 兆卡等于 1 000 千卡，等于

100万小卡。我国规定，能量以焦耳计量。我国动物营养研究会建议，卡转换成焦耳的系数采用化学上的4.184。

即：1卡(cal)＝4.184焦(J)

1千卡(kcal)＝4.184千焦(kJ)

1兆卡(Mcal)＝4.184兆焦(MJ)

1焦(J)＝0.239卡(cal)

1千焦(kJ)＝0.239千卡(kcal)

1兆焦(MJ)＝0.239兆卡（Mcal）

每克碳水化合物可产生17.36 kJ热能，脂肪为39.08 kJ，蛋白质为23.285 kJ。

猪的能量来源主要是碳水化合物。当能量饲料过剩时，猪体把过多的热能转化为脂肪储存在体内；相反，如果能量饲料供应不足时，猪体内储备的脂肪，甚至体蛋白都可用来作能量供应。为此，体脂肪是能量的"调节站"。

碳水化合物包括淀粉、糖与粗纤维3类物质，前两种猪容易消化吸收，而且产热能高。粗纤维内除含纤维素外，还含有少量的木质素。猪消化道内没有消化粗纤维与木质素的酶，除大肠与盲肠内有少量可分解一部分粗纤维的微生物外，对粗纤维的消化能力极弱，特别是含木质素较多的饲料，猪几乎不能消化。在猪的日粮中，如果粗纤维太多，猪不仅不能利用，还会妨碍猪对其他营养物质的消化吸收，俗话说"粗纤维喂得太多会刮肠子"是很有道理的。

三、矿物质

猪所必需的矿物质元素，主要有16种。通常把占体重0.01％以上的叫做常量矿物质元素，如钙（Ca）、磷（P）、镁（Mg）、钾（K）、钠（Na）、硫（S）、氯（Cl）；把占体重0.01％以下的矿物质元素叫做微量元素，如铁（Fe）、铜（Cu）、锰（Mn）、锌（Zn）、碘（I）、钴（Co）、钼（Mo）、硒（Se）等。矿物质在猪体内所占比例虽然不太高，一般只占3%～4%，但它的作用却非常重要。猪体内如果缺乏矿物质，轻则停止生长，重则出现缺乏症，严重则造成死亡。

(一)常量矿物质

1. 钙与磷

钙与磷是构成骨骼与牙齿的主要成分，两者加在一起，占猪体矿物质含量的75%。日粮中缺乏钙与磷，或钙与磷比例不当，猪就出现各种钙、磷缺乏症。

(1)钙、磷缺乏症。

早期症状：食欲减退，消瘦，啃石子，吃土，舔墙皮等异食癖。

哺乳仔猪：因母乳中含钙、磷较多，一般不会缺乏钙、磷，如果吃奶不足，会出现抽搐、昏迷，头扭向一侧，四肢同时大跳跃等。

幼猪：幼猪生长较快，主要生长骨骼与肌肉，缺钙、磷时，则生长缓慢，骨骼发育不良，严重时发生佝偻症。

妊娠母猪：缺钙、磷时，会产生死胎，畸形，产弱仔。

泌乳母猪：缺钙、磷时，泌乳量减少，泌乳后期会出现跛行，后躯麻痹，严重时发生奶瘫。

公猪：缺钙、磷时，精子发育不正常，影响配种工作。

(2)钙与磷的比例：对猪来说，钙比磷容易缺乏，因为日粮中一般含谷物和糠麸较多，而在这些饲料中磷多于钙，为此给猪补充钙更为迫切。猪日粮中钙、磷比例保持在1.1∶1或1.5∶1均可。猪乳中钙、磷比例为1.3∶1。钙、磷二者任一种过量都会影响另一种的吸收。过量的钙可能与磷相结合成不易溶解的三磷酸钙，猪不能吸收，反之同理。

一般来说，青绿多汁饲料中含钙、磷较多，且比例合适。精料和糠麸类饲料中含磷较多，含钙较少。但是，谷物与糠麸中所含的磷，有半数或半数以上是猪不能利用的植酸磷，其消化率仅为30%左右，为此，在以精饲料为主的日粮中，最好补加一些既含钙又含磷的骨粉或磷酸氢钙。

2. 氯与钠

氯化钠即食盐。这两种元素广泛存在于猪体的各组织与乳汁中，对维持机体渗透压、酸碱平衡与水的代谢有重要作用。

食盐既是营养物质又是调味剂。它能增进猪的食欲，促进消化，提高饲料利用率，是猪不可缺少的矿物质饲料。

食盐在猪饲料中以占0.3%～0.5%为宜，如果用盐过多则易发生食盐中毒。

(二)微量矿物质

这类矿物质因需要量极少，并且在猪体内的含量仅占体重的百万分之一以下，故称微量元素。

1. 铁

铁为形成血红蛋白、肌红蛋白等必需的元素。

铁在猪体内65%的存在于血液中，它与血液中氧的运输、细胞内的生物氧化过程关系密切，一旦缺铁就发生营养性贫血症。其症状是：生长减慢，精神不振，被毛粗糙，皮肤多皱及黏膜苍白。

青饲料中含铁较多，经常饲喂青饲料的猪不易缺铁。猪乳中含铁很少，因此，以吃奶为主的哺乳仔猪，容易缺铁而发生贫血，影响生长发育，甚至死亡。在猪饲料中，补充硫酸亚铁有防止缺铁的功效。

2. 铜

铜虽不是血红素的组成成分，但它在血红素与红细胞的形成过程中起催化作用。铜除与造血有关外，还与骨髓发育、中枢神经系统的正常代谢有关，也是肌体内各种酶的组成成分与活化剂。

缺铜发生贫血，骨髓生长发育不良，运动失调等。

猪对铜的需要量不大，一般饲料均能满足。

日粮中含铜过多表现为生长缓慢、血红素含量低、黄疸与死亡。

3. 锌

锌是猪体多种代谢所必需的营养物质。

缺锌使皮肤抵抗力下降，发生皮肤角化不全（表皮粗糙、皮屑多），结痂，脱毛，食欲减退，日增重下降，饲料利用率降低。母猪则产仔数减少，仔猪初生重下降，泌乳量减少等。

4. 锰

锰是几种重要生物催化剂（酶系）的组成部分，与激素的关系十分密切。它对发情、排卵、胚胎、乳房及骨骼发育、泌乳及生长都有影响。

缺锰导致骨骼变形，生长缓慢，性机能衰退等。

5. 碘

碘是合成甲状腺素的主要成分。妊娠母猪如果日粮中缺碘，所产仔猪颈大（甲状腺肿大），无毛与少毛，皮肤粗厚并有黏液性水肿。大多数仔猪出生时还存活着，身体虚弱，经常是在出生后几天内陆续死亡，成活率较低。

碘的缺乏有地区性，缺碘地区可向食盐内补加碘化钾即可。如应含用碘化钾 0.007％的食盐，在日粮中加入 0.5％食盐，即可满足需要。

6. 硒

硒是猪生命活动必需的元素之一。经调查已发现，我国东北、西北及山东省不少地区土壤与饲料中，常有缺硒的情况。用缺硒的饲料喂猪，容易发生缺硒症。

硒的作用与维生素 E 的作用相似，补硒可降低猪对维生素 E 的需要量，并减轻因维生素 E 的缺乏给猪带来的损害。

母猪缺硒时，发情不规律或不发情，受胎率低，胚胎易被吸收或中途死亡，产弱仔等。

种公猪缺硒，睾丸退化，性欲下降，影响配种。

仔猪缺硒，除发生贫血、下痢外，还使肌肉球蛋白合成作用遭到破坏，肌肉萎缩退化，颜色变得苍白，患白肌病。

添加微量元素，常用矿物质化合物，化合物中各种微量元素的含量见表 5-3。

几种微量元素添加过多的中毒量见表 5-4。

表 5-3 常用矿物质化合物中微量元素含量

化合物名称	化学分子式	微量元素含量/%
硫酸亚铁	$FeSO_4 \cdot 7H_2O$	20.1(Fe)
硫酸亚铁	$FeSO_4 \cdot H_2O$	41.7(Fe)
碳酸亚铁	$FeCO_3$	48.2(Fe)
氯化亚铁	$FeCl_2 \cdot 4H_2O$	28.1(Fe)
氯化铁	$FeCl_3 \cdot 6H_2O$	20.7(Fe)
氯化铁	$FeCl_3$	34.4(Fe)
硫酸铜	$CuSO_4 \cdot 5H_2O$	25.5(Cu)
氧化铜	CuO	79.9(Cu)
碱式碳酸铜	$CuCO_3Cu(OH)_2$	57.5(Cu)
氢氧化铜	$Cu(OH)_2$	65.2(Cu)
碳酸锌	$ZnCO_3$	52.1(Zn)
硫酸锌	$ZnSO_4 \cdot 7H_2O$	22.7(Zn)
硫酸锰	$MnSO_4 \cdot H_2O$	22.8(Mn)
碳酸锰	$MnCO_3$	47.8(Mn)
氧化锰	MnO	77.4(Mn)
氯化锰	$MnCl \cdot 4H_2O$	27.8(Mn)
碘化钾	KI	76.4(I)
碘酸钙	$Ca(IO_3)_2$	65.1(I)
亚硒酸钠	Na_2SeO_3	46.0(Se)

注：纯度为 100%时。

表 5-4　猪矿物质过量出现的症状

元素	中毒量	年龄阶段	症　状
铁	5 000 mg/kg	育成	采食量减少，增重下降，血清中无机磷减少，大腿骨灰分减少
铜	300～500 mg/kg（铁锌很缺乏时）	未成熟	生长缓慢，血红蛋白下降，黄疸，生长发育不良，死亡
锌	2 000 mg/kg	育成	生长缓慢，关节炎，广泛性出血，胃炎与肠炎
锰	4 000 mg/kg	育成	采食量减少，增重下降
碘	500～800 mg/kg	育成	采食量减少，血红蛋白减少，增重下降，眼障碍
硒	5～8 mg/kg 10 mg/kg	育成 繁殖	脱蹄，瘦削，衰弱，脱毛，肝硬化，肝萎缩，安胎率低，仔猪瘦弱或死亡
食盐	6%～8%（限制饮水） 125～250 g/次	育成 成年	神经过敏，走路不稳，虚弱，昏迷，死亡

注：纯度为 100%时。

四、维生素

（一）维生素的概念

维生素不是构成体组织的原料，也不能提供能量，但它是构成代谢中辅酶的组成成分，参与各种物质代谢，调节体内各种生理机能的正常运行的一类有机化合物。机体对维生素的需要量小，缺乏时会出现代谢紊乱，引起各种维生素缺乏症。维生素缺乏引起的障碍，常常是不局限在某一器官，而是影响到机体一系列与生命活动有关的机能。由于维生素缺乏往往表现不明显，容易被忽视而使生产力下降，甚至出现死亡。

（二）维生素的分类

1. 脂溶性维生素

脂溶性维生素是指维生素 A、维生素 D、维生素 E、维生素 K 4 种，这类维生素与脂肪相连，随脂肪一起被吸收利用。脂溶性维生素能大量贮存于体内，不致出现缺乏症。在 4 种脂溶性维生素中，每一种在天然饲料中都有多种形式维生素前体物存在。人工合成的这些维生素也都具有高度的活性。

(1)维生素A:维生素A对猪来说是最重要的一种维生素。它的主要功能是保护黏膜上皮健康,保持正常的生殖机能,促进生长发育,维持呼吸系统与视神经系统的健康。

缺乏维生素A使食欲减退,发生夜盲症。仔猪生长停滞,眼睑肿胀,皮毛干枯,易患肺炎;母猪不发情或发情微弱,容易流产,产死胎与无眼球仔猪,公猪性欲不强,精液品质不良等。

维生素A在动物性饲料与肝脏内含量较多。青绿多汁饲料含有大量的胡萝卜素,胡萝卜素又称维生素A原,在猪的肝脏、小肠及乳腺中转化为维生素A,供机体利用。多喂青绿多汁饲料就能获得足够的胡萝卜素。必要时,可用人工合成的维生素添加剂或鱼肝油给以补充。

(2)维生素D:维生素D主要功能是降低肠道pH值,从而促进钙、磷的吸收,保证骨骼正常发育。饲料内钙、磷含量充足,比例也合适,如果维生素D不足,也会影响钙、磷的吸收与利用。如果维生素D十分充足,钙、磷比例达6.5∶1都不会影响钙、磷的吸收。

缺乏维生素D影响钙、磷的吸收,其缺乏症如同钙、磷缺乏症。

维生素D在动物性饲料中,如鱼肝油内含量较多;青干草内含麦角固醇,在紫外线照射下转变为维生素D_2;猪皮肤下含7-脱氢胆固醇,在紫外线照射下转变为维生素D_3。因此,经常喂绿色干草粉或让猪多晒太阳,就不会发生维生素D的缺乏症。对于工厂化养殖的猪,不见阳光,其日粮中必须补充维生素添加剂或鱼肝油。

(3)维生素E(生育酚):主要功能是保持猪的正常生殖机能,

并有抗氧化的作用。

维生素 E 缺乏使公猪射精量少，精子活力大大下降，严重时睾丸萎缩退化，不产生精子；母猪受胎率下降，受胎后胚胎发育易被吸收或中途流产或死胎；幼猪发生白肌病，严重时突然死亡。

青绿饲料、麦芽、种子的胚芽与棉籽油内，含有较丰富的维生素 E。

(4)维生素 K：维生素 K 的功能与凝血作用有关。

维生素 K 缺乏时凝血时间过长，血尿与呼吸异常，仔猪会发生全身性皮下出血。

绿色植物如苜蓿、菠菜等含维生素较多，动物的肝脏内含量也不少。

2. 水溶性维生素

水溶性维生素：是指 B 族维生素、维生素 C。水溶性维生素可溶于水，除维生素 B_{12} 外，都不能在体内贮存，过量时很快从尿中排出。

(1)维生素 B_1(硫胺素)：维生素 B_1 作为一种酶参与碳水化合物的代谢过程。

缺乏使食欲减退，胃肠机能紊乱，心肌萎缩或坏死，神经发生炎症、疼痛、痉挛等。

维生素 B_1 在米糠、麸皮、豆类、青绿饲料中含量丰富。

(2)维生素 B_2(核黄素)：维生素 B_2 作为一种酶参与碳水化合物与蛋白质代谢，还有提高饲料利用率的功能。

维生素 B_2 缺乏使食欲不振，生长停止，皮毛粗糙，有时有皮屑、溃疡及脂肪溢出的现象，眼角分泌物增多；母猪怀孕期缩短，胚胎早期死亡，泌乳力下降；公猪睾丸萎缩。有时会出现所产仔猪全部死亡，或产后数小时死亡的现象。当猪舍寒冷时，猪的核黄素需要量就会增加。

维生素B_2在青绿饲料、动物性饲料及酵母中含量较丰富。

(3)维生素B_3(泛酸):维生素B_3作为一种酶参与蛋白质、碳水化合物与脂肪的代谢。

维生素B_3缺乏使运动失调,四肢僵硬,呈"鹅步"行走,脱毛等。怀孕母猪发生胚胎夭折或吸收,严重时,母猪几乎不能繁殖。长期喂用玉米为主的熟料,易患泛酸缺乏症,可采用生饲料喂猪,并在日粮中搭配豆科青草、糠麸、花生饼等含泛酸多的饲料。

(4)维生素B_4(胆碱):维生素B_4作为一种酶参与脂肪代谢,并具有兴奋消化器官的作用。

维生素B_4缺乏的猪只精神委靡,行动失调,后腿劈叉,肝脏脂肪浸润,繁殖率低、泌乳力低与仔猪成活率低。

苜蓿草粉、大豆饼、肝脏、鱼粉、大麦、燕麦等含胆碱较多。

(5)维生素B_5(烟酸):维生素B_5作为一种酶参与碳水化合物代谢。

维生素B_5缺乏猪只患皮肤脱落性皮炎,食欲下降或消失,下痢,后肢肌肉麻痹,唇舌有溃疡病变,贫血,大肠有溃疡病变,心肝及体重减轻、呕吐等。

鱼粉、酵母、麦芽、米糠、花生饼及青绿饲料含量较多。

(6)维生素B_{12}:维生素是一种含金属元素钴的维生素。

维生素B_{12}参与蛋白质代谢,并有促使红血球形成的作用。

维生素B_{12}缺乏造成贫血,仔猪食欲减退,被毛粗乱,生长停止;母猪产仔少,仔猪生活力低,成活率低等。

动物肝脏、鱼粉、牛羊粪便、污泥及酵母内含量较多。

五、水

水是生命之源,是一切细胞和组织的构成成分,猪体有1/3~2/3是水。水在物质代谢中有特殊功能,养分的消化吸收和运转,代谢过程和代谢产物的排泄、血液循环、体温调节都需要水分。缺水或饮水不足危害极大，体内水分减少8%时出现严重干渴感觉，食欲丧失，消化作用减慢，减少10%时导致严重代谢紊乱，减少20%时会导致死亡。

猪可以从以下3个方面获得水：一是碳水化合物、脂肪与蛋白质分解产生的代谢水；二是饲料本身含的水；三是饮水。其中饮水是猪体水的主要来源。

第二节　猪的营养需要与饲养标准

所谓营养需要，它是不同类型和处于不同生产阶段的猪只，为满足生命活动和从事生产活动对营养物质的种类和数量的要求。将猪只对主要营养物质的这种要求，从饲养学角度作为满足猪只对主要营养物质种类和数量的标准化规定，并按此规定在饲养实践中去满足猪只的营养要求，这就是饲养标准的含义。随着科技的发展，饲养标准不断地被修改。所以，饲养标准也是一个在不断地修订、完善的过程。

一、仔猪的营养需要

仔猪从出生到体重20 kg左右可分为两个阶段，即初生至断奶的哺乳阶段和断奶到转群的保育阶段。

仔猪处于生长快，消化机能不完善而正在发育的阶段。哺乳仔猪体重最明显的变化是体脂猛增，出生时为1%～2%，到4周龄可达到18%，所以，仔猪对营养要求很高。在3周龄前，仔猪日增重不到200 g，母猪的乳汁能满足需要，从3周龄起，只吃母乳已不能满足需要，需补料。仔猪对料营养物质需要的特点是对能量、蛋白质、钙、磷和维生素需求强烈，且对蛋白质和饲料的品质要求较高，所以本阶段对仔猪实行高能量、高蛋白饲养。初生后2～3日龄，母乳中铁不能满足需要，还需要补铁150～200 mg。仔猪每日营养需要量及每千克饲粮中营养成分列于表5-5、表5-6。

表5-5 肉脂型仔猪每日每头营养需要量

指标项目	猪体重/kg		
	1～5	5～10	10～20
预期日增重/g	160	280	420
采食风干料量/kg	0.20	0.46	0.91
消化能/MJ	3.35	7.03	12.59
代谢能/MJ	3.01	6.40	11.59
粗蛋白质/g	54	100	175
赖氨酸/g	2.8	4.6	7.1
蛋氨酸＋胱氨酸/g	1.6	2.7	4.6
苏氨酸/g	1.6	2.7	4.6
异亮氨酸/g	1.8	3.1	5.0
钙/g	2.0	3.28	5.8
磷/g	1.6	2.9	4.9
食盐/g	0.5	1.2	2.1
铁/mg	33	67	71
锌/mg	22	48	71
锰/mg	0.9	1.9	2.7
铜/mg	1.3	2.9	4.5
碘/mg	0.03	0.07	0.13
硒/mg	0.03	0.08	0.13
维生素A/IU	476	1 056	1 563
胡萝卜素/mg	1.9	4.2	6.3
维生素D/IU	48	106	107
维生素E/IU	2.4	5.3	9.8
维生素K/mg	0.43	1.06	1.96
维生素B_2/mg	0.65	1.44	2.68

续表 5-5

指标项目	猪体重/kg		
	1～5	5～10	10～20
烟酸/mg	4.8	10.6	16.1
泛酸/mg	2.9	6.2	9.8
维生素 B_{12}/μg	4.8	10.6	13.23
维生素 B_1/mg	0.29	0.62	0.98
生物素/mg	0.03	0.05	0.09
叶酸/mg	0.13	0.29	0.54

表 5-6　肉脂型仔猪每千克饲粮中养分含量

指标项目	猪体重/kg		
	1～5	5～10	10～20
预期日增重/g	160	280	420
饲料/增重	1.25	1.66	2.17
增重/饲料	0.800	0.600	0.462
消化能/MJ	16.74	15.15	13.85
代谢能/MJ	15.15	13.85	12.76
粗蛋白质/%	27	22	19
赖氨酸/%	1.4	1.00	0.78
蛋氨酸+胱氨酸/%	0.80	0.59	0.51
苏氨酸/%	0.80	0.59	051
异亮氨酸/%	0.90	0.67	0.55
钙/%	1.00	0.83	0.64
磷/%	0.80	0.63	0.54
食盐/%	0.25	0.26	0.23
铁/mg	165	146	78
锌/mg	110	104	78
锰/mg	4.5	4.1	3.0
铜/mg	6.0	6.3	4.9
碘/mg	0.15	0.15	0.14
硒/mg	0.15	0.17	0.14
维生素 A/IU	2 380	2 276	1 718

续表 5-6

指标项目	猪体重/kg		
	1～5	5～10	10～20
胡萝卜素/mg	9.3	9.1	6.9
维生素 D/IU	240	228	197
维生素 E/IU	12	11	11
维生素 K/mg	2.2	2.2	2.2
维生素 B_2/mg	3.3	3.1	2.9
烟酸/mg	24	23	18
泛酸/mg	15	13.4	10.8
维生素 B_{12}/μg	24	23	15
维生素 B_1/mg	1.5	1.3	1.1
生物素/mg	0.15	0.11	0.10
叶酸/mg	0.65	0.63	0.59

二、生长猪的营养需要

生长猪包括生长育肥猪和后备种猪，都是处于生长发育阶段，但育肥猪是生产猪肉，而后备猪是配种繁殖，两类猪的营养需要既有共同点又各有差异。

(一)生长肥育猪

主要是要求生长速度、饲料利用率和瘦肉率来体现生长育肥猪的效益。从体重 20～100 kg 这一生长过程中，多划分生长期和肥育期两个阶段，一般以体重 20～60 kg(肉脂型为 50 kg)为生长期，后为育肥期。生长期要求能量和蛋白质水平高，促进肌肉和体重增长，肥育期则控制能量，减少脂肪沉积。

肥育猪饲粮含消化能 12.55～13.28 MJ/kg，粗蛋白水平在生长期为 16%～18%，肥育期为 13%～14%。以谷实、豆饼为基础的生长肥育饲粮，补加 0.1%～0.15%赖氨酸，饲粮粗蛋白水平可下降 2 个百分点。生长育肥猪日营养需要量及每千克饲料含量见表 5-7 至表 5-10。

表 5-7 肉脂型生长育肥猪每日每头营养需要量

指标项目	猪体重/kg		
	20～35	35～60	60～90
预期日增重/g	500	600	650
采食风干料量/kg	1.52	2.20	2.83
饲料/增重	3.04	3.67	4.35
增重/饲料	0.329	0.273	0.230
消化能/MJ	19.71	28.54	36.69
代谢能/MJ	18.33	26.61	34.23
粗蛋白质/g	243	308	368
赖氨酸/g	9.7	12.3	14.7
蛋氨酸＋胱氨酸/g	6.4	8.1	7.9
苏氨酸/g	6.1	7.9	9.6
异亮氨酸/g	7.0	9.0	10.3
钙/g	3.4	11.0	13.0
磷/g	7.0	9.1	10.5
食盐/g	4.6	606	8.5
铁/mg	84	101	105
锌/mg	84	101	105
锰/mg	3	4	6
铜/mg	6	7	6
碘/mg	0.20	0.29	0.37
硒/mg	0.23	0.33	0.28
维生素 A/IU	1 812	2 622	3 359
维生素 D/IU	278	301	323
维生素 E/IU	15	22	28
维生素 K/mg	2.7	4.0	5.1
维生素 B_1/mg	1.5	2.0	2.8
维生素 B_2/mg	3.6	4.4	5.7
烟酸/mg	20.0	24.0	20.0
泛酸/mg	15.0	22.0	28.0
生物素/mg	0.14	0.30	0.36
叶酸/mg	0.84	1.21	1.56
维生素 B_{12}/μg	15.0	22.0	28.0

表 5-8 肉脂型生长育肥猪每千克饲粮中养分含量★

指标项目	猪体重/kg		
	20～35	35～60	60～90
消化能/MJ	13.37	12.97	12.97
代谢能/MJ	12.05	12.09	12.09
粗蛋白质/%	16	14	13
赖氨酸/%	0.64	0.56	0.52
蛋氨酸＋胱氨酸/%	0.42	0.37	0.28
苏氨酸/%	0.41	0.36	0.34
异亮氨酸/%	0.46	0.41	0.38
钙/%	0.55	0.50	0.46
磷/%	0.46	0.41	0.37
食盐/%	0.30	0.30	0.30
铁/mg	55	46	37
锌/mg	55	46	37
锰/mg	2	2	2
铜/mg	4	3	3
碘/mg	0.16	0.13	0.13
硒/mg	0.15	0.15	0.10
维生素 A/IU	1 192	1 192	1 187
维生素 D/IU	183	137	114
维生素 E/IU	10	10	10
维生素 K/mg	1.8	1.8	1.8
维生素 B_1/mg	1.0	1.0	1.0
维生素 B_2/mg	2.4	2.0	2.0
烟酸/mg	13.0	11.0	9.0
泛酸/mg	10.0	10.0	10.0
生物素/mg	0.09	0.09	0.09
叶酸/mg	0.55	0.55	0.55
维生素 B_{12}/μg	10.0	10.0	10.0

★:每千克饲料的能量可按±2 浮动,粗蛋白质含量也等比例浮动。

表 5-9　瘦肉型生长育肥猪每日每头营养需要量(GB 8471—87)

指标项目	猪体重/kg				
	1～5	5～10	10～20	20～60	60～90
预期日增重/g	160	280	420	550	700
采食风干料量/kg	0.20	0.46	0.91	1.69	2.71
消化能/Mcal	0.80	1.70	3.01	5.24	8.10
消化能/MJ	3.35	7.00	12.59	21.95	35.15
代谢能/Mcal	0.70	1.60	2.78	5.04	8.08
代谢能/MJ	3.20	6.70	11.62	21.07	33.80
粗蛋白质/g	54	101	173	270	379
赖氨酸/g	2.80	4.60	7.01	12.70	17.10
蛋氨酸+胱氨酸/g	1.60	2.70	4.60	6.40	8.70
苏氨酸/g	1.60	2.70	4.60	7.60	10.30
异亮氨酸/g	1.80	3.10	5.00	6.90	9.20
精氨酸/g	0.70	1.20	2.09	3.30	4.90
钙/g	2.00	3.80	5.80	10.10	13.60
磷/g	1.60	2.90	4.90	8.50	10.80
食盐/g	0.50	1.20	2.10	3.30	6.80
铁/mg	33	67	71	101	136
锌/mg	22	48	71	186	244
铜/mg	1.30	2.90	4.50	7.90	10.20
锰/mg	0.90	1.90	2.70	3.70	6.80
碘/mg	0.03	0.07	0.13	0.24	0.38
硒/mg	0.03	0.08	0.23	0.51	0.33
维生素 A/IU	480	1 050	1 560	2 080	3 320
维生素 D/IU	50	105	179	319	320
维生素 E/IU	2.40	5.10	10.00	16.90	27.10
维生素 K/mg	0.44	1.00	2.00	3.40	5.40
维生素 B_1/mg	0.30	0.60	1.00	1.69	2.70
维生素 B_2/mg	0.66	1.40	2.60	4.20	5.70
烟酸/mg	4.80	10.60	16.40	22.00	24.90
泛酸/mg	3.00	6.20	9.80	16.90	27.10
生物素/mg	0.03	0.05	0.09	0.15	0.21
叶酸/mg	0.13	0.30	0.54	0.96	1.54
维生素 B_{12}/μg	4.80	10.60	13.70	16.90	27.10

注:磷的给量中应有 30%无机磷或动物性饲粮来源的磷。

表 5-10 瘦肉型生长育肥猪每千克饲料中养分含量

指标项目	猪体重/kg				
	1～5	5～10	10～20	20～60	60～90
消化能/Mcal	4.00	3.62	3.31	3.10	3.10
消化能/MJ	16.74	15.15	13.85	12.97	12.97
代谢能/Mcal	3.62	3.31	3.05	2.98	2.98
代谢能/MJ	15.15	13.85	12.76	12.47	12.47
粗蛋白质/%	27	22	19	16	14
赖氨酸/%	1.40	1.00	0.78	0.75	0.63
蛋氨酸+胱氨酸/%	0.80	0.59	0.51	0.38	0.32
苏氨酸/%	0.80	0.59	0.51	0.45	0.38
异亮氨酸/%	0.90	0.67	0.55	0.41	0.34
精氨酸/%	0.36	0.28	0.23	0.23	0.18
钙/%	1.00	0.83	0.64	0.60	0.50
磷/%	0.80	0.63	0.54	0.50	0.40
食盐/%	0.25	0.26	0.23	0.23	0.25
铁/mg	165	146	78	60	50
锌/mg	110	104	78	110	90
铜/mg	6.50	6.30	4.90	4.36	3.75
锰/mg	4.50	4.10	3.00	2.18	2.50
碘/mg	0.15	0.15	0.14	0.14	0.14
硒/mg	0.15	0.17	0.25	0.30	0.28
维生素 A/IU	2 380	2 276	1 718	1 230	1 225
维生素 D/IU	240	228	197	189	118
维生素 E/IU	12	11	11	10	10
维生素 K/mg	2.20	2.20	2.00	2.00	2.00
维生素 B_1/mg	1.50	1.30	1.10	1.00	1.00
维生素 B_2/mg	3.30	3.10	2.90	2.50	2.10
烟酸/mg	24	23	18	13	9
泛酸/mg	15.0	13.4	10.8	10.0	10.0
生物素/mg	0.15	0.11	0.10	0.09	0.09
叶酸/mg	0.65	0.65	0.59	0.57	0.57
维生素 B_{12}/μg	24	23	15	10	10

注：每千克饲粮的能量可按±0.2浮动，粗蛋白质含量也等比例浮动。

(二)后备猪

要求生长发育正常，到配种时又不过肥。对国外引进品种可以有两种处理：一是按生长育肥猪饲养，到配种前2个月限食以控制肥度；二是在整个培育期按标准限量饲喂，其生长速度控制在8～9月龄配种时体重达100～120 kg。地方猪种沉积脂肪早，需限制饲养，以防配种时过肥。后备猪的营养需要及每千克饲粮养分含量见表5-11、表5-12。

表5-11　后备猪的每日每头营养需要量

指标项目	小型猪体重/kg			大型猪体重/kg		
	10～20	20～35	35～60	20～35	35～60	60～90
预期日增重/g	320	380	360	400	480	440
采食风干料量/kg	0.90	1.20	1.70	1.26	1.80	2.10
消化能/Mcal	2.70	3.60	4.90	3.78	5.31	6.09
消化能/MJ	11.30	15.06	20.05	15.82	22.22	25.48
代谢能/Mcal	2.50	3.30	4.60	3.50	4.95	5.69
代谢能/MJ	10.46	14.23	19.25	14.64	20.71	23.81
粗蛋白质/g	144	168	221	202	252	273
赖氨酸/g	6.3	7.4	8.8	7.8	9.5	10.1
蛋氨酸+胱氨酸/g	4.1	4.8	5.8	5.0	6.3	7.1
苏氨酸/g	4.1	4.8	5.8	5.0	6.1	6.5
异亮氨酸/g	4.5	5.4	6.5	5.7	6.8	7.1
钙/g	5.4	7.2	10.2	7.6	10.8	12.6
磷/g	4.5	6.0	8.5	6.5	9.0	10.5
食盐/g	3.6	4.8	6.8	5.0	7.2	—
铁/mg	64	64	73	67	79	80
锌/mg	64	64	73	113	162	80
铜/mg	4.5	4.8	5.1	5.0	5.4	6.3
锰/mg	1.8	2.4	3.4	2.5	3.6	4.2
碘/mg	0.13	0.17	0.24	0.18	0.25	0.29
硒/mg	0.14	0.18	0.26	0.33	0.47	0.32
维生素A/IU	1 400	1 500	1 900	1 460	2 020	2 331

续表 5-11

指标项目	小型猪体重/kg			大型猪体重/kg		
	10～20	20～35	35～60	20～35	35～60	60～90
维生素 D/IU	160	210	220	220	234	242
维生素 E/IU	9	12	17	13	18	21
维生素 K/mg	1.8	2.4	3.4	2.5	3.6	4.2
维生素 B_1/mg	0.9	1.2	1.7	1.3	1.8	2.1
维生素 B_2/mg	2.4	2.8	3.4	2.9	3.6	4.0
烟酸/mg	9.5	12.6	17.0	15.1	18.0	18.9
泛酸/mg	9.0	12.0	17.0	13.0	18.0	21.0
生物素/mg	0.08	0.11	0.15	0.11	0.16	0.19
叶酸/mg	0.50	0.60	0.08	0.60	0.90	0.10
维生素 B_{12}/μg	12.0	12.0	17.0	13.0	18.0	21.0

注：后备公猪的营养需要可在“大型”的基础上增加10%～20%。

表 5-12 后备母猪的每千克饲粮中养分含量

指标项目	小型猪体重/kg			大型猪体重/kg		
	10～20	20～35	35～60	20～35	35～60	60～90
消化能/Mcal	3.00	3.00	2.90	3.00	2.95	2.90
消化能/MJ	12.55	12.55	12.13	12.55	12.34	12.13
代谢能/Mcal	2.78	2.80	2.71	2.78	2.75	2.71
代谢能/MJ	11.63	11.72	11.34	11.63	11.51	11.34
粗蛋白质/%	16	14	13	16	14	13
赖氨酸/%	0.70	0.62	0.52	0.62	0.53	0.48
蛋氨酸+胱氨酸/%	0.45	0.40	0.34	0.40	0.35	0.34
苏氨酸/%	0.45	0.40	0.34	0.40	0.34	0.31
异亮氨酸/%	0.50	0.45	0.38	0.45	0.38	0.34
钙/%	0.6	0.6	0.6	0.6	0.6	0.6
磷/%	0.5	0.5	0.5	0.5	0.5	0.5
食盐/%	0.4	0.4	0.4	0.4	0.4	0.4
铁/mg	71	53	43	53	44	38
锌/mg	71	53	43	53	44	38
铜/mg	5	4	3	4	3	3

续表 5-12

指标项目	小型猪体重/kg			大型猪体重/kg		
	10～20	20～35	35～60	20～35	35～60	60～90
锰/mg	2	2	2	2	2	2
碘/mg	0.14	0.14	0.14	0.14	0.14	0.14
硒/mg	0.15	0.15	0.15	0.15	0.15	0.15
维生素 A/IU	1 560	1 250	1 120	1 160	1 120	1 110
维生素 D/IU	178	178	130	178	130	115
维生素 E/IU	10	10	10	10	10	10
维生素 K/mg	2	2	2	2	2	1
维生素 B_1/mg	1	1	1	1	1	1.9
维生素 B_2/mg	2.7	2.3	2.0	2.3	2.0	1.9
烟酸/mg	16	12	10	12	10	9
泛酸/mg	10	10	10	10	10	10
生物素/mg	0.09	0.09	0.09	0.09	0.09	0.09
叶酸/mg	0.5	0.5	0.5	0.5	0.5	0.5
维生素 B_{12}/μg	13	10	10	10	10	10

三、母猪的营养需要

(一)妊娠母猪

对妊娠母猪的营养供给的要求是保证胎儿发育和母猪自身对营养的需求,为提高仔猪初生重和母猪产后泌乳的营养储备。妊娠母猪增重约 40 kg,子宫内容物约 20 kg,胎儿的体重是妊娠 80 d 后增长,可以妊娠 80 d 为界分为妊娠前期和妊娠后期,妊娠后期营养需要大于妊娠前期。在妊娠前期,母猪处于稍高于维持需要的水平即可。但是为了保证胎儿正常发育,必须保持日粮有较高粗蛋白水平,注意蛋白质平衡,有足够的钙、磷及多种维生素的供给。在妊娠后期,在营养供给上,则需数量和质量皆优。妊娠母猪的每日营养需要量及每千克饲粮养分含量见表 5-13、表 5-14。

表 5-13 妊娠母猪每日每头营养需要量

指标项目	妊娠前期体重/kg				妊娠后期体重/kg			
	≤90	90～120	120～150	≥150	≤90	90～120	120～150	≥150
采食风干料/kg	1.50	1.70	1.90	2.00	2.00	2.20	2.40	2.50
消化能/Mcal	4.20	4.76	5.32	5.60	5.60	6.16	6.72	7.00
消化能/MJ	17.57	19.92	22.26	23.43	23.43	25.77	28.12	29.29
代谢能/Mcal	3.38	4.51	5.04	5.30	5.30	5.83	6.36	6.60
代谢能/MJ	16.65	18.87	21.09	22.18	22.18	24.39	26.61	27.81
粗蛋白质/g	165	187	209	220	240	264	288	300
赖氨酸/g	5.30	6.00	6.70	7.00	7.20	7.90	8.60	9.00
蛋氨酸+胱氨酸/g	2.90	3.20	3.60	3.80	3.80	4.20	4.50	4.70
苏氨酸/g	4.20	4.80	5.30	5.60	5.60	6.20	6.70	7.00
异亮氨酸/g	4.70	5.30	5.90	6.20	6.20	6.80	7.40	7.80
钙/g	9.2	10.4	11.6	12.2	12.2	13.4	14.6	15.3
磷/g	7.4	8.3	9.3	9.8	9.8	10.8	11.8	12.3
食盐/g	4.8	5.4	6.1	6.4	6.4	7.0	8.0	8.0
铁/mg	98	111	124	130	130	143	156	163
锌/mg	63	71	80	84	84	92	101	105
铜/mg	6	7	8	8	8	9	10	10
锰/mg	12	14	14	16	16	18	19	20
碘/mg	0.16	0.13	0.12	0.22	0.22	0.24	0.27	0.28
硒/mg	0.20	0.20	0.25	0.26	0.26	0.29	0.31	0.33
维生素 A/IU	4 800	5 440	6 100	6 400	6 600	7 260	7 920	8 250
维生素 D/IU	240	272	304	320	320	352	384	400
维生素 E/IU	12	14	15	16	16	18	19	20
维生素 K/mg	2.6	2.9	3.2	3.4	3.4	3.7	4.1	4.3
维生素 B_1/mg	1.2	1.4	1.5	1.6	1.6	1.8	1.9	2.0
维生素 B_2/mg	3.8	4.3	4.8	5.0	5.0	5.5	6.0	6.3
烟酸/mg	12.0	14.0	15.0	16.0	16.0	18.0	19.0	20.0
泛酸/mg	14.6	16.5	18.4	19.4	19.6	21.6	23.5	24.5
生物素/mg	0.12	0.14	0.15	0.16	0.16	0.18	0.20	0.20
叶酸/mg	0.75	0.85	0.95	1.04	1.00	1.10	1.20	1.30
维生素 B_{12}/μg	12	20	23	24	26	29	31	33

表 5-14　妊娠母猪的每千克饲粮中养分含量

指标项目	妊娠前期	妊娠后期
消化能/Mcal	2.80	2.80
消化能/MJ	11.72	11.72
代谢能/Mcal	2.65	2.65
代谢能/MJ	11.09	11.09
粗蛋白质/%	11.0	12.0
赖氨酸/%	0.35	0.36
蛋氨酸＋胱氨酸/%	0.19	0.19
苏氨酸/%	0.28	0.28
异亮氨酸/%	0.31	0.31
钙/%	0.61	0.61
磷/%	0.49	0.49
食盐/%	0.32	0.32
铁/mg	65	65
锌/mg	42	42
铜/mg	4	4
锰/mg	8	8
碘/mg	0.11	0.11
硒/mg	0.13	0.13
维生素 A/IU	3 200	3 300
维生素 D/IU	160	160
维生素 E/IU	8	8
维生素 K/mg	1.7	1.7
维生素 B_1/mg	0.8	0.8
维生素 B_2/mg	2.5	2.5
烟酸/mg	8.0	8.0
泛酸/mg	9.7	9.8
生物素/mg	0.08	0.08
叶酸/mg	0.5	0.5
维生素 B_{12}/μg	12	13

(二)哺乳母猪

哺乳母猪营养需要较高，随仔猪体重大小和带仔多少有差别，带仔多的母猪泌乳量多。母猪泌乳 1 kg 需消化能 8.37 MJ，以每头仔猪每日吃乳 0.5 kg 计，母猪每天泌乳 5 kg 就需消化能 41.84 MJ，母猪还需维持正常生命活动的营养，所以，哺乳母猪营养需要由泌乳和维持两部分需要组成。体重 150～180 kg 带仔 10 头的瘦肉型母猪，每日需消化能 62.76 MJ，一般体重地方品种母猪约需 46 MJ，粗蛋白质 14.5%能满足需要。哺乳母猪营养需要量及每千克饲粮养分含量见表 5-15、表 5-16。

表 5-15 哺乳母猪每日每头营养需要量

指标项目	母猪体重			
	120 kg 以下	120～150 kg	150～180 kg	180 kg 以上
采食风干料量/kg	4.80	5.00	5.20	5.30
消化能/Mcal	13.32	14.50	15.08	15.37
消化能/MJ	58.21	60.67	63.10	64.30
代谢能/Mcal	13.44	14.00	14.56	14.84
代谢能/MJ	56.23	58.58	60.92	62.09
粗蛋白质/g	672	700	728	742
赖氨酸/g	24	25	26	27
蛋氨酸+胱氨酸/g	14.9	15.5	16.1	16.4
苏氨酸/g	17.8	18.5	19.2	19.6
异亮氨酸/g	15.8	16.5	17.2	17.5
钙/g	30.7	32.0	33.3	33.3
磷/g	21.6	22.5	23.4	23.3
食盐/g	21.1	22.0	22.9	23.3
铁/mg	336	350	364	371
锌/mg	211	220	229	233
铜/mg	21	22	23	23
锰/mg	38	40	42	42
碘/mg	0.58	0.60	0.62	0.64

续表 5-15

指标项目	母猪体重			
	120 kg 以下	120～150 kg	150～180 kg	180 kg 以上
硒/mg	0.43	0.45	0.47	0.48
维生素 A/IU	8 160	8 500	8 840	9 010
维生素 D/IU	826	860	894	912
维生素 E/IU	38	40	42	42
维生素 K/mg	8.0	8.5	8.8	9.0
维生素 B_1/mg	4.3	4.5	4.7	4.8
维生素 B_2/mg	12.5	13.0	13.5	13.8
烟酸/mg	43.0	45.0	47.0	48.0
泛酸/mg	48.0	50.0	52.0	53.0
生物素/mg	0.43	0.45	0.47	0.48
叶酸/mg	2.4	2.5	2.6	2.7
维生素 B_{12}/μg	62	65	68	69

表 5-16　哺乳母猪每千克饲粮中养分含量

指标项目	需要量	指标项目	需要量
消化能/Mcal	2.90	锰/mg	8
消化能/MJ	12.13	碘/mg	0.12
代谢能/Mcal	2.8	硒/mg	0.09
代谢能/MJ	11.72	维生素 A/IU	1 700
粗蛋白质/g	14	维生素 D/IU	172
赖氨酸/g	0.50	维生素 E/IU	9
蛋氨酸＋胱氨酸/g	0.31	维生素 K/mg	1.7
苏氨酸/g	0.37	维生素 B_1/mg	0.9
异亮氨酸/g	0.33	维生素 B_2/mg	2.6
钙/g	0.64	烟酸/mg	9
磷/g	0.46	泛酸/mg	10
食盐/g	0.44	生物素/mg	0.09
铁/mg	70	叶酸/mg	0.5
铜/mg	4.4	维生素 B_{12}/μg	13
锌/mg	44		

四、种公猪的营养需要

公猪要保持种用体况，性欲旺盛，精力充沛，配种能力强，精液品质优良，合理营养供给是基础。蛋白质水平是影响精液品质的重要因素之一。培育期公猪、青年公猪和配种期公猪饲粮粗蛋白质水平应保证14%，成年公猪和非配种期公猪为12%，每千克饲粮消化能12.35 MJ，还要注意其他营养的供给。种公猪营养需要见表5-17、表5-18。

表5-17　种公猪每千克饲粮中养分含量

指标项目	每千克饲料中养分含量	指标项目	每千克饲料中养分含量
消化能/Mcal	3.0	锰/mg	9
消化能/MJ	12.55	碘/mg	0.12
代谢能/Mcal	2.88	硒/mg	0.13
代谢能/MJ	12.05	维生素A/IU	3 531
粗蛋白质/g	12.0(14.0)★	维生素D/IU	177
赖氨酸/g	0.38	维生素E/IU	8.9
蛋氨酸+胱氨酸/g	0.20	维生素K/mg	1.8
苏氨酸/g	0.30	维生素B_1/mg	2.6
异亮氨酸/g	0.33	维生素B_2/mg	0.9
钙/g	0.66	烟酸/mg	8.9
磷/g	0.53	泛酸/mg	10.6
食盐/g	0.35	生物素/mg	0.09
铁/mg	71	叶酸/mg	0.52
铜/mg	5	维生素B_{12}/μg	13.3
锌/mg	44		

★：为体重90 kg以下采用的蛋白质量。

表 5-18　种公猪每日每头营养需要量

指标项目	种公猪体重		
	90 kg 以下	90～150 kg	150 kg 以上
采食风干料量/kg	1.4	1.9	2.3
消化能/Mcal	4.20	5.70	6.90
消化能/MJ	17.57	23.85	28.87
代谢能/Mcal	4.03	5.47	6.62
代谢能/MJ	16.86	22.89	22.70
粗蛋白质/g	196	228	276
赖氨酸/g	5.3	7.2	8.7
蛋氨酸＋胱氨酸/g	3.1	3.8	4.6
苏氨酸/g	4.2	5.7	6.9
异亮氨酸/g	4.6	6.3	7.6
钙/g	9.2	12.5	15.2
磷/g	7.4	10.1	12.2
食盐/g	5.0	6.7	8.1
铁/mg	99	135	163
锌/mg	62	84	101
铜/mg	7	10	12
锰/mg	13	17	21
碘/mg	0.17	0.23	0.28
硒/mg	0.18	0.25	0.30
维生素 A/IU	4 943	6 709	8 182
维生素 D/IU	248	336	407
维生素 E/IU	12.5	16.9	20.5
维生素 K/mg	2.5	3.4	4.1
维生素 B_1/mg	1.3	1.7	2.1
维生素 B_2/mg	3.6	4.9	6.0
烟酸/mg	12.5	16.9	20.5
泛酸/mg	14.8	20.1	24.4
生物素/mg	0.13	0.17	0.21
叶酸/mg	0.73	1.00	1.20
维生素 B_{12}/μg	18.6	25.4	30.6

注：配种前 1 月，标准增加 20%～30%；冬季严寒期，标准增加 10%～20%。

五、美国NRC猪饲养标准(90%干物质)(第10版)

美国NRC猪自由采食营养需要表见表5-19至表5-23。

表5-19 瘦肉型生长肥育猪每千克饲粮养分含量(NRC)

美国NRC猪饲养标准(90%干物质)(第10版)

指标	体重					
	3~5 kg	5~10 kg	10~20 kg	20~50 kg	50~80 kg	80~120 kg
消化能/(MJ/kg)	14.24	14.24	14.24	14.24	14.24	14.24
代谢能/(MJ/kg)	13.67	13.67	13.67	13.67	13.67	13.67
粗蛋白质/%	26.0	23.7	20.9	18.0	15.5	13.2
消化能摄入量/(MJ/d)	3.58	7.08	14.24	26.40	36.68	43.75
日采食风干料量/(g/d)	250	500	1 000	1 855	2 575	3 075
钙/%	0.90	0.80	0.70	0.60	0.50	0.45
总磷/%	0.70	0.65	0.60	0.50	0.45	0.40
有效磷/%	0.55	0.40	0.32	0.23	0.19	0.15
钠/%	0.25	0.20	0.15	0.10	0.10	0.10
氯/%	0.25	0.20	0.15	0.08	0.08	0.08
镁/%	0.04	0.04	0.04	0.04	0.04	0.04
钾/%	0.30	0.28	0.26	0.23	0.19	0.17
铜/mg	6.00	6.00	5.00	4.00	3.50	3.00
碘/mg	0.14	0.14	0.14	0.14	0.14	0.14
铁/mg	100	100	80	60	50	40
锰/mg	4.00	4.00	3.00	2.00	2.00	2.00
硒/mg	0.30	0.30	0.25	0.15	0.15	0.15
锌/mg	100	100	80	60	50	50
维生素A/IU	2 200	2 200	1 750	1 300	1 300	1 300
维生素D/IU	220	220	200	150	150	150
维生素E/IU	16	16	11	11	11	11
维生素K/mg	0.50	0.50	0.50	0.50	0.50	0.50
生物素/mg	0.08	0.05	0.05	0.05	0.05	0.05
胆碱/g	0.60	0.50	0.40	0.30	0.30	0.30
叶酸/mg	0.30	0.30	0.30	0.30	0.30	0.30
可利用尼克酸/mg	20.00	15.00	12.50	10.00	7.00	7.00
泛酸/mg	12.00	10.00	9.00	8.00	7.00	7.00
核黄素/mg	4.00	3.50	3.00	2.50	2.00	2.00
维生素B_1/mg	1.50	1.00	1.00	1.00	1.00	1.00

续表 5-19

指　标	体重					
	3～5 kg	5～10 kg	10～20 kg	20～50 kg	50～80 kg	80～120 kg
维生素 B_6/mg	2.00	1.50	1.50	1.00	1.00	1.00
维生素 B_{12}/μg	20.00	17.50	15.00	10.00	5.00	5.00
以总氨基酸为基础/%						
精氨酸	0.59	0.54	0.46	0.37	0.27	0.19
组氨酸	0.48	0.43	0.36	0.30	0.24	0.19
异亮氨酸	0.83	0.73	0.63	0.51	0.42	0.33
亮氨酸	1.50	1.32	1.12	0.90	0.71	0.54
赖氨酸	1.50	1.35	1.15	0.95	0.75	0.60
蛋氨酸＋胱氨酸	0.86	0.76	0.65	0.54	0.44	0.35
苯丙氨酸＋酪氨酸	1.41	1.25	1.06	0.87	0.70	0.55
苏氨酸	0.98	0.86	0.74	0.61	0.51	0.41
色氨酸	0.27	0.24	0.21	0.17	0.14	0.11
缬氨酸	1.04	0.92	0.79	0.64	0.52	0.40
以真回肠可消化氨基酸为基础/%						
精氨酸	0.54	0.49	0.42	0.33	0.24	0.16
组氨酸	0.43	0.38	0.32	0.26	0.21	0.16
异亮氨酸	0.73	0.65	0.55	0.45	0.37	0.29
亮氨酸	1.35	1.20	1.02	0.83	0.67	0.51
赖氨酸	1.34	1.19	1.01	0.83	0.66	0.52
蛋氨酸＋胱氨酸	0.76	0.68	0.58	0.47	0.39	0.31
苯丙氨酸＋酪氨酸	1.26	1.12	0.95	0.78	0.63	0.49
苏氨酸	0.84	0.74	0.63	0.52	0.43	0.34
色氨酸	0.24	0.22	0.18	0.15	0.12	0.10
缬氨酸	0.91	0.81	0.69	0.56	0.45	0.35
以表观回肠可消化氨基酸为基础/%						
精氨酸	0.51	0.46	0.39	0.31	0.22	0.14
组氨酸	0.40	0.36	0.31	0.25	0.20	0.16
异亮氨酸	0.69	0.61	0.52	0.42	0.34	0.26
亮氨酸	1.29	1.15	0.98	0.80	0.64	0.50
赖氨酸	1.26	1.11	0.94	0.77	0.61	0.47
蛋氨酸＋胱氨酸	0.71	0.63	0.53	0.44	0.36	0.29
苯丙氨酸＋酪氨酸	1.18	1.05	0.89	0.72	0.58	0.45
苏氨酸	0.75	0.66	0.56	0.46	0.37	0.30
色氨酸	0.22	0.19	0.16	0.13	0.10	0.08
缬氨酸	0.84	0.74	0.63	0.51	0.41	0.32

表 5-20 瘦肉型生长肥育猪每日每头营养需要量(NRC)

指 标	体重					
	3～5kg	5～10kg	10～20kg	20～50kg	50～80kg	80～120kg
消化能/(MJ/kg)	14.24	14.24	14.24	14.24	14.24	14.24
代谢能/(MJ/kg)	13.67	13.67	13.67	13.67	13.67	13.67
粗蛋白质/%	26.0	23.7	20.9	18.0	15.5	13.2
消化能摄入量/(MJ/d)	3.58	7.08	14.24	26.40	36.68	43.75
代谢能摄入量/(MJ/d)	3.43	6.78	13.67	25.33	35.21	41.99
采食风干料量/(g/d)	250	500	1 000	1 855	2 575	3 075
钙/g	2.25	4.00	7.00	11.13	12.88	13.84
总磷/g	1.75	3.25	6.00	9.28	11.59	12.30
有效磷/g	1.38	2.00	3.20	4.27	4.89	4.61
钠/g	0.63	1.00	1.50	1.86	2.58	3.08
氯/g	0.63	1.00	1.50	1.48	2.06	2.46
镁/g	0.10	0.20	0.40	0.74	1.03	1.23
钾/g	0.75	1.40	2.60	4.27	4.89	5.23
铜/mg	1.50	3.00	5.00	7.42	9.01	9.23
碘/mg	0.04	0.07	0.14	0.26	0.36	0.43
铁/mg	25.00	50.00	80.00	111.3	129.8	123.0
锰/mg	1.00	2.00	3.00	3.71	5.15	6.15
硒/mg	0.08	0.15	0.25	0.28	0.39	0.46
锌/mg	25.00	50.00	80.00	111.3	129.8	153.8
维生素 A/IU	550	1 100	1 750	2 412	3 348	3 998
维生素 D/IU	55	110	200	278	386	461
维生素 E/IU	4	8	11	20	28	34
维生素 K/mg	0.13	0.25	0.50	0.93	1.29	1.54
生物素/mg	0.02	0.03	0.05	0.09	0.13	0.15
胆碱/g	0.15	0.25	0.40	0.56	0.77	0.92
叶酸/mg	0.08	0.15	0.30	0.56	0.77	0.92
可利用尼克酸/mg	5.00	7.50	12.50	18.55	18.03	21.53
泛酸/mg	3.00	5.00	9.00	14.84	18.03	21.53
核黄素/mg	1.00	1.75	3.00	4.64	5.15	6.15
维生 B_1/mg	0.38	0.50	1.00	1.86	2.58	3.08
维生素 B_6/mg	0.50	0.75	1.50	1.86	2.58	3.08
维生素 B_{12}/μg	5.00	8.75	15.00	18.55	12.88	15.38
以总氨基酸为基础/(g/d)						
精氨酸	1.5	2.7	4.6	6.8	7.1	5.7

续表 5-20

指　标	体重					
	3～5 kg	5～10 kg	10～20 kg	20～50 kg	50～80 kg	80～120 kg
组氨酸	1.2	2.1	3.7	5.6	6.3	5.9
异亮氨酸	2.1	3.7	6.3	9.5	10.7	10.1
亮氨酸	3.8	6.6	11.2	16.8	18.4	16.6
赖氨酸	3.8	6.7	11.5	17.5	19.7	18.5
蛋氨酸＋胱氨酸	2.2	3.8	6.5	9.9	11.3	10.8
苯丙氨酸＋酪氨酸	3.5	6.2	10.6	16.1	18.0	16.8
苏氨酸	2.5	4.3	7.4	11.3	13.0	12.6
色氨酸	0.7	1.2	2.1	3.2	3.6	3.4
缬氨酸	2.6	4.6	7.9	11.9	13.3	12.4
以真回肠可消化氨基酸为基础/(g/d)						
精氨酸	1.4	2.4	4.2	6.1	6.2	4.8
组氨酸	1.1	1.9	3.2	4.9	5.5	5.1
异亮氨酸	1.8	3.2	5.5	8.4	9.4	8.8
亮氨酸	3.4	5.9	10.3	15.5	17.2	15.8
赖氨酸	3.4	5.9	10.1	15.3	17.1	15.8
蛋氨酸＋胱氨酸	1.9	3.4	5.8	8.8	10.0	10.8
苯丙氨酸＋酪氨酸	3.2	5.5	9.5	14.4	16.1	15.1
苏氨酸	2.1	3.7	6.3	9.7	11.01	10.5
色氨酸	0.6	1.1	1.9	2.8	3.1	2.9
缬氨酸	2.3	4.0	6.9	10.4	11.6	10.8
以表观回肠可消化氨基酸为基础/(g/d)						
精氨酸	1.3	2.3	3.9	5.7	5.7	4.3
组氨酸	1.0	1.8	3.1	4.6	5.2	4.8
异亮氨酸	1.7	3.0	5.2	7.8	8.7	8.0
亮氨酸	3.2	5.7	9.8	14.8	16.5	15.3
赖氨酸	3.2	5.5	9.4	14.2	15.8	14.4
蛋氨酸＋胱氨酸	1.8	3.1	5.3	8.2	9.3	8.8
苯丙氨酸＋酪氨酸	3.0	5.2	8.9	13.4	15.0	13.9
苏氨酸	1.9	3.3	5.6	8.5	9.6	9.1
色氨酸	0.5	1.0	1.6	2.4	2.7	2.5
缬氨酸	2.1	3.7	6.3	9.5	10.6	9.8

表 5-21 种母猪与种公猪饲养标准(NRC)

指　标	每千克饲粮养分含量			每头猪每日营养需要量		
	妊娠母猪	泌乳母猪	公猪	妊娠母猪	泌乳母猪	公猪
消化能/(MJ/kg)	14.24	14.24	14.24	14.24	14.24	14.24
代谢能/(MJ/kg)	13.67	13.67	13.67	13.67	13.67	13.67
粗蛋白质/%	12.80	17.50	13.0	12.80	17.50	13.0
消化能摄入量/(MJ/d)	26.33	74.73	28.47	26.33	74.73	27.34
代谢能摄入量/(MJ/d)	25.29	71.74	27.37	25.29	71.74	6 530
采食风干料量/(kg/d)	1.85	5.25	2.00	1.85	5.25	2.00
钙/%	0.75	0.75	0.75	13.9 g	39.4 g	15.0 g
总磷/%	0.60	0.60	0.60	11.1 g	31.5 g	12.0 g
有效磷/%	0.35	0.35	0.35	6.5 g	18.4 g	7.0 g
钠/%	0.15	0.20	0.15	2.8 g	10.5 g	3.0 g
氯/%	0.12	0.16	0.12	2.2 g	8.4 g	2.4 g
镁/%	0.04	0.04	0.04	0.7 g	2.1 g	0.8 g
钾/%	0.20	0.20	0.20	3.7 g	10.5 g	4.0 g
铜/mg	5.00	5.00	5	9.3	26.3	10
碘/mg	0.14	0.14	0.14	0.3	0.7	0.28
铁/mg	80	80	80	148	420	160
锰/mg	20	20	20	37	105	40
硒/mg	0.15	0.15	0.15	0.3	0.8	0.3
锌/mg	50	50	50	93	263	100
维生素 A/IU	4 000	2 000	4 000	7 400	10 500	8 000
维生素 D/IU	200	200	200	370	1 050	400
维生素 E/IU	44	44	44	81	231	88
维生素 K/mg	0.5	0.5	0.50	0.9	2.6	1.0
生物素/mg	0.20	0.20	0.20	0.4	1.1	0.4
胆碱/g	1.25	1.00	1.25	2.3	5.3	2.5
叶酸/mg	1.30	1.30	1.30	2.4	6.8	2.6
可利用尼克酸/mg	10	10	10	19	53	20
泛酸/mg	12	12	12	22	63	24
核黄素/mg	3.75	3.75	3.75	6.9	19.7	7.5
维生素 B_1/mg	1.00	1.00	1.0	1.9	5.3	2.0
维生素 B_6/mg	1.00	1.00	1.0	1.9	5.3	2.0
维生素 B_{12}/μg	15	15	15	2.8	79	30

表 5-22　妊娠母猪每千克饲粮总氨基酸与可消化氨基酸含量(NRC)

配种体重/kg	125	150	175	200	200	200
妊娠期体增重/kg	55	45	40	35	30	35
预期窝产仔数/头	11	12	12	12	12	14
消化能/(MJ/kg)	14.24	14.24	14.24	14.24	14.24	14.24
代谢能/(MJ/kg)	13.67	13.67	13.67	13.67	13.67	13.67
粗蛋白质/%	12.9	12.8	12.4	12.0	12.1	12.4
消化能摄入量/(MJ/d)	27.88	26.23	26.82	27.36	25.60	26.27
代谢能摄入量/(MJ/d)	26.77	25.18	25.75	26.27	24.58	25.23
采食风干料量/(kg/d)	1.96	1.84	1.88	1.92	1.80	1.85
以总氨基酸为基础/%						
精氨酸	1.3	0.5	0.0	0.0	0.0	0.0
组氨酸	3.6	3.4	3.3	3.2	3.0	3.2
异亮氨酸	6.4	6.0	5.9	5.7	5.4	5.8
亮氨酸	9.9	9.0	8.6	8.2	7.7	8.3
赖氨酸	11.4	10.6	10.3	9.9	9.4	10.0
蛋氨酸+胱氨酸	7.3	7.0	6.9	6.8	6.5	6.9
苯丙氨酸+酪氨酸	10.6	9.9	9.6	9.4	8.9	9.5
苏氨酸	8.6	8.3	8.3	8.2	7.8	8.3
色氨酸	2.2	2.0	2.0	1.9	1.8	2.0
缬氨酸	7.6	7.0	6.8	6.6	6.2	6.7
以真回肠可消化氨基酸为基础/%						
精氨酸	0.8	0.1	0.0	0.0	0.0	0.0
组氨酸	3.1	2.9	2.8	2.7	2.5	2.7
异亮氨酸	5.6	5.2	5.1	5.0	4.7	8.1
亮氨酸	9.4	8.7	8.3	7.9	7.4	8.1
赖氨酸	9.7	9.0	8.7	8.4	7.9	8.5
蛋氨酸+胱氨酸	6.4	6.1	6.1	6.0	5.7	6.1
苯丙氨酸+酪氨酸	9.5	8.9	8.6	8.4	7.9	8.5
苏氨酸	7.3	7.0	6.9	6.9	6.6	7.0
色氨酸	1.9	1.8	1.7	1.7	1.6	1.7
缬氨酸	6.6	6.1	5.9	5.7	5.4	5.8
以表观回肠可消化氨基酸为基础/%						
精氨酸	0.6	0.0	0.0	0.0	0.0	0.0
组氨酸	2.9	2.7	2.6	2.5	2.4	2.6
异亮氨酸	5.1	4.8	4.7	4.5	4.3	4.6

续表 5-22

配种体重/kg	125	150	175	200	200	200
妊娠期体增重/kg	55	45	40	35	30	35
预期窝产仔数/头	11	12	12	12	12	14
亮氨酸	9.2	8.4	8.1	7.7	7.3	7.9
赖氨酸	8.9	8.2	7.9	7.6	7.2	7.7
蛋氨酸＋胱氨酸	6.0	5.7	5.7	5.6	5.3	5.7
苯丙氨酸＋酪氨酸	8.8	8.2	8.0	7.7	7.3	7.9
苏氨酸	6.3	6.0	6.0	6.0	5.7	6.1
色氨酸	1.6	1.5	1.4	1.4	1.3	1.4
缬氨酸	6.0	5.6	5.4	5.2	4.9	5.3

表 5-23 泌乳母猪每千克饲粮总氨基酸与可消化氨基酸含量(NRC)

母猪产后体重/kg	175	175	175	175	175	175
泌乳期体重变化/kg	0	0	0	－10	－10	－10
仔猪日增重/g	150	200	250	150	200	250
消化能/(MJ/kg)	14.24	14.24	14.24	14.24	14.24	14.24
代谢能/(MJ/kg)	13.67	13.67	13.67	13.67	13.67	13.67
粗蛋白质/%	16.3	17.5	18.4	17.2	18.5	19.2
消化能摄入量/(MJ/d)	61.23	76.22	91.13	50.74	65.65	80.55
代谢能摄入量/(MJ/d)	58.57	73.16	87.48	48.71	63.03	77.33
采食风干料量/(kg/d)	4.31	5.35	6.40	3.56	4.61	5.66
以总氨基酸为基础/%						
精氨酸	0.40	0.48	0.54	0.39	0.49	0.55
组氨酸	0.32	0.36	0.38	0.34	0.38	0.40
异亮氨酸	0.45	0.50	0.53	0.50	0.54	0.57
亮氨酸	0.86	0.97	1.05	0.95	1.05	1.12
赖氨酸	0.82	0.91	0.97	0.89	0.97	1.03
蛋氨酸＋胱氨酸	0.40	0.44	0.46	0.44	0.47	0.49
苯丙氨酸＋酪氨酸	0.90	1.00	1.07	0.98	1.08	1.14
苏氨酸	0.54	0.58	0.61	0.58	0.63	0.65
色氨酸	0.15	0.16	0.17	0.17	0.18	0.19
缬氨酸	0.68	0.76	0.82	0.76	0.83	0.88
以真回肠可消化氨基酸为基础/%						
精氨酸	0.36	0.44	0.49	0.35	0.44	0.50

续表 5-23

母猪产后体重/kg	175	175	175	175	175	175
泌乳期体重变化/kg	0	0	0	－10	－10	－10
仔猪日增重/g	150	200	250	150	200	250
组氨酸	0.28	0.32	0.34	0.30	0.34	0.36
异亮氨酸	0.40	0.44	0.47	0.44	0.48	0.50
亮氨酸	0.80	0.90	0.96	0.87	0.97	1.03
赖氨酸	0.71	0.79	0.85	0.77	0.85	0.90
蛋氨酸＋胱氨酸	0.35	0.39	0.41	0.39	0.42	0.43
苯丙氨酸＋酪氨酸	0.80	0.89	0.95	0.88	0.97	1.02
苏氨酸	0.45	0.49	0.52	0.50	0.53	0.56
色氨酸	0.13	0.14	0.15	0.15	0.16	0.17
缬氨酸	0.60	0.67	0.72	0.66	0.73	0.77
以表观回肠可消化氨基酸为基础/%						
精氨酸	0.34	0.41	0.46	0.33	0.41	0.47
组氨酸	0.27	0.30	0.32	0.29	0.32	0.34
异亮氨酸	0.37	0.41	0.44	0.41	0.44	0.47
亮氨酸	0.77	0.86	0.92	0.83	0.92	0.98
赖氨酸	0.66	0.73	0.79	0.72	0.79	0.84
蛋氨酸＋胱氨酸	0.33	0.36	0.38	0.36	0.39	0.40
苯丙氨酸＋酪氨酸	0.36	0.80	0.89	0.82	0.90	0.96
苏氨酸	0.40	0.43	0.46	0.44	0.47	0.49
色氨酸	0.11	0.12	0.13	0.13	0.14	0.14
缬氨酸	0.55	0.61	0.66	0.61	0.67	0.71

NRC 饲养标准说明：

1. 标准以玉米-豆粕型饲粮为基础(3～10 kg 猪除外)。

2. 3～20 kg 的赖氨基酸需要量是根据经验数据估测的，其他氨基酸是根据其与赖氨酸的比例估测的；20～120 kg 猪的氨基酸需要量是根据生长模型估测的。

3. 妊娠母猪消化能及饲料摄入量、氨基酸需要量根据妊娠模型估计。

4. 泌乳母猪消化能及饲料摄入量、氨基酸需要量根据泌乳模型估计，假定每窝 10 头仔猪，哺乳期为 21 d。

5. 假定代谢能为消化能的 94%～96%。

6. 换算关系 1 kcal＝4.184 kJ；1 IU 维生素 A＝0.344 μg 维生素 A 醋酸酯；1 IU 维生素 D_3＝0.025 μg 胆钙化醇；1 IU 维生素 E＝0.67 mg *D-α*-生育酚或 1 mg *DL-α*-生育酚醋酸酯。

第三节　饲料的分类及各类饲料的营养特性

一、饲料的概念及分类

具有一定的饲用价值，且对动物及其产品无毒、副作用的物质，皆称为饲料。按照这个概念，它包含了凡对动物及其产品无害，又能被动物采食，能发挥一定的饲养效果的植物、动物、微生物、矿物质以及工业合成物质。猪饲料以植物性饲料为主。

猪饲料是养猪业的物质基础，它满足猪的生命和生产的营养需要，从而生产出猪产品。因此，饲料的数量和质量，以及在养猪生产实践中如何科学地使用饲料，它影响到猪只的健康、生产水产的高低，最终决定养猪业的经济效益。

饲料种类繁多，养分组成和营养价值各异，为了解各种饲料的特点，以便于合理地利用，将饲料分类如下：

青绿饲料：天然和种植牧草、蔬菜脚叶、藤蔓、树叶。

粗饲料：稿秆、秕壳、干草、草粉类。

青贮饲料：青饲料青贮。

能量饲料：谷实类、糠麸类、淀粉质块根、块茎、瓜果、饲用油脂。

蛋白质饲料：动物性蛋白质饲料、植物性蛋白质饲料、单细胞蛋白质饲料、非蛋白氮。

矿物质饲料：常量矿物质饲料、微量矿物质饲料。

添加剂饲料：营养性添加剂有氨基酸、维生素、微量元素。非营养性添加剂有酶制剂、防腐剂、抗氧化剂、促长剂等。

二、各类饲料的营养特点

(一)能量饲料

这类饲料含能值高，其消化能在10.5 MJ/kg以上，粗纤维低于18%，消化率高，适口性好，但蛋白质含量不高，低于20%，钙磷比例不当，维生素不足，用之能提高日粮能量水平。

1. 谷实类饲料

为禾本科农作物成熟的种子，又称作粮食。

(1)玉米：玉米籽实能值高，被誉为“饲料之王”。饲料玉米以黄玉米为主。

玉米无氮浸出物高达70%左右，而且主要为淀粉，粗纤维含量低(1.5%～2.4%)，因而具有高能、适口性好、易消化的营养特点。玉米粗蛋白质含量低，一般为7%～9%，赖氨酸、蛋氨酸和色氨酸不足。用玉米喂猪时，必须与豆粕(饼)、鱼粉、蚕蛹等动、植物性蛋白质饲料配合，以补充蛋白质和氨基酸的不足，才能获得良好的饲养效果。

玉米的维生素含量不高，但黄色玉米含胡萝卜素和黄色素较多。黄色玉米中维生素含量少，含硫氨素多而核黄素、泛酸都较少，烟酸也处于被束缚状态，维生素D缺少。所以，在配制饲料时应注意补充多种维生素。

近年来，成功培育了高蛋白高赖氨酸含量的玉米新品种，对蛋白质品质的改进很大。但在饲料工业上还未得到广泛使用。

玉米中的钙、磷含量均较少，比例不平衡。玉米的钙含量一般在0.01%～0.04%，磷含量为0.16%～0.32%，由于磷的含量高于钙，钙、磷比例不平衡。在饲粮配合时，应注意与含钙饲料相配使用。

玉米的含水量变化很大。玉米籽实在收获时虽已达到成熟期，籽实饱满，但含水量很高，可达30%以上。又因玉米籽实的外壳有一层釉质，可以防止籽实内水分的散失，很难干燥。这样，因含水量高则含营养素低，而且容易招致霉菌孳生、腐败、变质。玉米极易感染黄曲霉，黄曲霉素是玉米的必检项目。玉米必须干燥脱水后方可入仓贮放，入仓的含水量南方不超过13%，北方不超过14%。

玉米籽实的入仓贮放条件，包括温度、湿度、病虫害以及贮存时间的长短，都对玉米的营养成分含量和品质有很大影响。因而，对于它的脂肪酸度（酸价）、发芽率、带菌量和胚变色度等有关变质指标都应监测。

玉米籽实经粉碎后，已经破坏了防止水分进出籽实的保护层，极易吸水、结块、发热和被霉菌污染。在高温高湿地区，更易变质，配料时应在预混料中使用防霉剂。

（2）高粱：高粱籽实代谢能水平因品种而异，壳少的籽实，代谢能水平并不比玉米低多少，是很好的能量饲料。因为高粱的栽培习性既耐水又耐旱，抗逆性比玉米强，在国外得到大面积推广。我国东北所产高粱，质量较好。但是，华北区 20 多年以来推广的杂交高粱，出粉率不高，含单宁过多，适口性较差，单独饲喂，动物拒食，只能在饲粮中限量使用，一般不超过饲粮的20%。品质好的高粱籽实，含代谢能 13.81 MJ/kg，品质差的不到 12.55 MJ/kg。

高粱的粗脂肪含量不高（2.8%～3.3%），含亚油酸也少，约为1.13%。蛋白质含量也低，其含量与玉米近似。氨基酸组成的特点与玉米一样，也缺乏赖氨酸、蛋氨酸、色氨酸和苏氨酸。含单宁多的品种，蛋白质消化率明显降低。

（3）大麦：大麦籽实有两种，带壳者称“草大麦”，不带壳者称“裸大麦”。带壳大麦，即通常所说的大麦，其代谢能水平较低，约为 11.51 MJ/kg。适口性好，含粗纤维 5%左右，可促进动物肠道的蠕动，使消化机能正常。大麦是猪只较为喜爱的一种饲料。

大麦的蛋白质含量较高，约为 11%，赖氨酸、色氨酸和异亮氨酸的含量都比玉米籽实高，但按动物需要量计算，仍然不足。粗脂肪含量约2%，脂肪酸中一半以上为亚油酸。

大麦不宜用于仔猪，但若是裸大麦或经脱壳、压片及蒸汽处理后的则可取代部分玉米饲喂仔猪。以大麦喂育肥猪，日增重与玉米相当，但饲料转化率不如玉米。猪饲粮中以不超过25%为宜。由于大麦脂肪含量低，蛋白质含量高，是育肥后期的理想饲料，能获得脂肪白、硬度大、背膘薄、瘦肉多的猪肉。我国著名的"金华火腿"产区，历史上曾将大麦作为养猪必备精料之一。

(4)小麦：小麦是人的主要粮食之一，因其能值较高，亦有用作饲料的。饲用小麦包含春小麦和冬小麦籽粒。

小麦含淀粉70%～73%，粗纤维2.5%左右，能值高，易消化，适口性好，粗蛋白质达14%左右，必需氨基酸含量较低，尤其是赖氨酸含量较低。小麦与玉米一样，钙少磷多，且磷主要是植酸磷(约1.8%)，微量元素铁、铜、锰、锌的含量较少。小麦含B族维生素和维生素E多，而维生素A、维生素D、维生素C极少。

(5)稻谷：水稻籽粒是人类的主要粮食，当年新产的稻谷一般不用作饲料，以贮存期过久而影响其加工大米品质的陈年稻谷作饲料。

稻谷含粗蛋白质为8.6%左右，含淀粉65%，因有稻壳含粗纤维较高(10.3%)，其能值不及玉米，矿物质仍是钙少磷多。维生素缺乏。在猪的日粮配合中，稻谷用量可不受限制，但带壳稻谷直接使用会提高日粮粗纤维含量。尤其对幼猪不利。除去稻壳可以提高能值和可消化性。另外须与蛋白质饲料搭配，重视钙磷平衡，补充多种维生素。

2.糠麸类

它是粮食加工业的副产品。

(1)麦麸：麦麸是由小麦的果皮、种皮、糊粉层和未剥脱干净的胚乳粉粒所组成的。因具有一定的能值，含粗蛋白质也较多，达

14%～16%，无氮浸出物55.5%，粗纤维含量高达11.6%。兼之价格比较便宜，故在饲料中应用广泛。麦麸含B族维生素很高。最大缺点是磷多钙少，比例极不平衡。由于质地松软，适口性好，具轻泻性，是妊娠后期和哺乳母猪的良好饲料。喂肥猪效果稍差，但能生产白色硬体脂。对幼猪喂量不能太多，以免消化不良。在猪日粮内，麦麸的用量不宜超过20%。

麦麸吸水力强，易发霉变腐败，应贮存在通风干燥处，不宜久贮。

(2)次粉：次粉是在小麦加工精面粉时得到的副产品。次粉的规格目前尚未统一，用作饲料时，一般粗蛋白质和粗纤维含量较麦麸稍低，而含无氮浸出物较高，因而能值较高，是一种较好的能量饲料。应当注意，由于粒度细，散落性差，在制作配合饲料时，容易造成结块现象。在仔猪和生长速度较快的肥育猪日粮中，其比例分别以不超过15%和25%为宜。

(3)米糠：米糠是以稻谷为原料的磨米工业制取大米后的副产品。米糠分为细米糠、统糠、砻糠。

细米糠：是以糙米为原料精制大米后的副产品，主要含米皮、胚芽，其能值高。与稻谷及玉米比较，干物质中的粗蛋白质、粗脂肪、粗纤维和粗灰分含量都高。新鲜的米糠适口性好。由于含油脂较多，同时钙少磷多，用量要适当，一般控制为占日粮的25%～30%，过多会引起腹泻，用于育肥猪后期会导致屠体肉脂松软。细米糠含脂高，贮存中因脂肪易氧化酸败，不宜久贮。

统糠：是用稻谷直接碾米除去米粒后的剩余物，它包括稻壳、果皮、胚芽和碎米粒等。统糠又按其出米率高低，分为"二、八"糠(即100 kg稻谷碾80 kg米，剩20 kg统糠，其余类推)，"三、七"糠和"四、六"糠等。统糠的营养价值因出米率高低而差异大。出米率越高，粗纤维含量越高，饲用价值越低。

砻糠：又称谷壳糠或糠粉。它是用纯稻壳加工粉碎过筛的粉状物。粗纤维含量高达46.23%,如果在以精饲料为基础的日粮中添加砻糠,会降低日粮消化率,得不偿失,砻糠不宜作猪饲料。由于砻糠有较好的松散性和吸附作用,常被工业饲料生产中用作预混料的载体。

(4)糠饼:糠饼是米糠榨油后的产品,因蛋白质含量达不到标准,不属于油饼类,故称之为脱脂米糠,其性质由于油脂减少而能量下降,别的和米糠一样。用脱脂米糠喂仔猪适口性好,也不会引起腹泻,较米糠耐贮藏。

3.块根、块茎类

(1)甘薯(红苕):在甘薯产区是常用来喂猪的好饲料。产量高,以块根中干物质计算,比水稻、玉米产量高得多。茎叶是良好的青饲料。薯块含水分高且淀粉多,粗纤维少,是很好的能量饲料,但粗蛋白质含量低,钙也较少,富含钾盐。黄芯甘薯含胡萝卜素较多。

用薯块喂猪,生喂或熟喂猪都喜食,对肥育猪和母猪,有促进消化和增加乳量的效果。染有黑斑的甘薯,有苦味,含有毒性酮,不宜使用。

(2)马铃薯:马铃薯有用作喂猪的,但多用于粮食、蔬菜和工业原料。块茎的主要成分是淀粉,粗蛋白质含量不高,但超过甘薯,其中非蛋白氮很多。应当注意的是,含有茄素(龙葵精)为有毒物质,以发芽的芽和芽眼中含量多,在呈绿色的马铃薯皮中亦多,喂猪时去掉芽和芽眼,并蒸煮熟即可。

猪吃马铃薯的消化率比其他家畜高。蒸煮熟更可提高适口性和消化率,生喂不仅消化率较低,还会发生生长受阻现象。喂肥猪,生成硬脂,胴体适用于加工用。煮熟饲喂,要求合适量的蛋白质饲料。生喂时,开始量要小,逐渐使猪适应,可从幼猪起就喂。

(3)南瓜:南瓜多用作蔬菜,也是喂猪的优质高产饲料。南瓜中无氮浸出物含量高，其中多为淀粉和糖类，还含有丰富的胡萝卜素，各类猪都可喂，特别适于繁殖和泌乳母猪。喂肥猪肉质具香味，但肉色会发黄。

南瓜应充分成熟时收获，即此时瓜面出现白粉，外皮硬化，瓜梗变硬，过早收获，含水量较大，干物质少，适口性差，不耐贮藏。

(4)甜菜：甜菜分饲用和糖用两种，饲用甜菜中的无氮浸出物主要是糖分(蔗糖)，也含有少量淀粉与果胶物质。

甜菜适用于喂肥猪。成年猪日喂量 5.0～7.5 kg，幼猪酌减。切碎或打浆投给。收获的甜菜如立即喂猪，易引起腹泻，须经短暂贮存后再喂，使其中大部分硝酸盐转化为天门冬酰胺而转变为无害。甜菜青贮，一年四季都可喂猪。

用甜菜叶喂猪，生喂较好，因含多量草酸，若切碎打浆再加0.2%石灰石粉处理，饲喂效果好。熟喂不仅破坏维生素，在放置期间还易产生亚硝酸盐，使猪急性中毒。

4.饲用油脂

饲用油脂是指添加在饲料配方中的用油。这类油脂含消化能均在 33.4 MJ/kg 以上，日粮中添加一定量的油脂，可以提高能量浓度。

饲料油脂一般在工业饲料生产中应用，添加量一般为 1%～2%，饲料油脂易氧化酸败，尤其在高温季节，须在加油脂的同时添加抗氧化剂。饲用油脂主要有：牛油、鱼油、菜籽油、玉米油、棉籽油、棕榈油等。

(二)蛋白质饲料

蛋白质饲料指含粗蛋白质 20%以上的饲料，蛋白质品质好，所含氨基酸全面。饲料中配合蛋白质饲料的作用在于提高饲粮的粗蛋白质水平，平衡氨基酸，从而改善饲粮蛋白质品质，提高饲料消化率。

1. 豆科籽实

豆科籽实指豆科植物大豆、豌豆和蚕豆(胡豆)等的籽粒。在我国大豆的种植面积较大，总产量比豌豆、蚕豆多，用作饲料约30%。这类饲料除具有植物性蛋白质饲料的一般营养特点外，最大的优点是蛋白质品质好，赖氨酸含量接近2%，与能量饲料配合使用，可弥补部分赖氨酸缺乏的弱点。但该类饲料含硫氨基酸受限。另一特点是脂溶性维生素A、维生素D较缺。豌豆、蚕豆的维生素A比大豆稍多，B族维生素也仅略高于谷实类。

豆科籽实含有抗胰蛋白酶、皂素、血球凝集素等有害物质，它们影响该类饲料的适口性、消化率以及动物的一些生理过程，这些物质经适当热处理(焙炒、膨化等)即会失去作用。因此，这类饲料应当熟喂，且喂量不宜过高，一般在饲粮中配给10%～20%。否则，会使肉质变软，影响胴体品质。

2. 饼粕类

饼粕类是制油工业副产品，为油料经压榨或浸提取油后的剩余物。

(1)大豆饼(粕)：豆粕和豆饼是制油工业不同加工方式的副产品。豆粕是浸提法或预压浸提法取油后的副产物。粗蛋白质含量在43%～46%，豆饼的加工工艺是经机械压榨浸油，粗蛋白质含量一般在40%以上。豆粕(饼)是最优质的植物性蛋白质饲料，富含赖氨酸和胆碱，消化率高，适口性好，易消化等，但蛋氨酸不足，含胡萝卜素、硫胺素和核黄素较少。豆粕(饼)的质量与加工工艺条件有关。品质良好的豆粕颜色应为淡黄色至淡褐色。太深表示加热过度，蛋白质品质变差。太浅可能加热不足，大豆中的抗胰蛋白酶灭活不足，影响消化，使用时易导致仔猪拉稀。大豆饼(粕)适口性好，不同生理阶段的猪均可饲用。仔猪配合饲料中，大豆饼(粕)用量15%～25%；生长育肥猪前期用量10%～25%，后期用量6%～13%，不能过高，否则产生软脂猪肉；妊娠母猪配合饲料中用量 4%～12%，哺乳母猪用 10%～20%。

(2)菜籽饼(粕)：菜籽饼(粕)是我国南方地区最有潜力的蛋白质饲料资源，年产量近万吨，其中仅 5%～10%用作饲料。

菜籽饼(粕)均含有较高的蛋白质，达 34%～38%。氨基酸组成较平衡，含硫氨基酸含量高是其突出的特点，且精氨酸与赖氨酸之间较平衡，但精氨酸含量较低，赖氨酸含量亦低，比国外同类产品低 30%左右，比大豆饼(粕)低 40%左右。

菜籽饼(粕)的粗纤维含量较高，为 8%～14%，影响其有效能值。菜籽饼(粕)含钙较高，磷高于钙，且大部分是植酸磷。微量元素中含铁量丰富，而其他元素则含量较少。

菜籽饼(粕)含有芥子甙，它既影响饲料适口性，也会因食入量大而中毒，未经脱毒处理的菜籽饼(粕)应限量使用，猪饲粮内不宜超过 10%～15%，对仔猪、妊娠母猪慎用。

(3)棉籽饼(粕)：棉籽饼(粕)在我国产量较大，年产约 400 万 t，用于饲料的仅占 16%左右。因此，棉籽饼(粕)也是一种很有开发潜力的植物蛋白饲料资源。

棉籽饼(粕)粗蛋白质含量为 36%～41%，氨基酸组成中赖氨酸较缺；粗纤维含量为 10%～14%，能量价值为含消化能 12.13 MJ/kg 左右；矿物质含量很不平衡，钙低(0.16%)，磷高(1.2%)。

棉籽饼(粕)含有游离棉酚等毒素，必须限量饲喂，或先脱毒处理后与其他饲料配合饲喂。在猪饲料内占 5%～10%为宜，幼猪宜少用。

(4)花生仁饼(粕)：我国花生仁饼(粕)产量仅次于大豆饼(粕)、菜籽饼(粕)，是居第四的植物性蛋白质饲料资源，年产量约 125.9 万 t，黄淮海平原地区是生产区，年产量约 103.5 万 t。

花生仁饼(粕)粗纤维含量低，蛋白质含量高，富含精氨酸、组氨酸，但赖氨酸、蛋氨酸较缺，是猪喜爱的一种植物性蛋白饲料。

但因其脂肪含量高，且饱和性低，喂量不宜过多。生长肥育猪饲粮中用量不超过15%，否则胴体软化；仔猪、繁殖母猪的饲粮中用量以低于10%为宜。花生仁饼(粕)、鱼粉、血粉等应配合饲喂，或加入氨基酸添加剂，补充赖氨酸和蛋氨酸。

花生仁饼(粕)宜贮藏在低温干燥处，高温高湿条件下易感染黄曲霉而产生黄曲霉素，致猪中毒，幼猪最为敏感，切忌饲喂霉变的花生仁饼(粕)。

3. 动物性蛋白质饲料

(1)鱼粉：鱼粉是以鱼、虾、蟹等水产动物或在鱼品加工所得副产物(头、尾、内脏等)原料进行干燥、脱脂、粉碎；或先经蒸煮、压榨、干燥粉碎而成的粉状物。鱼粉蛋白质丰富，氨基酸全面，其中氨基酸含量高达3.6%～4.5%，还含有较高的钙、磷、维生素A、维生素D等，它是一类优质的蛋白质饲料，尤其适合于生长、繁殖猪只。鱼粉价格较贵，多用增加饲料成本。鱼粉在日粮中比例，仔猪8%～10%，繁殖公母猪5%～6%，生长育肥猪前期5%～8%，后期3%～5%，宰前一个月停喂鱼粉。鱼粉有进口和国产两种，国产鱼粉食盐含量高，使用时注意防止食盐中毒。

(2)蚕蛹：以蚕桑为原料，经溧丝后所得蚕蛹，再经干燥后即为饲料。蚕蛹蛋白质高(50%以上)，脂肪高(26%左右)，而且氨基酸全面，尤以必须氨基酸含量高(赖氨酸3.03%，蛋氨酸1.6%，色氨酸0.68%)，因而蚕蛹蛋白质生物学价值高，蚕蛹还含有多种维生素，尤以核黄素为多，蚕蛹具有特殊气味，影响适口性。因其产量少，价格高，饲料中使用仅3%～5%。

(3)肉粉和肉骨粉：肉骨粉是用动物屠体下脚料、废弃物或人类不可食用的动物胴体，经高温处理，干燥粉碎加工而成的粉状物。肉粉是用动物肥膘炼油后的剩余物加工而成。

肉骨粉含粗蛋白质20%～30%，粗脂肪8%～12%，钙10%～14%，磷3%～8%。饲粮内添加5%～10%的肉骨粉，对提高饲粮粗蛋白质水平和钙、磷水平均有作用。肉粉含粗蛋白质55%～75%,但主要为胶原蛋白,粗蛋白质的品质不及肉骨粉。肉粉在猪饲粮内添加量为3%～5%。

(4)血粉:用屠宰牲畜时收集到的无污染鲜血,经蒸煮、干燥粉碎而成细粒状,即为血粉。血粉粗蛋白质高达80%以上,但其蛋白质消化率低,仅为60%～70%。血粉在猪饲料中,一般添加30%左右。血粉与花生粕或棉籽粕搭配,效果更好。

4.单细胞蛋白质饲料

微生物体含有丰富的菌体蛋白,将其用作畜禽蛋白质饲料,故称为单细胞蛋白质饲料。这类饲料包括酵母、细菌、真菌和微型藻4类。主要的为饲料酵母。

饲料酵母是通过发酵培养,再从发酵醪中分离出酵母菌体,经干燥后得到的产品。饲料酵母粗蛋白质达40%～45%以上。赖氨酸含量丰富,酵母蛋白利用率高,对猪消化率可达85%以上。饲料酵母还含有较多维生素和矿物质元素。饲料酵母味苦,适口性不好,用量过多猪不喜食。在饲粮中一般占4%～5%。

(三)糟渣类饲料

糟渣类饲料系指某些食品工业如酿造业、制糖业、制粉业、豆腐坊等的副产品,如粉渣、粉浆、豆腐渣、甜菜渣、糖浆、啤酒糟、酱糟、醋糟等。糟渣类饲料的主要成分为无氮浸出物,粗纤维含量较高,营养价值因制作方法不同差异很大,营养不平衡,应与其他能量饲料、蛋白质饲料、青绿饲料搭配饲喂,不可单一喂猪。

(四)青饲料与青贮饲料

1.青饲料

凡用作饲料的绿色植物,均称为青饲料。它包括人工栽培牧草、野草、野菜、蔬菜类、作物茎叶和藤蔓、树叶、水生植物等。

青饲料营养丰富、全面,蛋白质含量较高,氨基酸齐全,蛋白质品质好。钙、磷、铁含量高,钙、磷比例恰当。富含胡萝卜素和B

族维生素,是猪只维生素的重要来源。青饲料适口性好、易消化、具有轻泻性,能防止便秘。

青饲料虽有较好的营养价值,但因其含水量高(75%～90%),能值低,必须搭配能量饲料。青饲料适宜各类猪饲喂,提倡生喂。

2. 青贮饲料

青饲料生长有季节性,为了让猪常年吃上青绿饲料,将青饲料在厌氧条件下,经乳酸菌发酵调制保存的青绿多汁饲料。青贮的目的是防止饲料养分继续氧化分解而损失,保质保鲜。

(1)青贮设施:生产中常用的青贮设施主要有青贮窖、青贮壕、青贮塔和青贮袋。对青贮设施的要求是不漏水,不透气,密封性好,内部表面光滑平整。

(2)青贮方法。

常规青贮:将适时收割的原料切短,长度 3～5 cm 为宜,将切短的原料装填于窖内,放 30～40 cm 厚时用人力或借助机械将其压实,然后再装再压,直至原料高出窖面 1 m 左右形如馒头状,装填完毕,立即封窖。在青贮窖原料上覆盖一层塑料薄膜或稻草,再在其上堆填一层泥土,将泥土夯实,表面抹平,无缝隙,确保窖内密不漏水、不透气。封窖完毕,在窖四周挖好排水沟,防雨水渗入窖内,经常注意检查,发现裂缝,应立即修补。数日后窖内原料发酵,窖面塌陷应立即封填塌下缝隙,以免漏气漏水。塑料袋青贮是将切短的原料装填于袋内,原料压紧压实,袋口结扎密封,放置于广敞空间处,防止老鼠啃咬或锐物刺破塑料袋漏气。

半干青贮:原料收割后适当晾晒,使原料含水量迅速降到 45%～55%,切碎,迅速装填,压紧密封,控制发酵温度在 40℃以下。日常管理同常规青贮。半干青贮能减少饲料营养损失,半干青贮兼有干草和常规青贮的优点,干物质含量比常规青贮饲料高 1 倍。

混合青贮:混合青贮指将营养含量不同的青饲料合理搭配后

进行青贮。常用的混合青贮法有干物质含量高、低搭配青贮和含可发酵糖太少的原料与富含糖的原料混合青贮两种方法。

(3)青贮饲料的品质鉴定：青贮饲料在饲用前或饲用过程中要进行品质鉴定，确保饲用优良的青贮饲料。

化学鉴定法：化学鉴定法主要测定青贮饲料的pH值、有机酸含量和腐败与否。pH值3.8～4.2，游离酸含量2%左右，其中乳酸占1/3～1/2，不含高丁酸，无腐败者为优良青贮饲料。pH值4.6～5.2者为低劣青贮饲料。

感官鉴定法：生产中常用此法，简便易行，快速准确，鉴定指标见表5-24。

表5-24 感官鉴定青贮饲料等级指标

等级	气味	酸味	颜色	质地
优良	芳香酸味，给人以舒适感	较浓	绿色或黄绿色	柔软湿润，保持茎、叶、花原状，松散，叶脉及绒毛清晰可见
中等	芳香味弱，稍有酒精或酪酸味	中等	黄褐色或暗绿色	
低等	刺鼻腐臭味	淡	严重变色，褐色或变黑	茎、叶结构保持极差，黏滑或干燥，粗硬，腐烂

(4)青贮饲料的利用：青贮封窖一个月后，即可成熟，可开窖利用。生长肥育猪日喂量以1～1.5 kg，哺乳母猪1.2～2.0 kg，妊娠母猪3.0～4.0 kg，妊娠最后1个月用量减半。

青贮饲料不宜过多饲喂，否则可能因酸度过高而影响胃内酸度或体内酸碱平衡，降低采食量。质量差的青贮饲料按一般用量饲喂，也可能产生不适或引起代谢病。

青贮饲料一旦开封启用，就必须连续取用，用多少取多少。由表及里一层一层地取，使青贮料始终保持一个平面，切忌打洞取用。取料后立即封盖，以防二次发酵或雨水浸入，使料腐烂。发现霉烂变质的青贮饲料，应及时取出抛弃，防止猪食用后中毒。

(五)粗饲料

凡饲料干物质中粗纤维含量在18%以上(包括18%),体积大,质地粗硬,不易消化,营养价值较低的饲料称为粗饲料。这类饲料来源极广,包括青草粉、树叶粉、秸秆粉和秕壳粉。

1. 青草粉

青草粉是将适时刈割的牧草快速干燥后粉碎而成的青绿色草粉,是重要的蛋白质、维生素饲料资源。优质青草粉在国际市场上的价格比黄玉米高20%左右。青草粉的营养特点有以下几个方面。

可消化蛋白含量高:为16%~20%,各种氨基酸齐全。

粗纤维含量较高:为22%~35%,但消化率可达70%~80%,有机物质消化率为46%~70%。

矿物质、维生素含量丰富:豆科青草粉中,钙含量足以满足动物需要;含维生素的种类多,有叶黄素、维生素C、维生素K、维生素E、维生素B等。此外还含有微量元素及其他生物活性物质。

所以,有人把青草粉称为蛋白、维生素补充料,作用优于精料,是猪配合饲料中不可缺少的部分。

合理利用:根据青草粉的营养特点,可与以禾本科饲料为主的饲粮配合使用,以提高饲粮的蛋白质含量。在配合饲粮中加入15%的青草粉,稍加饼粕类或动物性饲料,即可使粗蛋白质含量达到猪所需要的水平,大大节省粮食。但因青草粉粗纤维含量较高,配合比例不宜过大,2~4月龄断奶仔猪宜控制在10%以内为好。但也有资料报道,在猪饲粮中加入20%~25%青草粉代替部分精料,取得了良好的饲喂效果。

2. 树叶粉

我国林业青绿饲料资源丰富,可作为饲料的木本植物有400余种,适于养猪的有松针、紫穗槐、槐树、银合欢、泡桐等。这些树叶可作为青绿饲料喂猪,但更多的是制成树叶粉加以利用。

3. 针叶粉(也称维生素粉)

主要含维生素和一定量蛋白质，尤其是胡萝卜素含量很高。针叶粉可直接配入饲粮中周期性饲喂，连续饲喂15～20 d，然后间隔7～10 d，以免影响猪肉品质。针叶粉中含有松脂气味和挥发性物质，添加量不宜过多，猪饲粮中一般用5%～8%。

4. 阔叶粉

阔叶粉也可作为配合饲料的原料，按5%～10%的比例加入猪饲粮中，可以提高日增重和饲料利用率。据报道，用刺槐叶粉喂猪，饲粮中加入5%～10%可代替部分麸皮和提高棉籽饼(粕)的营养价值；饲粮中加入10%～20%，不但可以提高相应比例的粮食，还可减少8%的饲料消耗。

(六)矿物质饲料

主要指为猪只提供常量矿物质元素的矿物质饲料。

(1)食盐：即氯化钠，它为猪只提供氯、钠元素。食盐在猪饲粮中有调味、增进食欲、提高饲料消化率的作用。在饲粮中的添加量一般为0.3%，最多不超过0.5%，过多易造成食盐中毒，尤以仔猪最敏感。

(2)钙、磷补充料：这类补充料在饲粮内添加，在于提高饲粮钙、磷水平和平衡钙磷比例。这类饲料主要有以下几种。

骨粉，用动物杂骨经脱脂、脱胶和干燥，再粉碎加工成粉状物，骨粉含钙和磷，自身为钙磷平衡饲料，它含钙30.12%，磷13.46%。

钙粉(又称石粉、重钙、碳酸钙)，以石灰石粉碎加工而成。一般含钙35%以上，还含有氯、铁、锰、镁、磷、钾、钠、硫等元素，是一种廉价的钙补充料。

磷酸氢钙：它含钙23.1%，磷18.7%，为白色粉末，为钙磷平衡补充料，用作补充饲粮钙磷含量。

磷酸二氢钙：为白色粉末，含钙17.0%，磷21.1%。

（七）饲料添加剂

饲料添加剂是指为特定目的在配合饲料内添加的微量成分，一般按配合饲料最终产品的百万分之一计量（mg/kg）。添加添加剂的目的或提高平衡饲粮营养成分，或促进生长，或驱虫防病，或改善提高饲料产品品质等目的。添加剂的使用，应本着有目的地添加，即缺啥就添啥，不要无目的地添加，更不能过量添加。添加剂还必须无毒无副作用，并在猪体内无残留或少残留，以免对人体造成危害。随着时间的推移，一些过去曾使用的添加剂被淘汰、禁用，一些新的饲料添加剂问世，使用时须注意。

1. 营养性添加剂

主要用于平衡饲粮营养，它包括：

（1）微量元素添加剂：用于补充饲粮中微量元素。这类添加剂是含有某元素的化合物。如硫酸铜、硫酸铁、硫酸锌、硫酸锰、碘化钾、亚硒酸钠、氯化钴等，它们的微量元素含量见表 5-3。

（2）维生素添加剂：用于补充饲粮维生素。包括维生素 A、维生素 E、维生素 K_3、维生素 B_1、维生素 B_2、维生素 B_6、泛酸、烟酸、叶酸、维生素 B_{12}、胆碱、维生素 C 等。市面上还有猪用多维销售，它是根据猪对维生素的需要，用多种维生素配合而成的复合维生素。

（3）氨基酸：用于补充和平衡饲粮氨基酸。主要是工业合成的赖氨酸和蛋氨酸。两种都有 *L* 型和 *D* 型之分；猪只能利用 *L* 型，*D* 型和 *L* 型蛋氨酸皆能为猪所利用。

2. 非营养性添加剂

这类添加剂在饲粮中的添加，不以营养为目的，它们或用于促进生长，或驱虫，或为改善胴体品质，或为提高工业饲料品质而防霉、抗氧化、着色、调味等而添加。在非营养性添加剂添加中，激素、抗生素及其他药物，虽在促进猪只生长、防止疫病、改善猪胴体品质（如瘦肉精，即盐酸克伦特罗）能发挥一定作用，但由于这些物质不同程度地在猪体内存留，进而对人体产生不良影响和后果，须停止使用或慎用。现将国家允许和禁止使用的添加剂品种列表5-25，表5-26，仅作参考。

表5-25　允许使用的饲料添加剂品种目录

类别	饲料添加剂名称
饲料级氨基酸7种	*L*-赖氨酸盐酸盐；*DL*-蛋氨酸；*DL*-羟基蛋氨酸；*DL*-羟基蛋氨酸钙；*N*-羟甲基蛋氨酸；*L*-色氨酸；*L*-苏氨酸
饲料级维生素26种	*β*-胡萝卜素；维生素A；维生素A乙酸酯；维生素A棕榈酸酯；维生素D_3；维生素E；维生素E乙酸酯；维生素K_3（亚硫酸氢钠甲萘醌）；二甲基嘧啶醇亚硫酸甲萘醌；维生素B_1（盐酸硫胺）；维生素B_1（硝酸硫胺）；维生素B_2（核黄素）；维生素B_6；烟酸；烟酰胺；*D*-泛酸钙；*DL*-泛酸钙；叶酸；维生素B_{12}（氰钴胺）；维生素C（*L*-抗坏血酸）；*L*-抗坏血酸钙；*L*-抗坏血酸-2-磷酸酯；*D*-生物素；氯化胆碱；*L*-肉碱盐酸盐；肌醇
饲料级矿物质、微量元素43种	硫酸钠；氯化钠；磷酸二氢钠；磷酸氢二钠；磷酸二氢钾；磷酸氢二钾；碳酸钙；氯化钙；磷酸氢钙；磷酸二氢钙；磷酸三钙；乳酸钙；七水硫酸镁；一水硫酸镁；氧化镁；氯化镁；七水硫酸亚铁；一水硫酸亚铁；三水乳酸亚铁；六水柠檬酸亚铁；富马酸亚铁；甘氨酸铁；蛋氨酸铁；五水硫酸铜；一水硫酸铜；蛋氨酸铜；七水硫酸锌；一水硫酸锌；无水硫酸锌；氧化锌；蛋氨酸锌；一水硫酸锰；氯化锰；碘化钾；碘酸钾；碘酸钙；六水氯化钴；一水氯化钴；亚硒酸钠；酵母铜；酵母铁；酵母锰；酵母硒
饲料级酶制剂12类	蛋白酶（黑曲霉.枯草芽孢杆菌）；淀粉酶（地衣芽孢杆菌.黑曲霉）；支链淀粉酶（嗜酸乳杆菌）；果胶酶（黑曲霉）；脂肪酶；纤维素酶（Reesei木霉）；麦芽糖酶（枯草芽孢杆菌）；木聚糖酶（Insolens腐质霉）；*β*-聚葡糖酶（枯草芽孢杆菌.黑曲霉）；甘露聚糖酶（缓慢芽孢杆菌）；植酸酶（黑曲霉.米曲霉）；葡萄糖氧化酶（青霉）
饲料级微生物添加剂12种	干酪乳杆菌；植物乳杆菌；粪链球菌；屎链球菌；乳酸片球菌；枯草芽孢杆菌；纳豆芽孢杆菌；嗜酸乳杆菌；乳链球菌；啤酒酵母菌；产朊假丝酵母；沼泽红假单胞菌
饲料级非蛋白氮9种	尿素；硫酸铵；液氨；磷酸氢二铵；磷酸二氢铵；缩二脲；异丁叉二脲；磷酸脲；羟甲基脲
抗氧剂4种	乙氧基喹啉；二丁基羟基甲苯（BHT）；丁基羟基茴香醚（BHA）；没食子酸内酯

续表 5-25

类别	饲料添加剂名称
防腐剂、电解质平衡剂 25 种	甲酸；甲酸钙；甲酸铵；乙酸；双乙酸钠；丙酸；丙酸钙；丙酸钠；丙酸铵；丁酸；乳酸；苯甲酸；苯甲酸钠；山梨酸；山梨酸钠；山梨酸钾；富马酸；柠檬酸；酒石酸；苹果酸；磷酸；氢氧化钠；碳酸氢钠；氯化钾；氢氧化铵
着色剂 6 种	β-阿朴-8′-胡萝卜素醛；辣椒红；β-阿朴-8′-胡萝卜素酸乙酯；虾青素；β,β-胡萝卜素-4,4-二酮(斑蝥黄)；叶黄素(万寿菊花提取物)
调味剂、香料 6 种(类)	糖精钠；谷氨酸钠；5′-肌苷酸二钠；5′-鸟苷酸二钠；血根碱；食品用香料均可作饲料添加剂
黏结剂、抗结块剂和稳定剂 13 种(类)	α-淀粉；海藻酸钠；羧甲基纤维素钠；丙二醇；二氧化硅；硅酸钙；三氧化二铝；蔗糖脂肪酸酯；山梨醇酐脂肪酸酯；甘油脂肪酸酯；硬脂酸钙；聚氧乙烯 20 山梨醇酐单油酸酯；聚丙烯酸树脂Ⅱ
其他 10 种	糖萜素；甘露低聚糖；肠膜蛋白素；果寡糖；乙酰氧肟酸；天然类固醇萨洒皂角苷(YUCCA)；大蒜素；甜菜碱；聚乙烯聚吡咯烷酮(PVPP)；葡萄糖山梨醇
总计：173 种(类)	

注：引自《中华人民共和国农业部公告》105 号，1999 年 7 月 26 日发布。

表 5-26　禁止在饲料和动物饮用水中使用的药物品种目录

类别	药品名
肾上腺素受体激动剂	盐酸克伦特罗(Clenbuterol hydrochloride)；沙丁胺醇(Salbutamol)；硫酸沙丁胺醇(Salbutamol sulfate)，莱克多巴胺(Ractopamine)；盐酸多巴胺(Dopamine hydrochloride)；西马特罗(Cimaterol)；硫酸特布他林(Terbutaline sulfate)：药典 2000 年二部 P890。β_2 肾上腺素受体激动药
性激素	己烯雌酚(Diethylstibestrol)；雌二醇(Estradiol)；戊酸雌二醇(Estradiol valerate)；苯甲酸雌二醇(Estradiol benzoate)；氯烯雌醚(Chlorotrianisene)；炔诺醇(Ethinylestradiol)；炔诺醚(Quinestrol)；醋酸氯地孕酮(Chlormadinone acetate)；左炔诺孕酮(Levonorgestrel)；炔诺酮(Norethisterone)；绒毛膜促性腺激素(绒促性素)(Chorionic gonadotrophin)；促卵泡生长激素(尿促性素主要含卵泡刺激 FSHT 和黄体生成素 LH)(Menotropins)

续表 5-26

类别	药品名
蛋白同化激素	碘化酪蛋白(Iodinated casein);苯丙酸诺龙及苯丙酸诺龙注射液(Nandrolone phenylpropi onate)
精神药品	(盐酸)氯丙嗪(Chlorpromazine hydrochloride);盐酸异丙嗪(Promethazine hydrochloride);安定(地西泮)(Diazepam);苯巴比妥(Phenobarbital);苯巴比妥钠(Phenobarbital sodium);巴比妥(Barbital);异戊巴比妥(Amobarbital);异戊巴比妥钠(Amobarbital sodium);利血平(Reserpine);艾司唑仑(Estazolam);甲丙氨脂(Meprobamate);咪达唑仑(Midazolam);硝西泮(Nitrazepam);奥沙西泮(Oxazepam);匹莫林(Pemoline);三唑仑(Triazolam);唑吡旦(Zolpidem);其他国家管制的精神药品
各种抗生素滤渣	抗生素滤渣:该类物质是抗生素类产品生产过程中产生的工业三废,因含有微量抗生素成分,在饲料和饲养过程中使用后对动物有一定的促生长作用。但对养殖业的危害很大,一是容易引起耐药性,二是由于未做安全性试验,存在各种安全隐患

注:引自《中华人民共和国农业部 176 号》公告,2002 年 2 月 9 日发布。

(八)工业配合饲料

这类饲料指由饲料生产厂家根据不同猪只的营养需要,按工业饲料生产技术标准,用多种饲料原料及添加剂所配合,生产出各种混合饲料。它包含:添加剂预混料、浓缩饲料和全日粮型的全价配合饲料几种,它们的关系是:

添加剂+载体或稀释剂→添加剂预混料+蛋白质饲料→浓缩饲料+能量饲料→全价饲料

添加剂预混料:它由一种或几种添加剂加入载体或稀释剂(如钙粉、砻糠等)均匀混合而成。前者称单一添加剂预混料,后者称复合型预混料。添加剂预混料它既可以作为工业饲料厂家的核心饲料,用之生成浓缩饲料和全价饲料;又可以作为一宗产品直接销售于市,养猪者购回后按其配方要求,自行配制全价饲料。

浓缩饲料:是由添加剂预混料加入蛋白质饲料均匀混合而成。

本类饲料蛋白质浓度很高，国家标准要求蛋白质水平必须在25%以上，还含有高浓度的钙、磷、维生素、微量元素等。浓缩料又分为"三·七"（即浓缩料30 kg、能量饲料70 kg配合）和"二·八"料。它不能直接喂猪，不然造成营养过剩或中毒等不良后果。养殖户可根据需要选购浓缩料，并按其配方要求自行配合成全价饲料喂猪。

全价配合饲料：它是由添加剂预混料和蛋白质饲料、能量饲料科学地配合，由工业厂家生产的全日粮型饲料产品，全价饲料有颗粒料和粉状料两种，市面上以颗粒料为主。全价饲料可以直接用于饲养，不需另作加工调制。

工业饲料无论是添加剂预混料、浓缩饲料或全日粮型的全价饲料，都有其专用性，不能一料多用、混用。例如，仔猪饲料不宜用于生长育肥猪，相反，育肥猪饲料不能用于仔猪。因为某一个饲料产品是根据适宜它的猪的营养要求而配制生产的，一料多用、乱用不能满足猪只营养要求，从而达不到饲养要求。在利用添加剂预混料或浓缩饲料自配饲料时，一定要混合均匀，否则，造成某些猪只个体对添加物的多食而发生不良后果。另外，自配全价料一定要遵照产品说明书配方要求配合，如果确实因某原料缺乏，可以用同类饲料原料代替。自己配合饲料一次配合量不宜太多，以免喂不完堆放变质。

第四节　饲料配合技术

一、概念

日粮是指猪一昼夜内采食饲料的总量。这个概念只有饲料数量，没有饲料质量的要求。全价日粮则是指根据猪只的营养要求而配制的饲料总量，它既有数量的要求，也有质量的规定。在饲养操作中，常对于相同生产阶段猪群、按日粮饲料的比例自己配制大量的混合料，这种混合料称饲粮。日粮是一头猪的一昼夜量，而饲粮则是猪群在一定时间内的饲料量。

二、饲料配合原则

饲料配合须符合以下原则：

(1)根据饲养标准，确定配合饲料的各项营养指标。猪的饲养标准是配合猪饲料的科学依据，不同类型和生产阶段猪只有不同的标准和由标准规定的各项营养指标，须依照这些指标配合。我国制定的猪用饲养标准和饲料营养成分及营养值表是饲料配合的依据，也可以参考NRC。

(2)根据不同类型和生长阶段猪要求的特点，选用相宜的饲料原料，要求饲料原料要有良好的适口性和可消化性。

(3)做到饲料多样化，配合饲粮时宜多选用几种饲料，达到营养互补，从而提高饲粮的营养价值。

(4)配合饲粮既要满足标准所规定的各项营养指标，还必须注意到配合成的饲粮的干物质含量，使饲粮有一定的体积，猪食后有饱感。

(5)在符合猪的生理特点，满足其营养需要前提下，尽可能选用价格低，当地数量多的饲料原料，以降低成本。

三、饲料配方设计要点

(一)根据不同的生理阶段设计配方

乳猪(3～5周以前)、仔猪(6～8周以前)和生长猪(20～50 kg体重)配合饲料配方设计，重点考虑保证消化能、粗蛋白、赖氨酸和蛋氨酸的数量和质量。3～5周以前的小猪更应坚持高消化能、高蛋白质质量的配方设计原则。在猪重量达到50 kg以前，生产性能的80％～90％靠这些营养物质发挥作用。此外，尽可能考虑使用生长促进剂和与仔猪健康有关的保健剂，有利于乳、仔猪和生长猪最大限度地提高生长速度和提高饲料利用效率。

肥育猪的饲料配方设计，重点考虑满足猪生长所需要的消化能，其次是满足粗蛋白质需要。微量营养物质和非营养性添加剂可酌情考虑。肥育最后阶段的饲料配方应考虑饲料对胴体质量的影响，保证适宜胴体质量具有重要商品价值，但选用符合安全肉猪生产有关规定的添加剂。

泌乳母猪饲料配方设计考虑的营养重点是消化能、蛋白质和氨基酸的平衡。泌乳高峰期更要保证这些营养物质的质量。否则，会造成母猪动用体内储存营养物质维持泌乳，使体况明显下降，严重影响下一周期的繁殖性能。泌乳母猪泌乳量大，采食量也大，微量营养素，特别是微量元素不适宜超过需要量供给。

妊娠母猪饲料配方可以参考肥育猪饲粮配方设计。微量营养素的考虑原则与泌乳母猪明显不同。应根据妊娠母猪的限制饲养程度，保证在有限的采食量中能供给充分满足需要的微量营养物质，特别要注意有效供给与繁殖有关的维生素A、维生素D、维生素E、生物素、叶酸、尼克酸、维生素B_6、胆碱及微量元素锌、碘、锰等。

(二)设计饲料配方的选料技术

制作配合饲料选用5～7种能量、蛋白质饲料较为适宜。

设计乳猪配合饲料配方：对饲料的选择很严格。应尽量按近似乳蛋白质和乳碳水化合物的质量选用饲料原料。首选奶产品，如脱脂奶粉、乳清粉等，糖类如葡萄糖、蔗糖等；其次选其他动物性饲料如鱼粉、肉粉、蚕蛹、喷雾血粉、水解蛋白等；再次选用常规植物性饲料，如玉米、豆粕、小麦、燕麦等。非常规饲料，如菜粕、棉籽粕、统糠等一般不选用。选用非首选的原料，以经过适当的加工处理后再用为好。植物性蛋白质饲料经过热、压处理，如膨化挤压大豆，自然淀粉经过膨化处理或糊化处理如膨化玉米，或一些经过酶解、发酵处理的产品如水解蛋白等均可以视为是对小猪具有较高质量的饲料。外源性酶制剂如蛋白酶、糖化酶、纤维素酶等也可以考虑使用。维生素、微量元素、生长促进剂、保健剂必须选用。在首选饲料有限的情况下，适当选用具有乳香味的物质如乳猪香等，有利于促进小猪多采食。合理选用酸化剂如柠檬酸、醋酸、富马酸等，有利于提高小猪对饲料的消化利用率。

仔猪饲料配方用料，对常规饲料选用不受限制，动、植物性饲料均可选用。对非常规饲料，特别是粗纤维含量高或含有抗营养因子的饲料如棉籽粕、葵花籽粕、统糠等只能适当选用，80％消化率以下的饲料原料在配合饲料中的总量不宜超过10％，见表5-27。微量饲料成分选用参考乳猪饲料配方设计的选料原则。

表5-27 生长肥育猪对不同饲料的消化率

消化率/％	饲料成分			
＞95	脱脂奶粉	乳清粉	蔗糖	
90～94	玉米	鱼粉	糖蜜	全脂奶粉
	木薯粉	豌豆	糖甜菜	甘薯(红苕干)
	洋芋干			
85～89	豆粕	黑麦	小麦	高粱
	稻谷	花生粕		
80～84	鱼粉	小麦次粉	玉米(含芯)	大麦
	蚕豆(胡豆)	玉米蛋白粉		
75～79	肉粉	蚕蛹	亚麻籽粕	洋芋粉渣
	甘薯粉渣			
70～74	燕麦	菜籽饼	米糠	麦麸
65～69	棉籽粕	玉米胚芽粕	玉米蛋白饲料	麦麸
55～64	苜蓿粉	三叶草粉	干甘薯茎叶粉	玉米青贮
＜54	啤酒糟	酒糟	统糠	

生长猪饲料配方设计对原料的选择原则是以植物性饲料为主，动物性饲料酌情选用。有条件的情况下，适当选用少量动物性饲料，有利于提高配方设计质量。低质饲料和非常规饲料，特别是消化率在70%以下的饲料原料，选用的比例不宜超过所用饲料总数的20%～30%。微量饲料成分中，调味剂可选也可不选。

肥育猪饲料配方，可以全部选用植物性饲料原料。在不明显影响饲料能量浓度的情况下，非常规饲料如饼粕类和糠麸类等的使用比例可达50%左右。消化率在50%以下的饲料也可占到配方的10%以上。调味剂、微量元素添加剂可选可不选。抗生素在育肥期最后2～3周停止选用。

泌乳母猪饲料配方选用的原料应充分考虑泌乳高峰期泌乳能力大于母猪采食的特点，参照生长猪配合饲料选用原料比较适宜。这样有利于减少饲料容积，促进母猪有效摄入营养物质。

妊娠母猪饲料配方可以采取常规饲料原料和非常规饲料原料并重的方法，充分合理选用粗饲料，有利于自动限饲，防止母猪过量摄入营养物质，影响繁殖性能。对繁殖性能有直接影响的饲料原料如菜籽粕、棉籽粕等应尽量少用或不用。对繁殖性能有好处，含未知促生长因子丰富的饲料原料如苜蓿、发酵副产物等应尽可能多选用。

（三）配合饲料配方的用料技术

1．能量、蛋白质饲料的利用技术

饲料配合利用饲料原料的最基本技术是要把握好原料的适宜用量。同样的饲料原料可以配制出营养价值不同的配合饲料，其奥妙也主要在此。任何一种饲料原料，不是能被动物采食就可以随便配制。饲料原料在一定范围内具有线性相加效应。选用适宜的饲料原料、适宜的用量组合，配制的配合饲料饲养效果最好。不适宜饲料、不适宜用量组合或适宜饲料、不适宜用量组合都不能达到最好的饲养效果。表 5-28 列出了一些常用饲料在不同饲料配合中的适宜参考用量。

表 5-28 部分猪用饲料适宜使用范围 %

饲料	妊娠料	产奶料	开口料	生长育肥料	浓缩料
动物脂(稳定化)			0～4		
大麦	0～80	0～80	0～25	0～85	
血粉(喷雾)	0～3	0～3	0～4	0～3	0～10
玉米	0～80	0～80	0～40	0～85	
棉籽饼	0～5	0～5		0～5	0～20
菜籽饼	0～5	0～5	0～5	0～5	0～5
鱼粉	0～5	0～5	0～5	0～12	0～40
亚麻籽饼	0～5	0～5	0～5	0～5	0～20
骨肉粉	0～10	0～5	0～5	0～5	0～30
高粱	0～80	0～80	0～30	0～85	
糖蜜	0～5	0～5	0～5	0～5	0～5
燕麦	0～40	0～15	0～15	0～20	
脱脂奶			0～20		
大豆饼	0～20	0～20	0～25	0～20	0～85
小麦	0～80	0～80	0～30	0～85	
麦麸	0～30	0～10	0～10	0～20	0～20
酵母	0～3	0～3	0～3	0～3	0～5
稻谷	0～50	0～50	0～20	0～50	
燕麦(脱壳)			0～20		

2. 矿物元素及维生素等饲料的利用技术

常量矿物元素中，钙、磷、钠、氯源的合理利用十分重要。磷是一个很难用好的元素。生产实践中进行饲料配合，按保证无机磷的适宜比例和用量考虑磷源的利用比较简单易行。只要无机磷源如磷酸氢钙等提供的磷不低于营养标准需要量的63%，即可认为其配合的饲料磷含量满足了需要。若在饲料有效磷含量比较齐全的情况下，按有效磷的数据进行配制更为可靠。钠和氯常用食盐补充饲料配合中的不足部分。但是，食盐很难使配合饲料中的钠和氯按营养需要标准平衡，若在使用了氯化胆碱和盐酸赖氨酸的情况下，钠和氯更难平衡。因此，在配合饲料的计算过程中，以食盐满足氯需要，用0.1%～0.5%的碳酸氢钠平衡配合饲料中的钠是一个平衡钠和氯的有效方法，而且也在一定程度上保证了钠、氯、钾之间的平衡。

微量元素使用以不考虑有机饲料中含量（当成保险系数看待），按营养需要标准额补充比较方便实用。

维生素易受饲料加工、贮藏及微量元素的影响。复合多种维生素仅按猪的正常需要量补充到天然饲料中，较难保证其有效供给，特别是热、压、湿加工工艺如蒸汽制粒，正常损失也在40%以上。因此，为这种工艺进行饲料配合，维生素用量最低限度应增加50%。用于膨化制粒工艺，饲料配合的维生素用量应增加1倍以上。在经济成本允许的条件下，维生素按营养标准需要量3倍以上使用，可提高猪抵抗应激的能力。

四、配合饲料配方实例

（一）乳仔猪配合饲料配方

1. 代乳饲料配方

代乳料是一种高度营养平衡，高度强化营养物质，饲料质量极高，通过科学加工生产而成的一种特殊全价配合饲料。部分典型配方见表5-29。

表 5-29　代乳料配方实例　　%

项目	配方						
	1	2	3	4	5	6	7
玉米	36.94	36.18	39.20	38.10	31.60	38.93	32.33
高粱			8.20	7.08			
豆粕	27.00	6.93	8.43	6.87	13.28	18.92	10.72
大豆(膨化)		10.40	7.37	9.62	11.07		12.37
燕麦(炒)				11.08	11.88		
小麦(炒)		12.91		10.10			12.61
脱脂奶粉	11.74		9.48		11.07	18.10	11.55
乳清粉	8.23	16.13	18.96		15.45	12.74	11.59
鱼粉(CP60%)		4.85	5.79	5.50	3.32	5.76	5.77
血粉(喷雾)		2.77		3.23			1.65
饲料酵母		2.08		2.06			
蔗糖	12.95	4.83	1.01	2.17	0.37	3.23	0.04
油脂		1.10	0.23	1.72	0.34	0.79	0.01
碳酸钙	0.41	0.53	0.38	0.64	0.49	0.35	0.47
磷酸氢钙	1.44	0.65	0.36	0.99	0.54	0.14	0.27
食盐	0.25	0.25	0.25	0.25	0.25	0.25	0.25
预混料①	0.30	0.30	0.30	0.30	0.30	0.30	0.30
复合多维④	0.03	0.03	0.03	0.03	0.03	0.03	0.03
赖氨酸	0.53	0.04		0.04		0.20	
蛋氨酸	0.17	0.01		0.01			0.03
生长促进剂②	0.01	0.01	0.01	0.01	0.01	0.01	0.01
营养指标							
消化能③/(MJ/kg)	14.21	14.21	14.21	14.21	14.21	14.21	14.21
粗蛋白	20	20	20	20	22	23	24
钙	0.8	0.8	0.8	0.8	0.8	0.8	0.8
磷	0.65	0.65	0.65	0.65	0.65	0.65	0.65
赖氨酸	1.58	1.20	1.30	1.20	1.30	1.58	1.46
蛋氨酸	0.45	0.30	0.32	0.30	0.33	0.40	0.40
色氨酸	0.25	0.23	0.23	0.23	0.26	0.28	0.29

注：周安国等，1998。

①预混料组成：硫酸亚铁 7.859 4%，硫酸锌 6.943 5%，硫酸铜 8.272 2%，硫酸锰 3.097 2%，碘化钾 0.004 5%，亚硒酸钠 0.011 7%，碳酸氢钠 3.811 5%。添加剂原料粉碎到 30 目细度，彻底混合均匀。

②生长促进剂可选用土霉素，喹乙醇或其他抗生素。

③消化能单位为 MJ/kg。

④复合多种维生素采用商品高浓度产品。

表 5-31 中各配方可以进一步用酶制剂、酸化剂、免疫制剂、香味剂、抗氧化剂等提高饲料质量，提高营养物质利用效率。不同配方反应了不同的营养供给特点和不同的设计思路。

2. 仔猪配合饲料配方实例

小猪生长到 6～8 周龄阶段，体重接近 10 kg，消化道发育逐渐成熟，初步有了消化自然饲料的能力，对自然淀粉的消化能力有了很大的提高。这一阶段小猪生长特别快。若饲料适宜，10～20 kg 体重阶段，日增重可达到 800 g 左右。此阶段配合饲料质量越高，仔猪饲养的生产效率和经济效益越好。部分常用配方实例见表 5-30。

表 5-30　仔猪饲料配方实例　　%

项目	配方					
	1	2	3	4	5	6
玉米	62.40	59.31	59.85	65.25	56.62	43.29
小麦(炒)						13.18
麦麸	6.54	10.23	10.97		6.84	
豆粕	16.21		19.57	9.35	16.13	11.68
大豆(膨化)	5.40	24.27		17.01		6.34
乳清粉				3.23	9.77	10.85
鱼粉(CP60%)	1.89	4.04	4.66	2.55	6.15	6.34
蚕蛹	1.35					
菜籽粕	2.16					3.5
饲料酵母						1.81
油脂	1.44		2.70		2.65	1.25
碳酸钙	0.58	0.65	0.59	0.45	0.46	0.51
磷酸氢钙	1.30	0.91	0.89	1.34	0.54	0.21
食盐	0.10	0.20	0.30	0.30	0.30	0.20
预混料①	0.30	0.30	0.30	0.30	0.30	0.30
复合多维①	0.03	0.03	0.10	0.03	0.03	0.03
赖氨酸	0.08	0.02	0.02			
蛋氨酸	0.01	0.02	0.01	0.03		

续表 5-30 %

项目	配方					
	1	2	3	4	5	6
生长促进剂[②]	0.01	0.01	0.01	0.01	0.01	0.01
碳酸氢钠	0.25				0.20	0.20
调味剂[⑤]	0.04	0.05		0.15		0.10
营养指标						
消化能[③]/(MJ/kg)	14.21	14.21	14.21	14.21	14.21	14.21
粗蛋白	18	18	18	18	18	20
钙	0.7	0.7	0.7	0.7	0.7	0.7
磷	0.60	0.60	0.50	0.50	0.50	0.65
赖氨酸	0.95	0.95	0.95	0.95	0.95	1.08
蛋氨酸	0.25	0.25	0.25	0.25	0.25	0.29
色氨酸	0.20	0.19	0.22	0.19	0.21	0.24

注：周安国等，1998。

①预混料组成：同前表。

②生长促进剂可选用土霉素，喹乙醇或杆菌肽锌，或按前表所列选用。

③消化能单位为 MJ/kg。

④复合多种维生素采用商品高浓度产品。

⑤调味剂选用乳香味型。

(二)生长育肥猪配合饲料配方

1. 生长猪饲料配方实例

20～60 kg 体重阶段的生长猪，生长过程中瘦肉与体脂肪沉积之比大于或等于 1。饲粮能量和蛋白质水平对生长猪有显著影响。利用营养平衡的全价配合饲料饲养生长猪，有利于节约饲料和降低养猪生产成本。部分实用饲粮配方列于表 5-31。配方的明显特点是动物性饲料种类和用量明显减少，甚至可以不用。副产品饲料原料，特别是非常规副产品饲料原料的种类和用量增加。饲料成本大幅度降低。

表 5-31　生长猪饲料配方实例　%

项目	配方					
	1	2	3	4	5	6
玉米	61.58	31.48	36.01	56.45	58.50	57.65
大麦		41.87				
高粱			30.75			
小麦	7.17	8.37				
稻谷				11.27		
细米糠				12.40	9.74	7.43
麦麸	10.25		13.25		13.31	13.2
豆粕	4.64	5.85	6.85	6.94	4.39	5.49
大豆(膨化)	5.41				4.83	4.94
棉籽粕			5.71			3.28
鱼粉(CP60%)	3.09	3.30			2.63	
蚕蛹			4.77	4.63		
菜籽粕				5.78	3.35	4.40
油脂	1.79	1.56				
碳酸钙	0.73	0.58	0.87	0.97	1.05	1.06
磷酸氢钙	0.51	0.54	0.75	0.60	0.05	0.42
食盐	0.30	0.30	0.30	0.30	0.30	0.30
预混料①	0.30	0.30	0.30	0.30	0.30	0.30
复合多维④	0.03	0.03	0.03	0.03	0.03	0.03
赖氨酸	0.11	0.13	0.18	0.12	0.11	0.17
蛋氨酸	0.01		0.02			0.02
生长促进剂②	0.01	0.01	0.01	0.01	0.01	0.01
碳酸氢钠	0.20	0.20	0.20	0.20	0.20	0.20
营养指标						
消化能③/(MJ/kg)	14.21	13.38	13.38	13.2	13.38	13.38
粗蛋白	15	15	15	15	15	15
钙	0.6	0.6	0.6	0.6	0.6	0.6
磷	0.5	0.5	0.5	0.5	0.5	0.5
赖氨酸	0.75	0.75	0.75	0.75	0.75	0.75
蛋氨酸	0.22	0.22	0.22	0.22	0.22	0.22
色氨酸	0.17	0.17	0.20	0.20	0.17	0.17

注:周安国等,1998。

①预混料组成:同前表。

②生长促进剂可选用土霉素,喹乙醇或杆菌肽锌,或按前表所列选用。

③消化能单位为 MJ/kg。

④复合多种维生素采用商品高浓度产品。

2.肥育猪饲料配方实例

肥育猪饲料配方设计的基本特点是不受饲料种类和来源的限制。配合饲料质量仅受能量浓度的限制。在饲料成本允许的情况下,增加高能饲料玉米、大豆、脂肪、糖蜜等用量均可显著提高饲料质量,提高饲养效果。表5-32列出了部分育肥猪饲料配方实例。

表5-32 育肥猪饲料配方实例 %

项目	配方					
	1	2	3	4	5	6
玉米	73.31	57.41	36.30	57.68	70.91	74.75
大麦		20.13				
高粱			40.35			
小麦				8.5		
统糠					7.4	
细米糠	5.02	4.02		9.71		
麦麸	4.09		5.19	10.12	6.07	5.11
豆粕			5.25			
大豆(膨化)	2.92	5.82				6.72
棉籽粕	6.43	5.45	5.67			5.11
蚕蛹					3.03	
菜籽粕	5.85	4.77	4.72	11.24	9.86	4.21
油脂						1.63
碳酸钙	0.53	0.43	0.53	0.67	0.75	0.39
磷酸氢钙	0.86	1.02	0.96	1.03	0.98	1.13
食盐	0.30	0.30	0.30	0.30	0.30	0.30
预混料①	0.30	0.30	0.30	0.30	0.30	0.30
复合多维②	0.03	0.03	0.03	0.03	0.03	0.03
赖氨酸	0.16	0.12	0.19	0.21	0.17	0.12
蛋氨酸			0.01	0.01		
碳酸氢钠	0.20	0.20	0.20	0.20	0.20	0.20
营养指标						
消化能③/(MJ/kg)	13.38	13.38	13.38	13.38	13.38	14.21
粗蛋白	13	13	13	13	13	13
钙	0.52	0.52	0.52	0.52	0.52	0.52

续表 5-32　%

项目	配方					
	1	2	3	4	5	6
磷	0.5	0.5	0.5	0.5	0.5	0.5
赖氨酸	0.6	0.6	0.6	0.6	0.6	0.6
蛋氨酸	0.19	0.19	0.19	0.19	0.19	0.19
蛋氨酸＋胱氨酸	0.61	0.53	0.50	0.67	0.68	0.53
色氨酸	0.13	0.13	0.13	0.13	0.13	0.13

注：周安国等，1998。

①预混料组成：硫酸亚铁 4.715 6%，硫酸锌 4.860 5%，硫酸铜 0.413 6%，硫酸锰 3.261 36%，碘化钾 0.005 3%，亚硒酸钠 0.013 4%，碳酸钙 16.378%。

②复合多种维生素采用商品高浓度产品。

③消化能单位为 MJ/kg。

(三)种猪饲料配方

种猪（包括公猪和母猪）营养需要变化较大。按满足不同繁殖性能营养需要设计配方，配合日粮种类显得很复杂。以配方、配合饲料不变，用于不同繁殖性能只改变喂给量，便于养猪生产者管理、使用配合饲料。表 5-33 按妊娠和泌乳两个重要繁殖生理状态列出了部分配方实例。妊娠饲料配方也适用于种公猪。

1. 妊娠期和泌乳期饲料配方

妊娠期营养、饲料质量对繁殖性能具有举足轻重的影响。维生素不足，容易产生死胎、胚胎吸收和木乃伊。矿物质元素不足容易使胚胎发育异常，例如，母猪饲料缺碘，小猪出生时皮肤无毛。能量和蛋白质营养不适宜影响胚胎成活率。

2. 泌乳期饲料配方

母猪泌乳期需要大量营养物质满足泌乳。在泌乳高峰期，母猪泌乳能力大于饲料摄入能力，体内营养物质呈负平衡，即从饲料中摄入体内的营养物质小于从奶中排出的营养物质，母猪体况迅速下降。配合高质量、高营养浓度饲养泌乳母猪是解决这一矛盾的最好办法（表 5-33）。

表 5-33　种猪饲料配方实例　　%

项目	妊娠饲料配方			泌乳饲料配方		
	1	2	3	1	2	3
玉米	74.50	75.52	59.01	76.03	65.42	62.79
统糠			6.43		6.99	7.52
麦麸	8.13	10.54	12.18	3.27	9.41	10.2
鱼粉(CP60%)	5.06	3.26	5.62	3.03	5.07	3.33
豆粕		4.22	6.56	6.06		
饲料酵母					4.34	
葵花籽粕						2.83
棉籽粕						5.10
苜蓿	4.34	3.26	8.43			
菜籽粕				3.93	7.24	5.67
大豆	5.79			4.92		
碳酸钙	0.34	0.02	0.12	0.24	0.20	0.42
磷酸氢钙	1.16	1.67	1.00	1.68	0.61	0.80
食盐	0.30	0.30	0.30	0.30	0.30	0.30
预混料①	0.30	0.30	0.30	0.30	0.30	0.30
复合多维②	0.04	0.04	0.04	0.04	0.04	0.04
赖氨酸	0.02			0.13	0.07	0.09
蛋氨酸	0.01			0.06		
抗生素④	0.01	0.01	0.01	0.01	0.01	0.01
营养指标						
消化能③/(MJ/kg)	13.79	13.38	12.54	13.79	12.96	12.54
粗蛋白	13	12	14	14	14	14
钙	0.75	0.75	0.75	0.75	0.75	0.75
磷	0.60	0.60	0.60	0.60	0.60	0.60
赖氨酸	0.55	0.47	0.59	0.70	0.60	0.60
蛋氨酸	0.18	0.15	0.18	0.25	0.27	0.24
蛋氨酸＋胱氨酸	0.55	0.54	0.55	0.61	0.72	0.67
色氨酸	0.14	0.13	0.16	0.15	0.16	0.15

注：周安国等，1998。

①预混料组成：硫酸亚铁 5.230 5%，硫酸锌 3.236 42%，硫酸铜 0.330 6%，硫酸锰 0.874 8%，碘化钾 0.005 2%，亚硒酸钠 0.011 9%，碳酸钙 20.082 8%。

②复合多种维生素采用商品高浓度产品。

③消化能单位为 MJ/kg。

④选用四环素族比较适宜，如土霉素、金霉素等。

五、猪常用饲料成分、营养价值及微量元素含量

猪常用饲料成分、营养价值及微量元素含量见表 5-34 至表 5-36。

表 5-34　猪饲料配方常用饲料替换比例

饲料名称	替换比例/%	重要说明
能量饲料：		
玉米	100	高能，赖氨酸，色氨酸含量低
苜蓿	10～50	低能，维生素丰富，小猪不用，生长育肥猪宜用0～5%，妊娠母猪0～50%，泌乳母猪 0～10%
面粉	20～40	太细，小猪宜小于 20%，生长育肥宜小于 40%
大麦	100	赖氨酸含量低，带壳者，小猪不用
豌豆	33～66	50 kg 体重以下，宜代替谷类一半，大猪可代替谷类 2/3
木薯	33	蛋氨酸含量低
玉米(带芯)	0～70	能量低，容积大，适用于繁殖母猪
玉米蛋白饲料	5～10	容积大，赖氨酸含量低，小猪宜用 5%，生长肥育猪 10%，繁殖母猪 40%
玉米青贮	0～90	能量低，容积大，适用于母猪
油脂	5	能量高，不饱和脂肪酸容易氧化酸败
糖蜜	5	饲料中高于 15%，易引起粪便多水变软
燕麦	15～17	带壳者，小猪不用，生长育肥猪宜用 15%～20%，母猪可用到 70%
洋芋干	33	宜热处理
甘薯(红苕)干	33	宜热处理
稻谷	50	能量低，赖氨酸含量低
细米糠	33	粗脂肪含量高，易氧化酸败，多用易产生软脂性胴体

续表 5-34

饲料名称	替换比例/%	重要说明
黑麦	20～30	适口性较差
高粱	100	粗蛋白质含量较低，高单宁含量者宜小于 50%
蔗糖	0～5	适用于小猪
小麦	100	赖氨酸含量低，粉碎太细，不适口
麦麸	15～20	容积大，粗纤维含量较高，镁含量较高
乳清粉	5～20	适用于小猪
蛋白质饲料：		
豆粕	100	
血粉	20	赖氨酸含量高，异亮氨酸含量低
全脂奶粉	100	氨基酸平衡，适用于小猪
菜籽粕（低毒）	75	高毒者，饲粮中不宜超过 15%，小猪不宜用
玉米蛋白粉	50	赖氨酸含量低，含抗营养因子黏质，多用易产生软粪
棉籽粕	33	粗纤维和棉酚影响利用，未脱壳者小猪不宜用
鱼粉	100	氨基酸平衡，钙、磷利用率高
亚麻籽粕	25～50	赖氨酸含量低，带壳者，小猪不宜用
麦芽根	10	含生长因子，营养价值变化大
肉骨粉	100	色氨酸含量低，钙、磷利用率高
肉粉	100	
花生粕	50	赖氨酸含量低，带壳者，小猪不宜用
脱脂奶粉	100	适用于小猪
大豆	25～40	能量含量高，多用易使胴体变软
葵籽粕	50	赖氨酸含量低，带壳者，小猪不宜用

表 5-35　猪的常用饲料成分及营养价值表(近似值)　　%

序号	饲料名称	干物质	总能(MJ/kg)	消化能(MJ/kg)	代谢能(MJ/kg)	粗蛋白质	粗纤维	钙	磷	植酸磷	赖氨酸	蛋氨酸+胱氨酸	苏氨酸	异亮氨酸
一、青绿饲料类														
1	白三叶	17.7	3.18	2.01	1.92	3.9	3.5	0.25	0.08	0	0.16	0.15	0.14	0.12
2	芭蕉秆	4.3	0.71	0.33	0.33	0.3	1.1	0.03	0.01	0	0.01	0.01	0.01	0.01
3	草木樨	16.4	2.89	1.42	1.43	3.8	4.2	0.22	0.06	0	0.17	0.08	0.14	0.03
4	大白菜	6.4	1.05	0.79	0.18	1.4	0.5	0.03	0.04	0	0.04	0.04	0.02	0.03
5	胡萝卜秧	20.0	3.35	1.67	1.59	3.0	3.6	0.40	0.08	0	0.14	0.08	0.10	0.12
6	甘蓝	12.3	1.84	1.26	1.21	2.3	1.7	0.26	0.04	0	0.09	0.07	0.08	0.08
7	甘薯藤	13.9	2.47	1.63	1.55	2.2	2.6	0.22	0.07	0	0.08	0.04	0.08	0.08
8	灰菜	18.3	2.97	1.67	1.59	4.1	2.9	0.34	0.07	0				
9	红三叶	12.4	2.13	1.38	1.34	2.3	3.0	0.25	0.04	0	0.08	0.05	0.07	0.06
10	聚合草	12.9	2.18	1.67	1.59	3.2	1.3	0.16	0.12	0	0.13	0.12	0.13	0.13
11	菊芋	20.0	3.31	2.18	2.09	2.3	5.5	0.03	0.01	0	0.06	0.05	0.04	0.04
12	苦荬菜	15.0	2.72	1.92	1.84	4.0	1.5	0.28	0.05	0	0.16	0.06	0.16	0.16
13	牛皮菜	9.7	1.38	0.88	0.84	2.3	1.2	0.14	0.04	0	0.04	0.06	0.03	0.04
14	绿萍	6.0	1.05	0.71	0.67	1.6	0.9	0.06	0.02	0	0.07	0.07	0.08	0.08
15	秣食豆草	19.3	3.51	2.56	2.13	4.8	3.8	0.38	0.05	0	0.19	0.11	0.15	0.17
16	苜蓿	29.2	5.10	2.85	2.72	5.3	10.7	0.49	0.09	0	0.20	0.08	0.21	0.17
17	千穗谷	15.0	2.51	1.51	1.46	2.0	5.0	0.22	0.03	0	0.07	0.05	0.06	0.06
18	苕子	15.6	2.93	1.72	1.63	4.2	4.1	0.12	0.02	0	0.21	0.13	0.16	0.16
19	水稗草	10.0	1.76	1.17	1.13	1.8	2.0	0.07	0.02	0				
20	水浮莲	4.1	0.63	0.50	0.50	0.9	0.7	0.03	0.01	0	0.04	0.03	0.03	0.03
21	水葫芦	5.1	0.79	0.59	0.54	0.9	1.2	0.04	0.02	0	0.04	0.04	0.04	0.04
22	水花生	10.0	1.59	1.17	1.13	1.3	2.2	0.04	0.03	0	0.07	0.03	0.05	0.05
23	甜菜叶	6.9	1.26	0.88	0.84	1.4	0.7	0.05	0.06	0	0.04	0.02	0.04	0.04

续表 5-35

序号	饲料名称	干物质	总能(MJ/kg)	消化能(MJ/kg)	代谢能(MJ/kg)	粗蛋白质	粗纤维	钙	磷	植酸磷	赖氨酸	蛋氨酸+胱氨酸	苏氨酸	异亮氨酸
24	小白菜	7.9	1.42	0.92	0.88	1.6	1.7	0.04	0.06	0	0.08	0.03	0.06	0.05
25	蕹菜	9.1	1.51	0.84	0.79	1.9	1.5	0.10	0.04	0	0.09	0.06	0.08	0.07
26	紫云英	13.4	—	1.63	1.55	3.2	2.2	0.17	0.06	0	0.17	0.11	0.13	0.13
	二、树叶类													
27	槐叶粉	89.1	16.28	10.00	9.25	17.8	11.1	1.91	0.17	0	1.35	0.37	0.91	1.06
28	紫树叶槐叶粉	90.6	18.41	10.54	9.62	23.0	12.9	1.40	0.40	—	1.45	0.82	1.17	1.17
	三、青贮饲料类													
29	白菜青贮	10.9	1.59	1.26	1.21	2.0	2.3	0.29	0.07	0				
30	胡萝卜秧青贮	19.7	3.10	2.09	2.01	3.1	5.7	0.35	0.03	0				
31	甘薯藤青贮	18.3	2.93	2.05	1.97	1.7	4.5			0	0.05	0.05	0.05	0.05
32	甘蓝青贮	9.7	2.01	0.88	0.84	2.1	1.7	0.15	微	0				
33	马铃薯秧青贮	23.0	3.39	2.51	2.38	2.1	6.1	0.27	0.03	0	0.13	0.12	0.11	0.20
34	甜菜叶青贮	37.5	5.90	2.68	2.51	4.6	7.4			0				
35	玉米青贮	22.7	3.85	1.00	0.92	1.6	6.9	0.10	0.06	0	0.17	0.09	0.07	0.23
36	紫云英青贮	25.0	4.69	2.93	2.76	7.8	5.1			0				
	四、块根、块茎、瓜果类													
37	胡萝卜	10.0	1.76	1.34	1.30	0.9	0.9	0.03	0.01	—	0.04	0.06	0.05	0.05
38	甘薯	24.6	4.31	3.85	3.68	1.1	0.8	0.06	0.07	—	0.05	0.08	0.05	0.04
39	甘薯干	87.9	15.13	13.64	13.01	3.1	3.0	0.34	0.11	—	0.13	0.08	0.11	0.14
40	萝卜	8.2	1.21	1.05	1.00	0.6	0.8	0.05	0.03	—	0.02	0.02	0.02	0.01
41	马铃薯	20.7	3.64	3.26	3.22	1.5	0.6	0.02	0.04	—	0.07	0.06	0.06	0.05
42	木薯干	90.1	15.23	13.31	12.68	3.7	2.2	0.07	0.05	—	0.12	0.06	0.08	0.09
43	南瓜	10.0	1.80	1.30	1.26	1.7	0.9	0.02	0.01	—	0.07	0.08	0.06	0.06

续表 5-35

序号	饲料名称	干物质	总能/(MJ/kg)	消化能/(MJ/kg)	代谢能/(MJ/kg)	粗蛋白质	粗纤维	钙	磷	植酸磷	赖氨酸	蛋氨酸+胱氨酸	苏氨酸	异亮氨酸
44	甜菜	15.0	2.22	1.80	1.72	2.7	1.8	0.04	0.02	—	0.02	0.05	0.03	0.02
45	芜菁甘蓝	11.5	1.72	1.55	1.46	1.6	1.0	0.06	0.05	—	0.05	0.03	0.04	0.04
46	西瓜皮	6.6	1.05	0.59	0.54	0.6	1.3	0.02	0.02	—	0.01	0.01	0.01	0.01
47	西葫芦	3.0	0.46	0.29	0.29	0.6	0.5	0.02	0.05	—	0.02	0.02	0.02	0.06
五、青干草类														
48	青干草粉	90.6	15.73	2.47	2.34	8.9	33.7	0.54	0.25	0	0.31	0.21	0.32	0.30
49	秋白草粉	85.2	14.35	3.93	3.72	6.8	27.5	0.21	0.16	0	0.29	0.36	0.22	0.26
50	苜蓿干草(日晒)	89.6	16.10	6.57	6.11	15.7	23.9	1.25	0.23	0	0.61	0.26	0.64	0.52
51	苜蓿干草(人工)	91.0	15.06	7.36	6.82	18.0	21.5	1.33	0.29	0	0.65	0.42	0.55	0.58
52	秣食豆秧	89.0	15.40	5.27	4.85	18.2	31.4	1.70	0.37	0	0.70	0.43	0.55	0.64
53	紫云英草粉	88.0	16.53	6.86	6.28	22.3	19.5	1.42	0.43	0	0.85	0.34	0.83	0.81
六、农副产品类														
54	大豆秸粉	93.2	15.86	0.71	0.67	8.9	39.8	0.87	0.05	0	0.27	0.14	0.20	0.18
55	谷糠	91.1	13.22	4.69	6.53	8.6	28.1	0.17	0.47	—	0.21	0.25	0.21	0.24
56	花生藤	90.0	15.56	6.90	6.44	12.2	21.8	2.80	0.10	0	0.40	0.27	0.32	0.37
57	玉米秸粉	88.8	14.52	2.30	2.18	3.3	33.4	0.67	0.23	0	0.05	0.07	0.10	0.05
七、谷实类														
58	大麦	88.0	16.11	12.18	11.42	10.5	6.5	0.08	0.30	0.15	0.40	0.45	0.38	0.37
59	稻谷	88.6	15.48	11.59	10.96	6.8	8.2	0.03	0.27	0.14	0.27	0.30	0.25	0.25
60	高粱	87.0	16.19	14.10	13.31	8.5	1.5	0.09	0.36	0.21	0.24	0.21	0.32	0.35
61	裸大麦	87.4	16.15	13.85	13.01	10.7	2.2	0.07	0.32	0.18				
62	荞麦	87.9	15.48	11.09	10.38	12.5	12.3	0.13	0.29	0.14	0.67	0.65	0.44	0.42
63	碎米	87.7	15.48	14.68	13.89	6.9	0.9	0.14	0.25	0.06	0.24	0.36	0.24	0.25

续表 5-35

序号	饲料名称	干物质	总能(MJ/kg)	消化能(MJ/kg)	代谢能(MJ/kg)	粗蛋白质	粗纤维	钙	磷	植酸磷	赖氨酸	蛋氨酸+胱氨酸	苏氨酸	异亮氨酸
64	小麦	86.1	15.73	13.60	12.76	11.1	2.2	0.05	0.32	0.18	0.35	0.56	0.33	0.40
65	小米	87.7	16.61	12.84	12.01	12.0	7.6	0.04	0.27	0.14	0.48	0.37	0.39	0.41
66	燕麦	89.6	17.03	12.01	11.30	9.9	9.7	0.15	0.23	0.23	0.58	0.12	0.28	0.28
67	玉米(北京)	88.0	16.61	14.35	13.51	8.5	1.3	0.02	0.21	0.16	0.26	0.48	0.31	0.25
68	玉米(黑龙江)	88.3	16.69	14.06	13.26	7.8	2.1	0.03	0.28	0.16	0.25	0.42	0.28	0.25
	八、糠麸类													
69	大麦麸	87.0	16.23	12.38	11.51	15.4	5.1	0.33	0.48	0.46	0.32	0.33	0.27	0.36
70	大麦糠	88.2	16.40	10.21	9.54	12.8	11.2	0.33	0.48	0.46	0.32	0.33	0.27	0.36
71	高粱糠	88.4	16.74	12.09	11.34	10.3	6.9	0.30	0.44	—	0.38	0.39	0.34	0.42
72	米糠	86.7	17.90	11.34	10.63	11.6	6.4	0.06	1.58	1.33				
73	统糠(三七)	90.0	14.27	3.18	3.01	5.4	31.7	0.36	0.43	0.97	0.21	0.30	0.19	0.12
74	统糠(二八)	90.6	13.72	2.09	2.01	4.4	34.7	0.39	0.32	0.84	0.18	0.26	0.16	0.11
75	小麦麸	87.9	16.28	10.59	9.87	13.5	10.4	0.22	1.09	0.66	0.67	0.74	0.54	0.49
76	细米糠	89.9	18.20	15.69	14.60	14.8	9.5	0.09	1.74	—	0.57	0.67	0.47	0.43
77	细麦麸	88.1	16.48	13.22	12.30	14.3	4.6	0.09	0.50	—	0.50	0.35	0.42	0.44
78	玉米糠	87.5	16.23	10.92	10.63	9.9	9.5	0.08	0.48	—	0.49	0.27	0.41	0.41
79	三等面	87.8	16.19	14.10	12.97	11.0	0.8	0.12	0.13	—	0.42	0.67	0.36	0.37
	九、豆类													
80	蚕豆	87.3	17.11	12.89	11.72	33.2	5.9	0.09	0.38	0.19	1.82	0.79	1.00	1.13
81	大豆	88.8	20.67	13.47	11.92	37.1	4.9	0.25	0.55	0.20	2.51	0.92	1.48	2.03
82	黑豆	91.0	21.00	13.72	12.13	37.0	5.7	0.27	0.52	0.17	1.60	0.56	0.89	1.39
83	豌豆	87.3	16.18	12.97	11.88	22.2	5.6	0.14	0.34	0.08	1.88	0.42	0.99	0.87
84	小豆	88.0	16.28	13.35	12.26	20.7	4.9	0.07	0.31	—	1.60	0.24	0.87	0.80

续表 5-35

序号	饲料名称	干物质	总能(MJ/kg)	消化能(MJ/kg)	代谢能(MJ/kg)	粗蛋白质	粗纤维	钙	磷	植酸磷	赖氨酸	蛋氨酸+胱氨酸	苏氨酸	异亮氨酸
十、油饼类														
85	菜籽饼	91.2	17.49	11.59	10.25	37.4	11.7	0.61	0.95	0.57	1.18	2.18	1.42	1.28
86	豆饼	88.2	18.54	13.56	10.42	41.6	4.5	0.32	0.50	0.23	2.49	1.23	1.71	1.87
87	苦荬饼	90.5	17.15	10.92	9.79	31.1	13.5	0.45	0.54	0.53	0.77	0.50	0.85	0.72
88	花生饼	89.6	18.79	14.06	12.26	43.8	3.7	0.33	0.58	0.20	1.17	1.75	1.02	1.22
89	糠饼	91.5	17.07	10.75	10.04	13.6	11.6	0.07	1.87	1.55	0.54	0.92	0.63	0.56
90	葵籽饼	90.3	19.66	10.88	9.67	35.7	13.5	0.40	0.50	—	1.59	1.98	1.34	1.94
91	葵籽饼(带壳)	89.0	16.44	7.61	6.92	31.5	22.6	0.40	0.40	—	0.58	0.66	0.73	0.59
92	棉籽饼	92.3	17.82	11.55	10.33	32.3	12.5	0.36	0.81	0.63	1.15	1.09	1.05	0.77
93	椰子饼	91.2	17.15	11.21	10.21	24.7	12.9	0.04	0.06	—	0.54	0.53	0.60	1.00
94	亚麻籽饼	91.1	18.37	12.59	11.17	35.9	8.9	0.39	0.87	—	0.90	0.54	1.20	1.02
95	亚米胚芽饼	91.8	16.69	13.47	12.47	16.8	5.5	0.04	1.48	—	0.67	0.80	0.60	0.49
96	芝麻饼	91.7	20.63	14.01	12.17	35.1	4.9	1.49	1.16	0.88	0.76	1.69	1.46	1.39
97	豆粕	89.6	16.78	13.10	11.34	45.6	5.9	0.26	0.57	0.23	2.90	1.32	1.70	2.50
十一、糟渣类														
98	醋糟	35.2	6.99	4.73	4.48	8.5	3.0	0.73	0.28	0.06	0.27	0.55	0.29	0.27
99	豆腐渣	15.0	3.22	1.38	1.30	3.9	2.8	0.02	0.04	—	0.26	0.12	0.46	0.20
100	粉渣(豆类)	14.0	2.55	1.21	1.17	2.1	2.8	0.06	0.03	—				
101	粉渣(薯类)	11.8	2.30	1.26	1.21	2.0	1.8	0.08	0.04	—	0.14	0.12	0.10	0.10
102	酒糟	32.5	6.23	3.39	3.22	7.5	5.7	0.19	0.20	—	0.33	0.80	0.45	0.51
103	啤酒糟	13.6	2.59	1.38	1.30	3.6	2.3	0.06	0.08	—	0.14	0.19	0.14	0.16
104	甜菜渣	15.2	2.26	1.42	1.38	1.3	2.8	0.11	0.02	—	0.34	0.18	0.47	0.39
105	酱渣	35.0	5.90	3.81	3.56	11.4	3.3	0.07	0.03	—	0.53	1.41	0.67	1.07

续表 5-35

序号	饲料名称	干物质	总能/(MJ/kg)	消化能/(MJ/kg)	代谢能/(MJ/kg)	粗蛋白质	粗纤维	钙	磷	植酸磷	赖氨酸	蛋氨酸+胱氨酸	苏氨酸	异亮氨酸
十二、动物性饲料														
106	牛乳	12.2	3.26	3.05	2.93	2.9	0	0.22	0.09	0	0.24	0.13	0.14	0.15
107	蚕蛹渣	90.5	19.96	12.72	10.42	69.7	0	0.30	0.77	0	3.61	3.63	2.38	2.35
108	鱼粉(秘鲁)	92.0	18.79	12.43	10.29	65.1	0	5.11	2.88	0	5.10	2.20	2.80	2.77
109	全脂奶粉	90.0	24.06	22.51	20.63	21.4	0	1.62	0.66	0	2.40	1.08	1.60	2.70
110	肉骨粉(50%)	92.4	18.20	12.01	10.42	45.0	0	11.0	5.90	0	2.49	1.02	1.63	1.32
111	肉粉(55%)	92.0	19.00	12.55	10.67	54.4	—	8.27	4.10	0	3.00	1.43	1.80	1.90
112	脱脂奶粉	92.0	17.99	13.77	12.34	30.9	—	1.50	0.94	0	2.60	1.40	1.75	2.10
113	血粉	89.3	20.08	10.92	8.74	78.0	—	0.30	0.23	0	7.04	2.47	3.03	0.71
114	酵母	91.7	18.12	12.22	10.59	47.1	—	0.45	1.48	0	2.57	0.27	2.18	2.19
115	鱼粉	91.3	17.28	11.42	9.75	53.6	—	3.10	1.17	0	3.90	1.62	2.19	2.25
十三、矿物质饲料														
116	贝壳粉	—	—	—	—	—	—	32.6	—	—	—	—	—	—
117	蚕壳粉	—	—	—	—	—	—	37.0	0.15	—	—	—	—	—
118	骨粉、	—	—	—	—	—	—	30.12	13.46	—	—	—	—	—
119	磷酸氢钙	—	—	—	—	—	—	23.10	18.70	—	—	—	—	—
120	磷酸钙	—	—	—	—	—	—	27.91	14.38	—	—	—	—	—
121	石粉	—	—	—	—	—	—	35.00	0	—	—	—	—	—
122	碳酸钙	—	—	—	—	—	—	40.00	0	—	—	—	—	—

表 5-36　常用饲料中微量元素含量(近似值)[风干物中(mg/kg)]

饲料名称	铜	铁	锰	锌	钴	硒
玉米	1.9	39.0	7.1	30.0	1.3	0.01～0.05
大麦	6.4	18.0	1.8	42.0	3.2	0.02～0.05
小麦	9.9	120.0	35.0	59.0	7.8	0.03～0.08
高粱	3.3	217.0	21.0	25.0	0.7	0.01～0.09
稻谷	3.3	40.0	18.0	17.0	4.0	0.03～0.09
稗子	23.8	460.0	12.0	47.0	6.5	—
燕麦	2.0	490.0	33.0	15.0	—	—
碎米	2.9	10.0	11.0	2.0	—	—
荞麦	17.0	530.0	24.0	15.0	—	—
麸皮	13.7	181.0	1.9	79.0	6.5	0.01～0.04
米糠	7.2	245.0	72.0	33.0	8.6	0.01～0.04
高粱糠	9.5	404.0	43.0	71.0	7.3	—
大豆	9.0	90.0	25.0	39.0	0.1	0.02～0.03
蚕豆	8.3	80.0	54.0	55.0	0.3	0.02～0.03
豌豆	10.0	100.0	12.0	50.0	0.1	0.02～0.06
黑豆	110.0	500.0	35.0	100.0	—	—
黑豆饼	10.0	140.0	49.0	51.0	—	—
豆饼	16.1	190.0	60.0	57.0	—	0.02～0.06
棉籽饼	17.8	100.0	22.0	57.0	1.9	0.02～0.06
菜籽饼	11.4	200.0	60.0	81.0	—	0.02～0.07
花生饼	17.5	200.0	470.0	79.0	0.2	0.04
葵花籽饼	48.0	229.0	46.0	80.0	—	0.01～0.02
米糠饼	13.0	190.0	138.0	30.0	—	0.01～0.03
亚麻饼	27.0	320.0	36.0	16.0	—	0.25
芝麻饼	69.0	1 600.0	78.0	154.0	—	—
甘薯粉	5.0	100.0	7.0	15.0	—	—
马铃薯	11.0	250.0	10.0	19.0	—	—
甘薯(干)	4.1	100.0	12.0	7.0	—	<0.01
饲用甜菜	26.0	560.0	64.0	46.0	—	—
苜蓿(头茬)	22.0	550.0	24.0	26.0	—	—
苜蓿(二茬)	39.0	510.0	27.0	38.0	—	—
聚合草(风干)	55.0	1 400.0	83.0	53.0	—	—
白三叶	20.0	2 500.0	95.0	36.0	—	—
红三叶	24.0	2 900.0	127.0	21.0	—	0.29

续表 5-36

饲料名称	铜	铁	锰	锌	钴	硒
豆腐渣	13.0	550.0	20.0	380.0	—	0.26
粉渣	5.0	750.0	32.0	100.0	—	0.19
酒渣	11.0	1 300.0	75.0	59.0	—	0.39
啤酒渣	38.0	450.0	33.0	186.0	—	0.16
甜菜渣	12.0	130.0	33.0	25.0	—	0.16
灰菜	12.0	1 611.0	55.0	46.0	45.0	—
甘薯藤	24.0	1 792.0	54.0	39.0	29.0	—
千穗谷	8.0	576.0	93.0	157.0	40.0	—
秣食豆	17.0	437.0	42.0	39.0	4.0	—
草木樨	10.0	367.0	36.0	8.0	26.0	—
槐叶粉	21.0	1 200.0	42.0	25.0	—	0.08
紫穗槐粉	15.0	290.0	75.0	21.0		0.42
甘蓝	1.3	10.0	2.9	—	—	—
甜菜茎叶	10.0	400.0	113.0	26.0	—	0.30
胡萝卜	7.0	100.0	40.0	33.0	—	—
萝卜	10.0	9.0	13.0	32.0	—	—
南瓜	7.0	9.0	9.0	18.0	0.13	0.04
水稗草	20.0	885.0	225.0	36.0	13.0	—
玉米青贮	9.0	2 927.0	95.0	47.0	13.0	—
大豆秸	12.0	168.0	19.0	12.0	2.0	—
玉米秆	14.0	881.0	49.0	28.0	3.0	—
小米	14.0	189.0	13.0	36.0	4.0	—
玉米糠	13.0	460.0	37.0	46.0	6.0	—
牛奶	1.0	10.0	—	60.0	—	—
血粉	31.0	2 600.0	9.0	24.0	—	—
酵母	8.0	574.0	45.0	210.0	32.0	
蚕蛹	19.0	621.0	8.0	190.0	7.0	—
贝粉	82.0	5 122.0	1 021.0	68.0	17.0	—
骨粉	10.0	2 344.0	50.0	498.0	2 840.0	—
蛋壳粉	19.0	170.0	4.0	17.0	—	—
石灰粉	12.0	243.0	134.0	304.0	70.0	

思　考　题

1. 蛋白质和氨基酸有什么营养功能?

2. 什么是必需氨基酸和非必需氨基酸? 在日粮配合时,为什么要考虑氨基酸平衡?

3. 能量由饲料中哪几种营养物质转化而来? 能量对猪有什么营养作用?

4. 什么是常量元素和微量元素? 哪些饲料可以补充这些矿物元素?

5. 钙、磷有什么营养功能?

6. 维生素有哪些? 分别有什么营养功能?

7. 能量饲料包含哪几类? 其主要特点是什么?

8. 植物蛋白质饲料有哪几类? 使用时应注意哪些问题?

9. 青饲料包括哪几类? 有什么营养特点?

10. 添加剂分为哪几类? 使用添加剂应该遵循哪些原则?

11. 比较添加剂、添加剂预混料、浓缩饲料、全价饲料的区别和相互之间的关系。

12. 如何区分日粮、全价日粮、饲粮?

13. 进行饲料配合须符合哪些原则?

第六章　猪的繁殖技术

繁殖，就是繁衍后代，它是养猪生产的极为重要的生产环节。繁殖是猪的本能，但从生产的角度来看，养猪生产是利用猪的这种本能，来获得大量的优良仔猪。猪的种群维持、更新与扩大，以及商品生产所需仔猪的来源，都依赖于猪的繁殖。

繁殖工作应遵循生殖生理和习性，采用传统的和现代的繁殖技术，最大限度地去发挥猪的繁殖潜能，从而获得良好的繁殖成绩，争取更大的养猪生产效益。

第一节　猪的初情期、性成熟和初配年龄

一、初情期

初情期，公猪是指第一次射精的时期，母猪是指表现第一次发情征状的时期。初情期的早迟，受品种、性别、气候、饲养管理条件等因素影响。公猪的初情期，中国地方猪品种一般为 3～4 月龄，引入品种一般为 5～6 月龄。母猪初情期是 3～6 月龄，体重达 20～30 kg。

初情期是性成熟的准备阶段，此时所表现的生殖功能现象均不正常或不完全，由于生殖系统和机能尚未发育成熟，无论公、母猪均不具有正常的繁殖功能。

二、性成熟和初配年龄

(1)性成熟是指公母猪发育到一定年龄，生殖器官基本成熟，

具有第二性征，生殖腺内能产生成熟的生殖细胞（精子或卵子），具有繁殖能力的时期。性成熟亦受品种、气候、营养等因素的影响而有差异，又因性别的不同而有差别。一般来说，我国北方地区年平均气温低，猪性成熟较温和的南方迟；早熟品种比晚熟品种早，我国地方品种又比外国引入品种早。公猪达到性成熟的时期，我国南方品种为4～5月龄，北方品种为5～6月龄，培育品种为6～8月龄。母猪性成熟期我国南方品种一般为3～5月龄，北方品种为5～6月龄，培育品种为5～8月龄。

种猪达到性成熟时，因其自身身体还未发育完善，此时参与繁殖，会妨碍身体发育，缩短种猪使用年限，并且其繁殖能力表现不佳，母猪早配常有产仔数少、死胎多、仔猪初生重小、体质弱、生长慢等不良现象。

（2）初配年龄是指种猪参与第一次配种时的年龄，此期是在种猪性成熟之后，身体发育基本成熟，体重达到成年体重的50%～60%时。

公猪的初配年龄：小型早熟品种8～10月龄，体重达60～70 kg时，大、中型品种宜在10～12月龄，体重达90～120 kg时。国外引入的品种一般在10～12月龄，体重110 kg以上。母猪初配年龄：我国地方品种以6～8月龄、体重达60～80 kg，培育品种及引入外国品种在8～10月龄，体重达110 kg为宜。

三、公、母猪比例与种猪使用年限

有计划、合理地使用公猪，在种猪群内保持合理的公、母比例，是保持公猪旺盛生殖机能，延长使用年限和维护种猪群良好繁殖成绩的重要措施。在本交条件下，一头公猪可以担负25～30头母猪的配种任务。在人工授精条件下，公、母比例可为1∶400。

种猪的使用年限，公猪一般以使用4～5年为宜，个别优秀公猪可以适当延长。母猪繁殖能力停止的时期是8～10岁，也有高达15岁者。但是,在生产上不主张使用老龄母猪,因为这时母猪的繁殖机能已衰退,产仔能力下降,泌乳力低,仔猪生长发育缓慢,育成率低。为保证猪群高产的繁殖能力,群内应以3~6胎次的青壮年母猪为主。

第二节 母猪的发情

一、发情周期和发情持续期

母猪发育到初情期后,生殖器官及整个有机体发生一系列周期性变化,一直到生殖机能停止为止,这种周期性的性活动被称为发情周期。通常将从上一次发情开始至下次发情开始之间的时间间隔,作为一个发情周期。猪的发情周期17~27 d,平均21 d。分为发情持续期和休情期两个阶段。

发情持续期:从发情开始至本次发情结束所持续的时间,猪一般为2~5 d。但因品种、年龄、季节、个体而有不同,一般地方品种多为3~5 d,培育品种及引入外国品种2~3 d;老龄母猪发情持续期短些,年轻母猪则稍长些;春季发情持续期较短,而秋冬季则稍长。在发情持续期内,母猪表现出各种发情征状,精神、食欲、行为和外生殖器官均出现变化,这些变化经历由浅变深再到浅直至消失的过程。实践中,可以根据这些变化和过程判断母猪的发情、发情阶段和配种适期。

休情期:指本次发情结束至下次发情开始之间的一段时间。在休情期母猪发情征状完全消失,恢复到正常状态。

二、发情征状

母猪发情后,由于生殖激素的作用,表现出一系列生理变化,出现精神兴奋,极度不安,在圈内来回走动、爬圈、鸣叫、主动寻找公猪，有交配欲。如果合圈饲养，发情母猪爬跨其他母猪，亦接受其他母猪爬跨。食欲减退，甚至不食。阴户发红肿胀，阴户上皱纹消失，流出黏液。若按压其背腰部，出现"静立反射"，即表现出呆立塌腰，接受交配的状态。

三、母猪的排卵

排卵是指卵巢内成熟的卵细胞从破裂的卵泡中排出的生理过程。母猪一般于发情后 16～18 h 陆续排卵。

排卵所需时间与母猪是否交配和交配次数有关，发情期内不交配的母猪，排卵需 2～3 d，情期内采用双重配、重复配或人工授精等方法配种的、排卵只需 18 h。在一个情期内，母猪排卵数一般是 10～24 个。排卵数的多少，与品种、年龄、胎次有关。一般我国本地品种排卵多，引入品种排卵少；青年母猪少于成年母猪；以 4～6 胎次排卵数为最高。

四、发情鉴定

母猪发情一般有较明显的发情征状，可以根据这些征状的变化，做出发情判断。

当母猪表现精神不安，有时鸣叫，外阴微显充血红肿，食欲稍有减退时，表示发情开始。继后阴门充血肿胀程度加深，微显湿润，喜欢爬跨其他猪只，不接受其他猪只爬跨，这是交配欲开始时期。当进入发情盛期时，阴户肿胀更甚，流出黏液变得浓稠，精神极度不安，爬跨，鸣叫频繁，出现"静立反射"现象。随之性欲减退，外阴充血红肿逐渐减退，颜色淡红微皱，阴门较干，常粘有垫草。表情迟滞，喜欢静伏，接受其他猪只爬跨，此时便是配种适期。如果母猪行为逐渐平静，阴户充血肿胀状态及颜色更进一步减退，食欲逐渐恢复，拒绝其他猪只爬跨，则表现发情即将结束。

对发情征状不明显的母猪须在日常饲养管理过程中，细心观察，亦可在一些蛛丝马迹中发现一些异常行为表现，做出判断。还可用公猪试情进行发情鉴定。方法是：选体质健壮，性欲旺盛的公猪（或结扎输精管的公猪）对母猪试情。如果母猪接近试情公猪或接受其爬跨，表示母猪已发情。根据母猪在试情中所表现性欲的程度，判断发情的阶段，确定配种时间。

五、产后发情和异常发情

产后发情是指母猪在分娩后的第一次发情，母猪一般产后的3～6 d内出现发情，但这次发情征状不规则，亦不排卵。仔猪断奶后的1周左右，母猪再次出现发情，这次为正常发情，可以配种受孕。在因母猪所哺育的仔猪死亡，或寄养给其他母猪哺育而提前断奶，或实行"提前（早期）"断奶法使母猪早断奶等，母猪均可在断奶后的数天内正常发情。

异常发情多见的为"隐性发情"和孕后发情，隐性发情的个体卵巢上有正常的卵泡发育，并能正常排卵，但却无明显的发情征状或发情征状表现不规则。如"发情鉴定"一节所述，对这种个体须注意日常观察，方不错过配种机会。孕后发情指母猪在妊娠后的相当于一个发情周期内又发情。这种发情的征状不规则，亦不排卵，故又称"假发情"。假发情母猪一般不接受交配，在生产中如果对不接受交配的假发情母猪强行配种，可能成造成早期流产，给生产造成损失，须避免发生。

乏性是指后备母猪已过初情期而长期不发情和经产母猪产仔断奶后久不发情的现象。对乏情后备母猪应根据不同情况分别处理：对已达 8 月龄仍无发情表现的后备母猪，因其繁殖性能已受不良影响，予以淘汰。对表现乏情而时间又不太久的后备母猪小群饲养，放入成年公猪在运动场内追逐，或将乏情母猪赶到公猪旁接受刺激，用以诱导其发情。另外，亦可用性激素催情，注射孕马血清促性腺激素和绒毛膜促性激素有良好的效果。经产母猪乏性的原因很多，但大多是饲养管理不当，母猪营养不良而体质瘦弱，或生殖器官有疾病以及其他疾病造成。对体质瘦弱而乏情的母猪，可以实行"短期优饲"，增加日饲喂饲料量，以提高其营养水平，使其迅速复膘，促使其发情。对由生殖器官疾病或其他疾病造成的乏情，则须查明原因。对症治疗或及时淘汰。

六、促进母猪发情排卵的措施

在配种前加强母猪的饲养管理，使其保持七八成膘度；对断奶后瘦弱的母猪，进行"短期优饲"饲养，提高饲粮中粗蛋白质水平，供给充足的维生素、钙、磷和其他矿物质，使其体况迅速恢复，这是促进母猪正常发情的基本措施。为使母猪达到多胎高产或使不发情的母猪和屡配不孕的母猪正常发情，还可以采用以下措施催情。

(一)仔猪提前断奶

在生产中，仔猪一般在 60 日龄断奶，如果采取提前断奶的措施，可使母猪在断奶后 1 周左右出现正常发情，使母猪早配种，缩短繁殖周期，当前，在我国农户养猪，可以改 60 日龄断奶为 40～50 日龄断奶。在规模化养猪场，可提前为 21～35 日龄断奶。

(二)并窝和控制哺乳时间

并窝是将产仔少的母猪并为一窝，让一头哺育力强的母猪哺育，其余不哺育仔猪的母猪可以提前发情配种。控制哺乳时间的方法是在仔猪开食后，采取母仔隔离措施，控制哺乳次数，可使母猪提前发情。例如，四川安岳县农家养猪，在仔猪 30～40 日龄时，就与母猪隔离，仔猪单圈补饲，一般不再让仔猪吮乳，在母仔隔离条件下，母猪可以提前发情配种。

(三)诱情

对于不发情母猪，用试情公猪同关一圈内，或用试情公猪追逐不发情母猪，在公猪的刺激作用下，可以诱发母猪发情。

(四)激素催情

对不发情母猪,可以用孕马血清、绒毛膜促性腺激素等催情。用量及方法:孕马血清 5 mL 皮下注射,一般注射后的 4～5 d 可以发情,绒毛膜促性腺激素,体况良好的中型母猪(体重 75～100 kg)肌肉注射 1 000 IU。

(五)同期发情

目的在于改变母猪的性周期,使大量母猪在比较集中的时间内发情配种,集中产仔,便于工厂化养猪,可以成批地生产商品仔猪。

同期发情的方法:一是对一群经产母猪在同一时间内断奶,造成天然的同期发情;二是在使一群母猪在同期断奶后,同时给每头母猪注射孕马血清 750～1 500 IU,可以提高效果,如在注射孕马血清的同时或 3～4 d 以后,再注射绒毛膜促性腺激素 500 IU,效果更佳。另外,仔猪在 5～7 周断奶,当天对母猪肌肉注射孕马血清 1 200～2 000 IU,3～5 d 内发情率为 90.8%。

第三节 猪的配种

一、性成熟和初配年龄

公猪发育到一定年龄时期,睾丸内能产生成熟的精子和雄激素,具有性行为,配种能使母猪受孕,此时称性成熟。

母猪发育到卵巢能产生成熟的卵子和雌激素,有发性表现和交配欲,开始具有繁殖能力的阶段,称性成熟。

性成熟的时间,受品种、气候、饲养管理条件等因素的影响。一般来说,我国北方地区年平均气温低,猪性成熟较迟,而南方温和,性成熟较之为早。早熟品种比晚熟品种早,我国地区品种比引入品种早。公猪达性成熟的时间,我国南方品种为 4～5 月龄,北方品种为5～6月龄,培育品种为6～8月年龄。母猪达性成熟的时间,我国南方品种为3～5月龄,北方品种为5～6月龄,培育品种为5～8月龄。

达到性成熟的公、母猪,其身体尚在发育,过早参加繁配种,会影响身体发育,缩短种猪使用年限。所以,达到性成熟的公、母猪,还不能用于繁殖配种。

初配年龄是指种公、母猪参与第一次配种时年龄,初配宜在身体发育基本成熟时。公猪的初配年龄:小型早熟品种在8～10月龄、体重60～70 kg时;大、中型品种宜在10～12月龄、体重90～120 kg时。母猪的初配年龄:我国地方品种在6～8日龄,体重达60～80 kg时;培育品种及杂种母猪8～10月龄、体重90～110 kg时。如果已达配种年龄而体重尚未达者,则应以体重为主,适宜的初体重应是成年体重的50%以上。

二、配种适期

掌握配种适期,是提高受胎率和产仔数的关键。配种适期可以从以下几个方面确定。

根据发情时间:母猪排卵一般在发情开始的24～36 h,持续10～15 h;卵子在输卵管内仅在8～12 h内有受精能力。交配后,精子在母猪生殖道内运行需经2～3 h才能达到受精地点;精子在母猪生殖道内能成活10～20 h。据此推算,配种宜在母猪排卵前2～3 h,即在母猪发情后的19～30 h,配种过早或过晚,均会降低受胎率和产仔数。

根据外部表现:当母猪的发情征状由盛转弱,出现性欲渐降,阴部充血肿胀逐渐消退,阴门变成淡红微皱,间或有变成紫红色的,阴门较干,流出的黏液黏稠,常粘有垫草,表情迟滞,喜欢静卧,按压背腰部出现"静立反射"等特征时为配种适期。

另外,根据个体的年龄差异和品种的不同,我国劳动人民总结出“老配早、小配晚、不老不小配中间”，以及培育品种早配、本地品种晚配、杂种猪居中间的配种经验。在这里所谓的早，是指常规的配种时间提前，而晚则是时间后推。母猪适配期还有“阴户粘草，配种正好，神情发呆，配种受胎，站立不动，正好配种，黏液变稠，正是火候”的经验总结。

三、配种方式和配种方法

(一)配种方式

按照母猪在一个情期内的配种次数，配种方式分为以下几种。

单次交配：在情期内只用一头公猪(或精液)给母猪配种1次，称为单次交配。具体做法是：在母猪发情32～36 h时给母猪一次性配种。由于这种配种方式往往因配种适期掌握不好配不上种，降低性期受孕率和产仔数。

重复配：在情期内用同一头公猪(或精液)先后两次给母猪配种。具体做法是在母猪发情开始后的20～30 h时配种1次，间隔8～12 h后，再配1次。生产上具体操作是：若早晨做压背试验母猪出现“静立反射”于当日下午配种1次，次日早晨再配1次，下午出现“静立反射”于次日晨配种1次，下午再配1次。这种方式由于进行了两次配种，对配种适期掌握不准的问题做了弥补，因而能提高情期受孕率和每窝产仔数。同时，配种所用的是同一头种公猪(或精液)，因而不会混淆血统关系，育种场和商品场都可以采用这种配种方式。尤其是隐性发情个体采用重复配可以提高受胎率。

双重配：在一个情期内用两个品种的两头公猪(或精液)，或同一品种的两头公猪(或精液)先后间隔5～10 min给母猪各配种1次。双重配的情期受胎率和产仔数优于单次配种；但是，双重配种混淆了血统关系，无法分辨仔猪血统，在商品猪场可以采用，而育种场则不能采用这种方式配种。

(二)配种方法

配种方法分为自然交配和人工授精两大类。

自然交配:又称本交,它是让公猪直接完成交配,自然交配又分为自由交配和人工辅助交配两种。自由交配的方法是让公猪和发情的母猪同关在一圈内,让其自由交配,自由交配的方法省事,但不能控制交配的次数,不能充分利用优秀公猪个体,同时很容易传播生殖道疾病,本法不宜推广使用。

人工辅助交配是在人工辅助下,让公猪完成交配,方法是选择远离公猪舍、安静、平坦的场地为交配场;先将母猪赶入场地,然后赶入指定的与配公猪,当公猪爬上母猪后,将母猪尾巴拉向一侧,便于公猪阴茎插入阴道,必要时还可人工助其插入,如果公、母猪体格大小相差较大,为防止意外事故,交配场地可选择一斜坡,若母猪体格大,公猪站在高处,母猪体格小,让公猪站低处。在公猪爬跨上母猪时,必要时辅以人工扶持,以防止公猪压伤母猪。

公猪交配地时间应在饲喂前或饲喂后 2 h 进行。交配完毕,忌让公猪立即下水洗澡或卧在阴湿地方,遇风雨天交配宜在室内进行,夏天宜在早晚凉爽时进行。

第四节　猪的人工授精

一、采精

(一)采精场和假母猪

采精场地的选择以便于公猪建立起巩固条件反射和防止精液污染为原则。室外采精场要求宽敞、清洁而无尘土飞扬;室内采精场宜与人工授精室和猪舍相连,要求通风明亮,若能配备喷雾消毒或紫外线灭菌设备更佳,室内采精场的面积 20～30 m^2 即可。采精场内设假母猪,供采精时公猪爬跨。

(二)公猪的采精调教

用假台猪采精的公猪,必须进行采精训练调教,方法如下。

(1)在假台猪的后部涂抹发情母猪的阴道黏液或尿液,其气味可以引起公猪性兴奋而爬跨假台猪,经过几次采精后调教即可成功。

(2)在假台猪旁边拴系一头发情母猪,在引起公猪性兴奋而爬跨母猪之时,立即将公猪拉下不让其交配;再让公猪爬跨母猪再拉下公猪,反复多次待公猪性冲动达到高峰时,迅速拉走母猪,引诱公猪爬跨假台猪。

(3)将待调教的公猪拴系在假台猪附近,让其目睹另一头已调教成功的公猪爬跨假台猪采精,然后诱其爬跨假台猪。

(4)利用曾经多次使用过的假台猪或在假台猪上涂抹其他公猪的尿液,然后让待调教公猪接触假台猪,从而引起爬跨反射。

上述调教公猪均能成功,但在调教中需反复多次训练,耐心诱导,切勿用强迫等粗暴手段对待公猪,以免给调教造成困难。

(三)采精器械清洁和消毒

采精所用器械应该清洁、无菌、无残留消毒液。采精器械使用前必须清洁,严格消毒,使用后亦必须清洁干净,保管于器械柜内。

各种器械用肥皂或20%碳酸氢钠溶液洗刷去污,再用温水冲洗数遍至无皂液残留。玻璃类和橡胶类器械、毛巾、纱布等应分别洗刷,过滤精液所用的纱布要单独清洗,置于室内无尘处晾干。

玻璃、金属器械、毛巾、纱布等在清洁后采用蒸汽30 min消毒;金属、玻璃器械亦可用75%酒精擦拭消毒,但擦拭后必须用生理盐水或蒸馏水反复冲洗至无残留酒精。假阴道内胎用96%酒精棉球擦拭消毒,再用生理盐水或蒸馏水冲洗至无酒精残留。

凡经清洗消毒过的器械单独摆放,勿使其与未经清洗消毒的物品混放,以免再被污染。

(四)采精技术

1.假阴道采精

假阴道是模仿母猪阴道环境条件(温度、压力、滑度)制造的人工阴道,它由硬质橡胶外壳、软质橡胶内胎、玻璃集精瓶、双连球、气阀及其他附件组成。

假阴道安装的方法如下:首先检查假阴道的外壳,内胎是否完好,有无沙眼,是否漏气漏水。将内胎套放入外壳内,展伸。内胎在外壳两端所留长度相等,然后翻转内胎,套于外壳上。将内胎调整平整无皱褶,两端用橡皮圈固定。用长柄镊夹75%的酒精棉球消毒内胎,待酒精挥发完或用生理盐水冲洗至无酒精残留,于假阴道一端安装上集精瓶。从进气孔向阴道内外胎之间注入40～50℃温水,使其在采精操作时水温维持在38～40℃,用以保证假阴道内温度的条件。注水量为假阴道容积的2/3。在进气孔上安装气阀和双连球,用双连球向假阴道内外胎之间打气,使内胎膨胀于假阴道入口端呈“Y”或“X”状即可。用以保证假阴道压力的要求。用玻璃棒蘸取消毒凡士林,涂抹于内胎上1/3处,用以满足假阴道内滑度的条件。安装完毕的假阴道放置十方盘内,上覆以纱布待用,在北方冬季气温低,为防止射精时温度变化对精子造成危害,集精瓶应保持34～35℃条件,可以在集精瓶外包裹温热湿毛巾或纱布。

采精操作:当公猪爬跨上假台猪时,采精员右手握假阴道,蹲于公猪右后侧,视公猪阴茎伸出时,用左手将阴茎导入假阴道,注意假阴道的方向应与阴茎伸出方向保持一致。此时可见公猪阴茎在假阴道内抽动,采精员可以通过双连球有节奏地向假阴道内施加压力,用以增加快感。当公猪表现安静,尾自由摆动,肛门有节律地收缩时,表示公猪开始射精,此时停止施压,调整假阴道的角度,防止精液倒流,当公猪阴茎出现再次抽动时,表示第一次射精完毕。这时再有节律地向假阴道施加压力,公猪再次安静时,表示开始第二次射精，如此经过 2～3 次射精，完成采精。公猪射精所需要时间 5～7 min，采精结束，立即将假阴道竖立（入口端向上），卸下集精瓶送人工授精室进行品质检查。将假阴道拆卸立即清洗消毒。

公猪采精完毕后，勿喂冷水，让其自由运动 15～30 min 后再令其休息。

2. 手握采精

用具：集精瓶、玻璃漏斗、纱布（40 cm×40 cm）、集精瓶外套（用布料制作，套于集精瓶外，作冬季采精时保温用）。

采精前准备：将上述用具清洗干净，煮沸消毒 15 min，再用灭菌 1%氯化钠溶液或稀释液冲洗，将纱布拧干，折叠成 4 层，铺垫于漏斗内，再将漏斗插入集精瓶上，覆以纱布备用。采精员洗净双手，消毒后用温水冲洗数次，亦可戴上软橡胶手套。在冬季、早春天气寒冷，手的温度低，可以双手摩擦生温，对公猪包皮及周围清洗消毒。

采精操作：采精员蹲于假台猪一侧，待公猪爬跨上假台猪后，用手抓住包皮，按摩龟头贮藏处。当阴茎伸出时，立即捉住，顺势将阴茎向外牵引（忌猛拉）。采精员握住阴茎前端，有节奏地向阴茎加压。握住的松紧以不使阴茎滑脱为宜，但也不能死死紧握，同时用拇指来回摩擦龟头，当公猪阴茎在采精员手内转动几次，同时感到公猪阴茎发硬，公猪表示安静，表示公猪开始射精。这时仍需握住阴茎停止加压和摩擦龟头，让前稀薄精液射出后，另一手拿上集精瓶接取精液，公猪一般经过 2～4 次射精，方能达到射精量。当公猪又出现抽动时，表示第一次射精完毕，这时采精员应继续加压，摩擦龟头，直至公猪安静，第二次射精，再接取精液，如此反复数次，直至公猪射精完毕为止。

3. 筒握法采精

筒握法采精是将假阴道采精和手握法采精相结合的一种采精

技术，它具有两法的优点。

筒握法是将假阴道改短，在其一端套接上一个橡皮漏斗。操作时采精员以右手握住漏斗部呈拳握状，紧靠假台猪后部。当公猪阴茎伸出时，将阴茎导入假阴道，当阴茎伸达漏斗拳握部时，将其握住，按手握法采取精液。

二、采精后的精液处理

精液采出后，按以下程序处理：

(一)精液的品质检查

1. 精液的一般检查，包括以下项目

(1)射精量：指一次采精中公猪射出精液的总量。检查方法是：将采出的精液过滤去胶状物质后，用有刻度的集精瓶或量杯量数。

猪的正常一次射精量，我国地方猪品种为 150～300 mL，外国引入品种 250～400 mL。检查时，射精量过多或过少均应分析原因。射精量过多，可能混有水分，或由于副性腺分泌过多或混入尿液等。射精量过少，说明公猪利用过度，或者饲养管理不多，应立即采取措施，以求短期内恢复正常。

(2)颜色：公猪精液的颜色为乳白色或淡灰白色。若为其他颜色或带有血液，均为不正常的颜色，也说明公猪生殖道有炎症或有损伤。如果精液呈淡绿色，是混有浓汁；呈粉红色，是混有血液；呈黄色，是混有尿液。以上颜色异常的精液，均应弃之不用。

(3)气味：正常的精液一般无味或略带腥味。如果腥味很浓，或有臭味，均为不正常气味，这种精液不能用于输精。

(4)pH 值：猪的新鲜精液呈弱碱性，pH 值为 7.5(7.3～7.9)。pH 值偏低的精液品质较好，而 pH 值偏高的精液，其精子的活力、受胎率及保存效果均显著降低。pH 值检查的方法是用 pH 值试纸蘸取精液，可见试纸变色，再与比色板比色，测出 pH 值。

2. 精子的活力

精子的活力指精子的运动能力，目测时视野中呈直线前进运动精子占观察精子总数的百分比表示。采用0～10级评分，分为10个等级。如视野中全部精子都作直线前进运动，评为1.0分；有90%的精子直线前进运动，评为0.9分，其余类推。

检查方法：分为两种，一是平板压片法，用一块清洁载玻片，在载玻片标本中央滴一小滴精液，用盖玻片沿精液边缘压盖在液面上，制作成压片标本。注意在压片时勿产生气泡，以免影响观察。二是悬滴标本检查方法。方法是在盖玻片上滴一小滴精液，然后将盖玻片翻转覆盖在凹玻片凹窝上制作成悬滴标本。将制作好的标本置37～38℃保温箱内，在显微镜下放大200～400倍检查，观察记数精子活动状况，并按十级制评分。

对采出的新鲜精液，稀释前、后的精液，以及冻精解冻后，均应进行活力检查。为保证获得较高的受胎率，用于输精的精液，精子活力不得低于0.6，冻精解冻后的精子活力不低于0.3。

3. 精子密度

精子密度指1 mL精液内所含有的精子总数目，它是确定精液稀释倍数的依据。一般用估测方法检查，其方法是：取清洁载玻片1张，滴一滴原精液于载玻片之上，覆以盖片，置显微镜下放大400～600倍观察。根据视野中精子分布和稠密程度，评出等级。精子密度分为密、中、稀三等级，见图6-1。

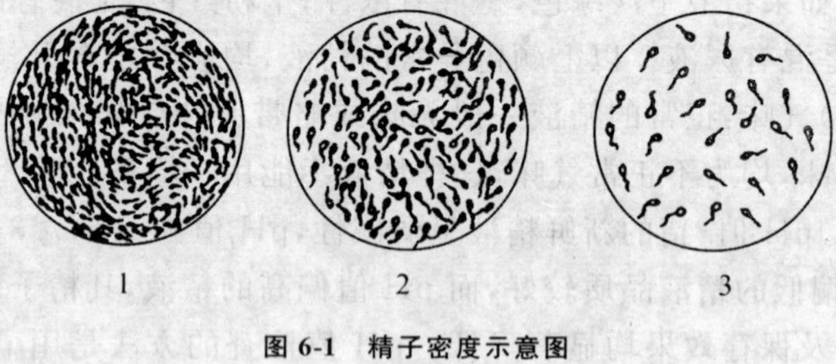

图6-1　精子密度示意图

1. 密　2. 中　3. 稀

密：整个视野中布满精子，精子之间的空隙小于一个精子头长，看不清单个精子的活动情况。这种精液每毫升含精子10亿个以上。

中：视野中精子比较分散，可见单个精子活动，精子之间的空隙相当于1～2个精子头长，这种精液每毫升含精子2亿～8亿个。

稀：视野中只见少数分散的精子，精子之间的空隙大于2个精子头长。这种精液每毫升含有精子1亿～2亿个。

此外，若视野中见不到精子，可用"无"表示。

必要时还可以进行精子计数(即每毫升原精液内精子的个数)予以检查。

4. 精子的畸形率

畸形率精子即精子的形态反常。又称变态精子(图6-2)。精液内畸形精子的比例大，其精液的品质低。

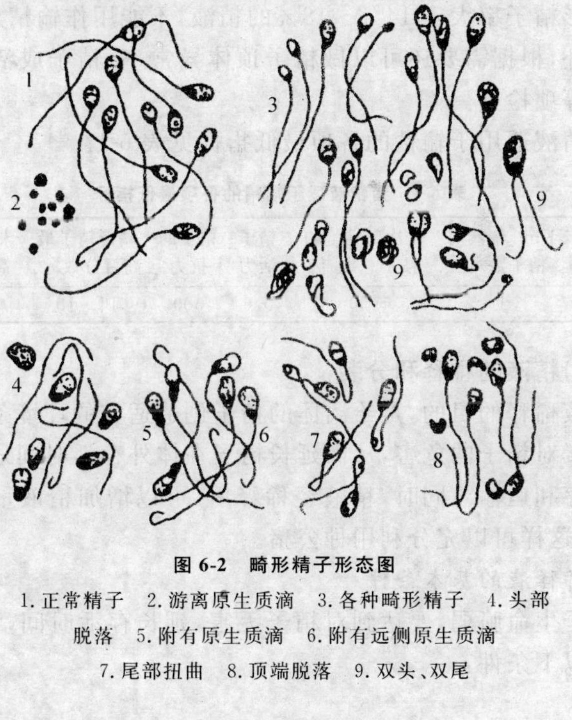

图6-2　畸形精子形态图

1. 正常精子　2. 游离原生质滴　3. 各种畸形精子　4. 头部脱落　5. 附有原生质滴　6. 附有远侧原生质滴　7. 尾部扭曲　8. 顶端脱落　9. 双头、双尾检查方法：取清洁载玻片两片，用玻璃棒蘸取精液，滴一小滴于一张载玻片的一端，然后用另一张载玻片的顶端与精液接触，轻轻一推，使精液均匀地涂抹在载玻片上。将抹片放置桌面干燥，然后用95%酒精或蚁醛溶液固定1～2 min，用水冲洗后让其自然干燥。再用一品红或其他染料染色3 min，再用清水冲洗掉残留染液，在空中干燥后镜检。将抹片置显微镜下，放大400～600倍观察数个视野，并计数每个视野中正常和畸形精子的数目，计数精子数不少于300～500个，将数得的正常精子数和畸形精子数代入下式，计算畸形精子率。

畸形精子率（畸形率）＝畸形精子数÷（正常精子数＋畸形精子数）×100%

畸形精子率大于14%～18%的精液，不能用作输精。

此外，根据需要还可以做精子顶体异常率、精子成活时间、精子抗力等项检查。

猪精液适用于输精的各项最低指标见表6-1。

表6-1 猪精液适于输精的各项最低指标

射精数量/mL	1 mL精液内精子数/亿	一次射精量的精子总数/亿	精子活力	精子的抗力	畸形精子最高百分数/%	未成熟精子最高百分数/%
150	1	150	0.6	500	14～18	10

（二）精液的稀释和分装

精液稀释的目的，是给离体的精子创造适宜的环境条件，减少不良因素对精子的危害，从而延长精子在体外存活时间，有利于精液的保存和运输。同时，精液经稀释后，可以增加精液量，扩大配种头数，这样可以充分利用种公猪。

1. 稀释液的基本条件

精子生命脆弱，要达到对精子无害，延长存活时间，稀释液必须具备以下条件：

(1)稀释液必须与精子有相等的渗透压,精子只能在等渗环境中才能维持正常活力。精子对低渗很敏感,在低渗环境中,水分通过细胞膜进入精子,使尾部膨胀,卷曲成环状或半圆状,很快死亡。在高渗条件下,精子失水而皱缩,尾部呈现出锯齿状弯曲,很快死亡。

(2)稀释液必须适合于精子的生存。精子最适宜于中性环境,在碱性环境中活力较强,但存活时间相应缩短,在弱酸性环境下,精子活力被抵制,能耗减少,可以延长其存活时间。

(3)稀释液应对精子无刺激、侵害作用,精子对化学药物、水和其他异物都敏感,容易受到伤害,抗生素、磺胺类药物对精子无害,加入稀释液内可以抑制其他微生物生长。

(4)稀释液能供给精子一定的营养。精子的代谢作用不断地消耗精液内的营养,稀释液内溶入一定量的营养物质,可以补充精子能耗,延长存活时间。

(5)配制方法简单,原料易得,价格便宜而效果良好。

2. 猪精液稀释液和配制

(1)葡萄糖-柠檬酸稀释液:葡萄糖 5 g,柠檬酸钠 0.5 g,加蒸馏水至 100 mL,煮沸消毒,冷却。使用前加磺胺 0.3 g 或青、链霉素各 5 万 IU。

(2)牛乳稀释液:鲜牛乳若干,用 3～4 层纱布过滤,煮沸消毒,除去奶皮。用前每 100 mL 加青、链霉素各 5 万 IU。

(3)葡萄糖稀释液:葡萄糖 5.5 g,加蒸馏水 100 mL,煮沸消毒,过滤,冷却。用前加磺胺粉 0.3 g 或青、链霉素各 5 万 IU。

(4)葡萄糖-卵黄稀释液:葡萄糖 2 g 加蒸馏水至 100 mL,煮沸消毒,冷却。用时取上液 97 mL 加入新鲜卵黄(鸡蛋)3 mL,青、链霉素各 5 万 IU。充分混合使用。

(5)葡萄糖-氯化钠稀释液:葡萄糖 3 g,精制氯化钠 0.45 g,加蒸馏水至 100 mL,过滤,煮沸消毒,冷却。用前加青、链霉素各

5万IU。

3.配制稀释液的注意事项

(1)稀释液应该现配现用。所用器械都要严格消毒,使用前用稀释液冲洗,蒸馏水必须新鲜,所用药品必须纯净,称量准确,混合均匀。

(2)卵黄取自鲜鸡蛋。先将鸡蛋洗净,再用75%酒精消毒蛋壳,待酒精挥发后破壳,用注射器刺破卵黄膜,吸取卵黄,注意勿吸入蛋清。

(3)稀释液在煮沸过程中蒸发损失的水分,用灭菌蒸馏水补充,以保持原有的浓度。

(4)释液根据用途配制,不能一液多用。

(5)抗生素必须在稀释液消毒冷却后加入,否则无效。

4.精液的稀释方法

稀释之前需确定稀释的倍数。稀释液倍数是根据精液内精子的密度和稀释后每毫升精液应含精子数来决定,经稀释后,要求每毫升内有效精子数不少于1亿个。我国地方品种猪精液内精子密度小,一般做0.5～1倍稀释;外国引入品种精子密度大,可用1～3倍稀释。

稀释方法:采精之前配制好所需稀释液,并将稀释液温度调整到与猪精液温度相一致。精液采取后,进行活力检查,尽早稀释。按采出的精液量和稀释倍数,量取所需稀释液,装入清洁烧杯内,将精液顺着烧杯壁缓缓加入稀释液内,加入时切勿太快,最后用玻璃棒轻轻搅拌,使精液与稀释液均匀混合。

5.精液的分装

稀释后的精液应尽早地分装保存。分装量按一次输精量决定,液态精液一次输精量为30～40 mL。

分装方法:先将贮精瓶用稀释液冲洗1～2次,然后用注射器按要求吸取稀释液,缓缓注入贮精瓶内。需作保存的精液,于精液液面上加 0.1～0.2 cm 厚的一层灭菌中性石蜡油，盖上瓶塞，用蜡加封瓶口，贴上标签，注明公猪号，采精日期，精液批号等，便可以贮存。

(三)精液保存

精液的保存目的是为了延长精子存活时间，扩大精液的作用范围，便于长途运输。

1. 常温保存

在 15～25℃室温条件下保存精液，称常温保存。在室温条件下，稀释液的弱酸环境可以抑制精子的活动，减少能耗，稀释液中的抗生素类药物可以抑制微生物繁衍，减少对精子的危害，精液得以保存。在常温条件下，精液可保存 3 d 左右，适用于农村无低温设备下的精液保存。

保存方法：将分装后的贮精瓶塞紧瓶塞，放于广口保温瓶内，置室内保存。也可将贮精瓶直接放置于室内、地窖或自来水中保存。在保存过程中，要防止温度上升，同时注意避开热源，避光照，防止震动，以免对精子造成损害。

2. 低温保存

将精液置 0～5℃条件下保存，称低温保存。低温和隔绝空气条件，精子活力被抑制，降低其代谢水平，减少能耗，精子的成活时间得以延长。同时，低温亦不适宜微生物的生长，防止微生物对精子的伤害。在低温保存中，10～0℃温度范围对精子是一个危险的温度范围区，如果精液从常温状态迅速降低至 0℃，精子就会发生不可逆的冷休克现象。相反，缓慢降温对精子无不良影响，所以，精液在低温保存之前，需经预冷平衡。具体做法是：精液温度从 30℃降至 5～0℃时，按每分钟降温 0.2℃，用 1～2 h 完成降温全过程。此外，在稀释液内添加卵黄、奶类物质可以提高精子的抗冷能力。

保存方法：将分装后的精液于液面上加入少许消毒液态石蜡

油封闭液面，塞紧瓶塞，瓶外包裹数层纱布，将其预冷(即缓慢降温处理)后，放入冰箱低温层内保存，或在广口保温瓶内装入冰块，冰块上覆盖一层纱布，再将包扎好的贮精瓶放入，再于贮精瓶上覆以冰块，盖上瓶盖。保存中非取用精液，不要随便开瓶；每天应倾去瓶内融化的冰水一次，并根据瓶内冰块融化的情况，添加冰块，以保持瓶内温度恒定。

在农村无冰源条件下，可以采用以下方法制作冷源。

(1)将食盐 40 g 溶于 1 500 mL 冷水中，加入氯化铵 400 g，配合好后将其装入广口保温瓶内，其温度可以降低至 2℃左右。如果想长期维持低温，每隔 2 d 重新添加一次氯化铵。用过的氯化铵、食盐溶液，可以蒸发干燥后再用。

(2)将尿素 60 g 溶于 100 mL 冷水中，可降低温度至 5℃，如果将其溶于冰水中，可降低温度至－5℃。

(3)将贮精瓶包裹结扎，盛于塑料袋内，扎好袋口，将贮精塑料袋放于穿孔的竹筒或竹篮等容器中，再将容器吊沉于井底保存。

(四)精液的运输

精液的运输过程中，要做到低温、防震、避光。

短途运输：先将贮精瓶装在小塑料袋内，瓶口向上，扎好袋口。再用一大塑料袋，内装冰块，将小袋放入，扎好大袋口。袋子包裹干毛巾，放入背袋内，即可乘坐各种交通工具运送。途中防止震动，到达目的地后，立即将贮精瓶取出，放在冰箱内保存。若运送精液时气温较低，而运送时间不超过 1 h，精液可以不经上述处理直接运送。

长途运输：贮精瓶的处理方法与短途运输相同，不同之处是将大袋放入小木箱内，在大袋与木箱之间的空隙内填塞稻谷、纸屑、棉花或刨屑等。木箱盖严锁好，贴上标签，即可交付运输。

经运输的精液，使用前必须升温后进行活力检查，在检查合格后，才能用于输精。

三、输精技术

输精器械:猪的输精器由医用玻璃注射器和一条软质橡胶导管组成。注射器容量为30～50 mL,前端连接一条长50 cm的橡胶导管,导管末端呈圆锥形,输精前输精器须严格清洗消毒,并用1%氯化钠溶液或稀释液冲洗2次。

输精量,猪的一次输精量:鲜精液为30～40 mL,冻精为20～30 mL。

输精前的准备:首先对发情母猪进行发情状况检查,确实为适时输精时间后,清洗母猪外阴及肛门;其次检查所用精液活力,合格者才用于输精。若为低温保存的精液,升温至35℃左右,活力不低于0.6级;冻精升温解冻后,活力不低于0.3级。输精人员清洗消毒双手,擦干,穿上工作服准备操作。

输精操作:母猪可以不予保定。将精液吸入输精器,在橡胶导管上涂抹一薄层凡士林,用以润滑导管。输精员站(或蹲)于母猪后侧,左手将母猪尾捉住,压在母猪荐腹部,或由助手将尾压在母猪腰荐部,以免输精操作时尾部摆动影响操作。输精员右手持输精器,用拇指和食指握住输精器橡胶导管,将其插入母猪阴道,再高向上、向前稍稍旋转缓缓推进,通过子宫颈到达子宫体,25～30 cm深处。在插入输精管过程中如遇母猪左右摆动或向前走动,不必抽出输精管,可叫助手按压母猪腰荐部,输精员亦可手握定输精器,跟随母猪走动的方向移动,当确定输精导管已插入子宫体时,轻轻推动输精器械活塞,将精液缓缓注入子宫内。在输入精液时,如果有精液倒流现象,应立即停止注入精液,让助手重压母猪腰荐部,并轻轻转动或稍抽送输精导管,然后继续注入精液。输精完毕,小心抽出输精导管,压迫母猪腰荐部。

细颈塑料软瓶低精量输精操作:细颈塑料低精量输精是我国推广应用的一项猪用人工授精新技术;这项技术是将盛贮精液的

塑料软瓶直接接上输精导管输精，一次输精量为 10 mL。操作方法：将输精导管洗净晾干备用。冬季将盛贮精液的塑料软瓶置温水内预热升温。输精时，让母猪自然站立，将输精导管插入母猪阴道，再缓缓向前推进 25～30 cm，将盛贮精液的塑料软瓶的"接头棱"削去，手握软瓶颈，将其套在输精导管上，软瓶的位置高于母猪阴户 10～15 cm，然后缓缓压入精液。当精液输至一半时，取下塑料软瓶（输精导管不动），竖立，吸进空气后再套在输精导管上继续输精。输精完毕，取下塑料软瓶，再次套上输精导管，挤压塑料软瓶几次，以免输精导管内残留精液。然后缓慢抽出输精导管，用手挤压母猪腰荐部。

输精完毕，立即清洗输精器械，晾干留待下次备用。

第五节 猪的妊娠和分娩

一、猪的妊娠期及妊娠诊断

（一）猪的妊娠期及预产期的推算

妊娠期是指从受精开始至胎儿出生这段时间，猪的妊娠期平均 114 d（110～117 d），为了便于记忆，用"三个三"来表示，即母猪妊娠期为三个月三周零三天。根据妊娠期，可以推算预产期，以便搞好日常饲养管理和在母猪临产前做好接助产准备，避免在母猪分娩时忙乱而发生意外的损失。

预产期可以按配种月份加 4，日期减 6，再减大月数，过 2 月加 2 天的方法推算。

例如，某母猪 10 月 27 日配种，月份加 4 是 14 月，扣减 1 年即 12 个月为 2 月份。日期减 6 是 21，再减 3 个大月（从当年 10 月至次年 2 月份，经 10 月份、12 月份和次年 1 月份 3 个大月），过 2 月加 2 天，即只减 1 天。因此，这母头猪的预产期是次年 2

月 20 日。

又例,某母猪 1 月 3 日配种,月份加 4 是 5;日期减 6 不够减,须借 1 月,月份变为 4 月。日期是 33 日(借 1 个月按 30 天计算),减 6 是 27。从 1 月到 4 月经过 2 个大月(1 月和 3 月)须减 2,过 2 月须加 2,即不增不减。所以这头母猪的预产期是当年的 4 月 27 日。

利用速查表(表 6-2)可以直接查出预产期,例如,某母猪 5 月 3 日配种,经查表后,其预产期为 8 月 25 日。

表 6-2 母猪预产期推算表

日	月											
	一 Ⅳ	二 Ⅴ	三 Ⅵ	四 Ⅶ	五 Ⅷ	六 Ⅸ	七 Ⅹ	八 Ⅺ	九 Ⅻ	十 Ⅰ	十一 Ⅱ	十二 Ⅲ
1	25	26	23	24	23	23	23	23	24	23	23	25
2	26	27	24	25	24	24	24	24	25	24	24	26
3	27	28	25	26	25	25	25	25	26	25	25	27
4	28	29	26	27	26	26	26	26	27	26	26	28
5	29	30	27	28	27	27	27	27	28	27	27	29
6	30	31	28	29	28	28	28	28	29	20	28	30
7	1/5	1/6	29	30	29	29	29	29	30	29	1/3	31
8	2	2	30	31	30	30	30	30	31	30	2	1/4
9	3	3	1/7	1/8	31	1/10	31	1/12	1/1	31	3	2
10	4	4	2	2	1/9	2	1/11	2	2	1/2	4	3
11	5	5	3	3	2	3	2	3	3	2	5	4
12	6	6	4	4	3	4	3	4	4	3	6	5
13	7	7	5	5	4	5	4	5	5	4	7	6
14	8	8	6	6	5	6	5	6	6	5	8	7
15	9	9	7	7	6	7	6	7	7	6	9	8
16	10	10	8	8	7	8	7	8	8	7	10	9
17	11	11	9	9	8	9	8	9	9	8	11	10
18	12	12	10	10	9	10	9	10	10	9	12	11
19	13	13	11	11	10	11	10	11	11	10	13	12

续表 6-2

日	月											
	一 Ⅳ	二 Ⅴ	三 Ⅵ	四 Ⅶ	五 Ⅷ	六 Ⅸ	七 Ⅹ	八 Ⅺ	九 Ⅻ	十 Ⅰ	十一 Ⅱ	十二 Ⅲ
20	14	14	12	12	11	12	11	12	12	11	14	13
21	15	15	13	13	12	13	12	13	13	12	15	14
22	16	16	14	14	13	14	13	14	14	13	16	15
23	17	17	15	15	14	15	14	15	15	14	17	16
24	18	18	16	16	15	16	15	16	16	15	18	17
25	19	19	17	17	16	17	16	17	17	16	19	18
26	20	20	18	18	17	18	17	18	18	17	20	19
27	21	21	19	19	18	19	18	19	19	18	21	20
28	22	22	20	20	19	20	19	20	20	19	22	21
29	23	—	21	21	20	21	20	21	21	20	23	22
30	24	—	22	22	21	22	21	22	22	21	24	23
31	25	—	23	—	22	—	22	23	—	22	—	24

注：上行月份为配种月份，左侧第一行为配种日期；

下行月份为预产期月份，从左侧第 2～12 行的数字为预产日期。

例如，5 月 3 日配种，经查表后，其预产日期为 8 月 25 日。

（二）妊娠检查

妊娠检查可以掌握母猪是否怀孕，以便对未孕母猪抓住下一个情期再次配种，以求全配满怀，对已孕母猪在日常饲养管理中做到合理饲养，以保证胎儿正常发育。妊娠检查尤以早期的确诊最为重要。

猪的早期妊娠检查比较困难，主要根据其发情周期的表现做出判断。在母猪配种后的 20 多天里，如果没有再次发情现象出现，可以判断该母猪已孕。但有少数母猪在已孕后出现“假发情”现象，其特点一是发情征状不甚明显，持续时间短，采食后安静。二是假发情母猪不接受交配，出现“拒配”现象。另外，已孕母猪在精神和体态上也相继出现变化。已孕母猪表现出疲乏，贪睡，食欲增加，容易上膘，皮毛变得光亮顺贴，性情逐渐变得温驯，行动稳重。外阴部比较干燥，阴户皱纹收缩明显，阴户下联合向上弯曲。随妊娠期的增进，母猪腹围增大，腹部下垂，乳房膨大。

二、分娩征兆和分娩过程

(一)分娩征兆

随着胎儿逐渐发育成熟和接近临产期，母猪生理上发生一系列变化。根据这些变化，可以预测母猪分娩时间，做好接产准备。

在分娩前 3 周，母猪腹部急剧膨大而下垂，乳房亦迅速发育，从后至前依次逐渐膨胀。至产前 3 d 左右，乳房潮红加深，两侧乳头膨胀而外张。乳房基部与腹部之间出现明显界限，到产前 1 周左右，乳房膨胀更加厉害，两排前乳头膨胀向外开张，形成“八”字形，乳房红色发亮。经产母猪比初产母猪更明显。猪乳房动、静脉分布多，产前 3 d 左右，用手挤压，可以在中部两对乳头挤出少量清亮液体；产前 1 d，可以挤出 1～2 滴初乳；产前半天，可以从前部乳头挤出 1～2 滴初乳。如果能从后部乳头挤出 1～2 滴初乳，而能在中、前部乳头挤出更多的初乳，则表示在 6 h 左右即将分娩。

分娩前 3～5 d，母猪外阴部开始发生变化，其阴唇逐渐柔软、肿胀增大，皱褶逐渐消失，阴户充血而发红，与此同时，骨盆韧带松弛变软，有的母猪尾根两侧塌陷。临产前，子宫栓塞软化，从阴道流出。在行为上母猪表现出不安静，时起时卧，在圈内来回走动，但其行动缓慢谨慎，待到出现衔草做窝、起卧频繁、频频排尿等行为时，分娩即将在数小时内发生。如母猪躺卧，四肢伸直，每隔 1 h 左右发生阵痛一次，且间隔时间越来越短，全身用力努责，阴户流出羊水，则很快就产出第一头仔猪。

(二)分娩过程

分娩是借助子宫和腹壁肌肉的收缩，将胎儿和胎衣排出的过程。在分娩过程中，子宫的收缩称为“阵缩”，腹壁肌的收缩，称为“努责”。分娩过程分为三期，一般在第一期、第二期之间没有明显的界限。在助产之中，重要的应该掌握住在正常分娩情况下，第一期和第二期母猪的表现和两期各所需要的时间，以便确认是否发生难产。一般来说，在分娩未超过正常所需时间之前，不需人工帮助，但在超过正常分娩所需时间之后，则需采取助产措施，帮助母猪将胎儿排出。

第一期，开口期。本期从子宫开始收缩起，至子宫颈完全张开。此时，子宫颈与阴道的界限消失，胎儿开始楔入产道。母猪行为变化为喜在安静处时起时卧，稍有不安，尾根举起常做排尿状，衔草做窝。

在开口期母猪子宫开始出现阵缩，初期阵缩持续时间短，间歇时间长，一般间隔 15 min 左右出现一次，每次持续约 30 s。随着开口期的移后，阵缩的间歇期缩短，持续期延长，而且阵缩的力量加强，至最后间隔数分钟出现一次阵缩。子宫的收缩呈波浪式进行，由子宫经尖端逐渐向子宫体移动。阵缩力压迫胎膜胎水，迫使其移向子宫颈内口；随着胎衣胎水不断流入子宫颈管，迫使子宫颈管逐渐张开，直至与阴道界限消失。穿过子宫颈管的胎水压迫胎膜，造成胎膜破裂，一部分胎水流出。

开口期所需时间为 3～4 h。

第二期，胎儿娩出期。本期从子宫颈完全张开至胎儿全部娩出。在本期母猪表现起卧不安，前蹄刨地，低声呻吟，回顾腹部，呼吸、脉搏增快。最后侧卧，四肢伸直，强烈努责，迫使胎儿通过产道排出。

在开口期间，子宫继续收缩，力量比前期加强，次数增加，持续期延长，间歇期缩短，同时腹壁发生收缩。阵缩和努责迫使胎儿从产道娩出。当第一个胎儿娩出后，阵缩和努责暂停，一般间隔 5～10 min 后，阵缩和努责再次开始，迫使第二个胎儿娩出。如此反复，直至最后一个胎儿娩出为止。

胎儿娩出期的时间为 1～4 h。

第三期，胎衣排出期。本期从胎儿完全排出至胎衣完全排出。当母猪产仔完毕后，表现为安静、阵缩和努责停止。休息片刻之后，母猪开始闻嗅仔猪。不久阵缩、努责又起，但力量较前期减弱，间歇期延长。最后排出胎衣，母猪恢复安静。

胎衣排出期的时间为0.5～1 h。

三、正常分娩的接助产

(一)产前准备

结合母猪的预产期和临产征状综合预测产期，在产前3～5 d做好准备工作。首先准备好产房，将待产母猪移入产房内待产。农家养猪，可以利用母猪原圈做产房。产房要求宽敞，清洁干燥，光线充足，冬暖夏凉，安静无噪声。产房内温度以22～25℃为宜，相对湿度在65%～75%。其次，产房打扫干净后，用3%～5%的石炭酸、2%～5%的来苏儿或3%的火碱水消毒，围墙用20%的石灰乳粉刷。地面铺以垫草。在寒冷地区，冬季和早春做好防风保暖工作。

产房内准备好接生时所需药品、器械及用品，如来苏儿、酒精、碘酊、肥皂、毛巾、面盆、剪刀、秤、耳号钳，以及灯、仔猪保姆箱(窝)、火炉等。

母猪进入产房前，将其腹部、乳房及阴户附近的泥污清洗干净，再用2%～5%的来苏儿溶液消毒，然后清洗干净，进入产房待产。

产房内昼夜均应有专人值班，防止意外事故发生。

(二)接助产方法

母猪一般是侧卧分娩，少数为伏卧或站立分娩。母猪躺卧的位置，应在产房内宽敞明亮之处，这样有利于接助产工作的进行。如果母猪躺卧在墙角或后躯紧贴墙壁，这样不利于胎儿娩出和接产操作，还可能造成新生仔猪窒息。当出现这种情况时，接产人员轻轻赶起母猪，帮助它在宽敞处重新躺卧。有些初产猪不会卧下产仔，可以反复抚摸母猪腹部和乳房，让其躺卧，以便助产。

仔猪娩出时，正生和倒生均属正常，一般勿须帮助，让其自然娩出。当仔猪娩出时，接产人员用一手捉住仔猪肩部，另一手迅速将仔猪口鼻腔内的黏液掏出，并用毛巾擦净，以免仔猪呼吸时，黏液阻塞呼吸道或进入气管和肺，引起病变。再用毛巾将仔猪全身黏液擦净，然后在距离仔猪腹部 4 cm 处用手指掐断脐带，或用剪刀剪断，在脐带断端用 5%碘酊消毒。如果断脐后流血较多，可以用手指捏住断端，直至不流血为止，或用线结扎断端。当做完上述处理后，将新生仔猪放入保姆窝内。每产一仔，重复上述处理，直至产仔结束。如遇个别仔猪在产出时，羊膜尚未破裂，应立即用手撕破，放出羊水，以免仔猪窒息死亡。为了安定分娩母猪的情绪，并让仔猪尽早地吃上初乳，应有秩序地轮回拎取 1～2 头仔猪送到母猪腹部吸乳。有时仔猪在护仔箱内相互啃吮脐带而引起死亡，须防止。当母猪产仔时间过长，阵缩减弱或疲劳时，可用酒精棉球堵塞一侧鼻孔头提神。在母猪产仔结束时，体力耗损很大，这时可以用麦麸、米糠之类粉状饲料用温热水调制成稀薄粥状料，内加少许食盐，喂给母猪，可以帮助母猪恢复体力。

母猪产仔完毕休息一段时间后，阵缩和努责又起，预示胎衣将排出。当胎衣排出时，立即拿开，不能让母猪吃掉胎衣，否则在以后的胎次中，养成母猪吃仔猪的恶癖。对排出的胎衣进行检查，如果胎衣完整，胎衣上残留的脐带数与仔猪数相符，表明胎衣全部排出，否则胎衣未完全排出，应及时处理。检查后的胎衣可以洗净后煮熟喂给母猪，既补充了蛋白质，又有催乳之作用。

(三)难产和假死仔猪的处理

母猪难产发生的较少。但是，母猪因瘦弱、孕期运动不足，过肥胖而产道狭窄或因胎儿过大，或有死胎堵塞产道，或胎儿畸形，也可导致难产。若产仔猪时间超过 10 h，或羊水排出数小时后仍不见仔猪娩出，则难产发生，须进行人工助产。助产者用双手托住母猪的后腹部，随着母猪的努责，向臀部方向用力推送，促使胎儿娩出。若不见效，助产者可以在剪去指甲，磨光，消毒后，涂上灭菌凡士林润滑，五指并拢成锥形，慢慢伸入阴道，再深入子宫。当触摸到胎儿时，即随着母猪腹部收缩的节奏，缓缓将胎儿拉出产道。当该头仔猪拉出而母猪转入正产时，可停止掏拉。为防止母猪产道损伤、感染，应在分娩结束时，用40万～80万IU青霉素埋入产道。如果是仔猪头或肢体露出母猪阴门，露出部位时进时出而久不产出者，可以抓住仔猪露出部份轻轻地拉出。另外，在难产发生后，也可以肌肉注射催产素3～5 mg，用以催产。

在上述方法皆无效时，须请兽医行剖腹产术。

假死仔猪指新生仔猪中已停止呼吸，但仍有心跳的个体。对假死仔猪施以急救措施。可以恢复其生命，减少损失。

急救可以采取以下措施：

(1)用手捉住假死猪两后肢，将其倒提起来，用手掌拍打假死猪背部，直至恢复呼吸为止。

(2)用酒精刺激假死猪鼻部或针刺其人中穴，或向假死仔猪鼻端吹气等方法，促使呼吸恢复。

(3)人工呼吸。接产人员左、右分别托住假死仔猪肩部和臀部，将其腹部朝上。然后两手向腹中心方向回折，并迅速复位(即使假死仔猪身躯一伸一屈)，反复进行，手指同时按压胸肋。一般经过几个来回，可以听到仔猪猛然发出声音，表示肺脏开始呼吸。再徐徐重做，直至呼吸正常为止。

(4)在紧急情况时，可以注射尼可刹米或用0.1%肾上腺素1 mL，直接注入假死仔猪心脏急救。

(四)仔猪称重、编号和登记

在新生仔猪第一次哺乳之前，按个体称重，所得重量为仔猪初生重，全窝仔猪初生重的总和为初生窝重。

对初生仔猪编号，便于记载和鉴定。猪的编号一般采用耳号法，即在左、右两侧耳朵的不同部位打缺，每一个缺代表一个数字，见图 6-3。将几个数字相加,即为该猪的耳号。编号时,公猪编单号,即:1、3、5、7、9……;母猪编双号,即:2、4、6、8、10……。例如,编 213 号,即由:200+10+3=213 号。

图 6-3 仔猪剪耳号示意图

将称得的初生重、初生窝重以及仔猪个体特征及其他需要记载的内容,登记入册,作为资料妥善保存。

(五)产后第一次哺乳

母猪分娩后 3 d 内的乳,称为初乳,初乳内营养丰富,其蛋白质、维生素、矿物质元素均超过常乳,同时还含有抗体、酶类和激素等物质,对提高仔猪抗力,促进生长发育均有良好作用。初乳中还含有较多的镁盐,可以软化胎粪,促进胎粪的排出。所以,尽早第一次哺乳在新生仔猪养育中很有意义。在母猪产仔结束时,即可哺乳,对产期过长(2 h 以上)的母猪,可以在分娩结束之前,让先出生的仔猪吮乳。

哺乳之前,先用湿热毛巾将母猪乳房、乳头擦拭干净,挤掉乳头前面几滴初乳,即可将初生仔猪放在母猪身旁哺乳。

从第一次哺乳开始,就须做“固定乳头”训练。

四、母猪产后的护理

母猪在分娩过程中和产后的一段时期内,机体的消耗很大,抵抗力降低，而且生殖器官须经2～8 d才能恢复正常，在3～8 d内阴道内排出恶露，容易因饲养管理不当招至疾病。产后对母猪精心护理，可使母猪尽快恢复正常。

在母猪分娩结束时，结合第一次哺乳，对母猪乳房、后躯和外阴清洗，尤其是尾根和外阴周围应清洗干净，防止蚊、蝇在其上飞落。圈内勤打扫，做到清洁卫生，舍内通风良好，冷暖适宜、安静无干扰。在饲养和日粮结构上，给予适当照顾，逐步过渡到哺乳期的饲养。

母猪产后可能出现一些病时现象，如胎衣不下，子宫或阴道脱出，产道感染，缺乳少乳，瘫痪，乳房炎等病变。因此，在产后头几天的日常管理中，注意观察母猪状况，一旦出现异常，应立即采取相应措施加以解决。

五、母猪产后不食、瘫痪的处理

产后不食，一般多发生于初产母猪，发生原因在于母猪平常营养失调，青饲料量不足引起便秘，产后加料过早过多引起拒食，产道感染引起体温升高等。防止的办法是在母猪日常饲料中注意营养平衡。根据母猪产前体况，调节青粗饲料量，防止便秘发生。产后一周内，适当控制母猪喂料量和营养水平，逐步过渡到正常水平。搞好产房消毒和母猪个体卫生，防止产道感染。对已发生不食者，喂青绿多汁饲料，对完全不食者，需请兽医对症治疗。

产后瘫痪的主要原因是饲料配搭不合理，长期喂给单一饲料，导致钙、磷不足或比例失调。另外，猪舍阴暗潮湿，缺乏阳光照射以及一些疾病等，也会造成母猪瘫痪。防止的办法是：做到饲料合理搭配，日粮中营养平衡（尤其是钙、磷平衡），在妊娠母猪和哺乳母猪饲料中适当添加骨粉和含钙磷饲料。日常管理中，注意保持圈舍干燥通风，光线充足。有条件的可将母猪放出圈外活动，适当运动对预防产后瘫痪有良好作用。对已瘫痪的母猪，可以采用静脉注射维丁胶性钙或葡萄糖酸钙或口服多维钙片等补钙措施。饲养上及时改变饲料结构，补充钙、磷，使之营养全面，同时注意防寒保暖，适当户外运动等。

思 考 题

1. 解释初情期、性成熟和初配年龄。为什么猪达性成熟时不能配种繁殖而要待到初配年龄？

2. 种公猪和种母猪的初配年龄各是多少月龄？

3. 母猪的发情周期为多少天？持续期有多长？

4. 母猪发情有何征状？如何进行发情鉴定？

5. 养猪生产中，可以采取哪些措施促进母猪发情排卵？

6. 生产实践中如何判断和确定配种适期？

7. 简述人工辅助交配的操作要领。

8. 简述假阴道采精的操作技术。

9. 记忆猪精液适于输精的各项最低指标，简述人工输精技术的操作要领。

10. 母猪的妊娠期是多少天？如何推算预产期？

11. 母猪怀孕后有什么变化？根据什么进行妊娠诊断？

12. 母猪临产有什么征兆？简述母猪正常分娩进行接助产的操作要领。

第七章 种猪的饲养管理

种猪生产是整个养猪生产的基础，养好种猪是养猪生产的关键环节。种猪包括种公猪、种母猪两种，只有通过科学地饲养管理种猪，才能繁殖出数量多、质量好的仔猪，也才能提高养猪业的经济效益。

第一节 后备猪的饲养管理

一、后备猪的饲养

对于后备猪的饲养要求是能正常生长发育，保持不肥不瘦的种用体况。适当的营养水平是后备猪生长发育的基本保证，过高过低都会造成不良影响。后备猪正处于骨骼和肌肉生长迅速时期。因此，饲粮中应特别注意蛋白质和矿物质中钙、磷的供给，切忌用大量的能量饲料喂猪，从而形成过于肥胖、四肢较弱的早熟型个体。决不能将后备猪等同于成年猪或育肥猪饲养。后备猪在3～5月龄或体重35 kg以前，精料比例可高些，青粗饲料宜少。当体重达到35 kg以后，则应逐渐增加青粗饲料的喂量。特别是在5～6月龄以后，后备猪就有大量贮积体脂肪的倾向，这时如不减少含能量高的精饲料，增加青粗饲料的比例，就会使后备猪过肥，种用价值降低。青粗饲料既能给幼猪提供营养，又能使消化器官得到应有的锻炼，提高耐粗能力。所以，利用青绿多汁饲料和粗饲料，适当搭配精料是养好后备猪的基本保证。但后备公猪饲粮中的青粗饲料比例，应少于后备母猪，以免形成草腹大肚，影响以后配种。

后备猪不能采用育肥猪或成年猪自由采食的喂法，要采取湿拌料、定时限量的饲喂方法，每日喂3顿，每日喂量控制在2 kg左右，早喂0.7 kg、午喂0.5 kg、晚喂0.8 kg。以后随着体重的增长和粪便的情况，酌情逐渐增加喂料量，就粪便形状来看，粪便的直径很小，表明不是过肥，就是饲料量不足，正常粪便是直径粗而且量较多，说明青粗饲料喂量合适的表现，消化器官已得到充分发育，体内无过多的脂肪沉积，今后体格发育长大。

后备猪的日粮配合可参照表7-1和表7-2。

表7-1 后备猪日粮结构示例 %

饲料	自由采食		限制饲养	
	一	二	一	二
玉米、高粱	30	30	67.5	10
麦类	30	30	10	10
薯类	—	—	—	40
苜蓿干草	30	25	5	20
豆饼、棉饼	10	15	17.5	20
每千克饲料中的含量				
消化能/MJ	10.88	10.88	14.01	12.73
粗蛋白质	14.00	14.00	16.00	14.21
粗纤维	12.80	12.80	5.00	9.27

注：另适量添加矿物质和维生素。

表7-2 后备猪饲粮配合示例 %

饲料	玉米	高粱	麸皮	蚕豆	豆饼	三七糠
配合比率	40.1	15	15	8	5	5
饲料	菜籽饼	青绿饲料	碳酸钙	食盐	微量元素	
配合比率	5	5	1	0.4	0.5	
营养指标：	可消化能/(MJ/Kg)	粗蛋白	粗纤维	钙	磷	
营养含量	12.55	13.93	5.73	0.60	0.44	

注：表中配的青绿饲料折算成鲜量按1：6，即5 kg折为30 kg鲜量。

后备母猪的饲粮日喂量见表 7-3。

表 7-3　北京黑猪后备母猪饲粮日喂量

体重/kg	日增重/g	日喂量/kg	
		混合精料	青饲料
10～20	300～400	0.80～1.10	0.15～0.25
21～30	400～450	1.10～1.40	0.25～0.40
31～40	450～500	1.40～1.50	0.50～0.75
41～50	450～500	1.65～1.80	1.25～1.50
51～60	500～600	1.95～2.00	2.00～2.50
61～70	550～600	2.00～2.40	2.50～3.00
71～80	550～650	2.30～2.50	3.00～3.50

后备猪 5 月龄体重应控制在 75～80 kg，6 月龄达到 95～100 kg，7 月龄控制在 110～120 kg，8 月龄控制在 130～140 kg。适宜的喂料量，既可保证后备猪的良好发育，又可控制体重的快速增长。

对青年母猪在配种前 7～10 d，进行短期优饲，即在原饲料基础上适当增加精料喂量，可增加母猪的排卵数，从而提高产仔数。配种结束后则应恢复到原来的饲养水平，去掉增喂的精料。

二、后备猪的管理

(1)合理组群：后备猪要按体重大小、强弱，分群饲养管理，体重差异最好不超过 2.5～4 kg。刚转入的后备猪每栏 4～6 头，随着年龄和体重的增长，应逐渐减少每栏的头数。

(2)卫生管理：经常保持栏舍的清洁干燥，温度适宜，空气新鲜。切忌潮湿和拥挤，防止拉稀和患皮肤病。

(3)加强运动：运动对后备猪非常重要，既可锻炼体质，促进骨骼、肌肉正常发育，防止过肥或肢蹄软弱，也可增强体质，促进性活动能力的加强。因此，后备猪应设运动场，也可定时采取进行驱赶运动或室外运动场进行逍遥运动。

(4)做好调教,定点排泄:一定要注意做好后备猪的调教工作,使其养成在指定地点吃食、睡觉和排泄粪尿的习惯,并保证性情温顺,为以后的饲养管理带来方便。

(5)严格执行免疫程序,做好驱虫工作:按传染病免疫程序及时进行猪瘟、口蹄疫、细小病毒、气喘病、伪狂犬病、乙型脑炎、萎缩性鼻炎的预防接种。每隔1～2个月驱虫一次,每隔15 d用1%敌百虫水溶液喷洒猪体一次,控制体内外寄生虫病。

(6)情期管理:日常管理中应注意观察初情期和发情周期是否正常。若后备母猪久不发情或发情周期不正常,应查明原因,尽早确定是否留作种用。后备公猪达到5～6月龄有性欲要求时要单栏饲养,合群运动,并加大运动量。日粮中青粗饲料比例要低于后备母猪,防止过食造成垂腹,妨碍配种。

(7)定期称量体重:后备猪按月龄称重,与生长发育标准比较优劣,并为调整饲养标准提供依据。

第二节 种公猪的饲养管理

一、种公猪的饲养

种公猪的作用是提供精子。对整个猪群的作用很大,自然交配时每头公猪可负担20～30头母猪的配种任务,一年繁殖仔猪400～600头;人工授精时每头公猪一年可繁殖仔猪1万头左右。种公猪对其所产后代均要发生遗传影响,农谚中说:"母猪好管一窝,公猪好管一坡",充分表明种公猪在猪群中的重要作用。因此,加强种公猪的饲养管理,提高公猪的配种效率,对增加仔猪数量,改进猪群品质,都是十分重要的。要提高种公猪的配种效率,必须经常保持营养、运动和配种利用三者之间的平衡，营养是保证公猪健康和生产优良精液的物质基础；运动是增强公猪体质、提高繁殖机能的有效措施；而配种利用是决定营养和运动需要量的依据。例如，在配种繁殖季节，则应加强营养，减少运动量；而在非配种季节，则可适当降低营养，增加运动量，以免公猪肥胖或者消瘦而影响公猪的性欲和配种效果。

（一）种公猪的营养需要

公猪的射精量在各种畜禽中是最高的，一次射精量 200～300 mL，含有精子约 250 亿个。为了保证种公猪具有健壮的体质和旺盛的性欲，提高射精量和精液品质，就要从各方面保证公猪的营养需要。种公猪营养需要的特点，要求供给足够的蛋白质、矿物质和维生素。因此，在配制公猪饲粮时，要有一定比例的动物性蛋白质饲料（如鱼粉、血粉、肉骨粉等）与植物性蛋白质饲料（如豆类及饼粕饲料）。在以禾本科籽实为主的饲料条件下，应补充赖氨酸、蛋氨酸等合成氨基酸，对维持种公猪生殖机能有良好的作用，种公猪饲粮中能量水平不宜过高，控制在中等偏上（每千克饲粮含消化能 10.46～12.56 MJ）水平即可。长期喂给过多高能量饲料，公猪不能保持结实的种用体况，因体内脂肪沉积而肥胖，造成性欲和精液品质下降；相反能量水平过低，公猪消瘦，精液量减少，性机能减弱。

矿物质对公猪的精液品质和健康有显著影响。饲粮中钙不足或缺乏时，精子发育不全，活力降低或死精子增加；缺磷引起生殖机能衰退；缺锰会产生异常精子；缺锌使睾丸发育不良，精子生成停止；缺硒引起贫血，精液品质下降，睾丸萎缩。公猪饲粮多为精料型，一般含磷多钙少，故需注意钙的补充。食盐在公猪日粮中也不可缺少。在集约化养猪条件下，更需注意补充上述微量元素，以满足其营养需要。

维生素A、维生素D和维生素E对精液品质亦有很大影响。长期缺乏维生素A时，会使公猪睾丸肿胀或萎缩，不能产生精子，失去繁殖能力。缺乏维生素E时，亦会引起睾丸机能退化，精液品质下降。公猪可从青绿饲料中获得维生素A和维生素E，在缺乏青饲料的条件下，应注意补充这两种维生素。维生素D影响钙、磷代谢，间接影响精液品质，让公猪每天晒一会儿太阳，就能保证维生素D的需要。

(二)饲粮配合和饲喂技术

公猪饲养应随时注意营养状况，使其终年保持健康结实，不肥不瘦，性欲旺盛，精力充沛的体质。过肥的公猪整天贪睡，性欲减弱，甚至不能配种，即使勉强配种，也往往由于睾丸发生脂肪变性，精子不健全而受胎效果不佳。这种情况多是由于饲粮内营养不全面，能量水平较高，蛋白质、矿物质和维生素不足，加之缺乏运动所引起。当发现种公猪过肥时，则应减少能量饲料喂量，增喂青饲料和加强运动来纠正。如果公猪过瘦，则说明营养不足或配种过度，则应及时调整饲粮和控制配种次数。

在常年分散产仔的猪场，公猪配种任务比较均匀，因此，全年各月都要维持公猪配种期所需要的营养水平。采用季节集中产仔时，则需要在配种开始前1～1.5个月逐渐增加营养，做好配种前的准备，待配种季节结束以后，再逐渐适当降低营养水平。配种期间每天可加喂2～4个鸡蛋或小鱼、小虾等动物性蛋白质饲料，以保证良好的精液品质。冬季寒冷时，饲粮的营养水平应比饲养标准提高10%～20%。种公猪应用精料型日粮。配制种公猪饲粮，每千克含消化能12.55 MJ，粗蛋白质12%～14%，钙0.66%，磷0.53%，食盐0.35%。公猪饲粮体积不宜过大，以免形成垂腹影响配种。表7-4为公猪饲粮配方示例。

表 7-4　公猪饲粮配方示例　%

饲料	非配种期	配种期
玉米	64.5	64
豆饼	15.0	28.3
麦麸	15.0	—
大麦	—	4.2
草粉	3.0	—
鱼粉	—	1.0
骨粉	2.0	2.0
食盐	0.5	0.5
合计	100	100
营养价值		
消化能/(MJ/kg)	13.02	13.73
粗蛋白质	14.06	18.96
钙	0.71	0.76
磷	0.65	0.59

注：上述配方另加维生素和微量元素添加剂(用量按说明书)。

饲喂种公猪应定时定量，冬季可日喂 2 次，夏季可日喂 3 次，每次不宜喂得过饱，日粮一般占体重的 2.5%～3%。按上述饲粮配方，体重 90 kg 以下的小公猪日喂量 1.4 kg，体重 90～150 kg 的公猪日喂量 1.9 kg，体重 150 kg 以上的公猪日喂量 2.3 kg，即可满足需要。同时供给公猪充足清洁的饮水。

二、种公猪的管理

(一)单圈饲养

种公猪应单圈饲养，并与母猪圈舍相距较远，使其安静，不受外界干扰。同时避免相互间爬跨和造成自淫的恶习。

(二)建立日常管理制度

要根据不同季节为种公猪制定一套饲喂、运动、洗刷、采精和休息等日常管理制度，使公猪养成良好的习惯，形成条件反射，以利于公猪的健康和利用。种公猪的饲养管理制度一经制定，就必须严格执行，不可随便更动。

（三）保持圈舍和猪体的清洁卫生

公猪圈舍应天天坚持打扫，保持清洁、干燥，每天用刷子刷拭1～2次皮毛，保持猪体清洁，防止皮肤病和体外寄生虫病的发生。通过刷拭，还可以促进血液循环，加强新陈代谢。炎热夏天还可洗浴1～2次。要特别注意保持公猪阴囊和包皮的清洁卫生。

（四）合理运动

运动促进血液循环，提高新陈代谢，调节神经系统和内分泌机能，增进食欲，帮助消化，强壮体魄。

公猪每天最少运动1 h，距离不少于2 000 m。要求每天上午、下午各运动一次，每次0.5 h。夏季在早晨和傍晚运动，冬季午后运动。酷热、严寒和刮风下雪应停止运动。

配种忙时运动要适当，闲时运动量要加大；中等膘情运动要适当，体大较肥的公猪运动量要加大。

控制青年公猪增重不能只靠少给料来控制，而应加大运动量来实现。

（五）定期称重

公猪应定期称重，根据体重变化情况检查饲料是否适当，以便及时调整日粮。正在生长的幼龄公猪，要求体重逐月增加，但不宜过肥。成年公猪体重应无太大变化，但需要经常保持中上等膘况。

（六）定期检查精液品质

配种季节应重视精液品质的检查，最好7～10 d检查1次。根据精液品质好坏，调整营养、运动和配种次数，这是保证公猪健壮和提高受胎率的重要措施之一。对种公猪还应合理利用，利用不当会影响后期生产性能。

第三节　配种准备期母猪的饲养管理

配种准备期是指后备母猪配种前 10 d 左右和经产母猪从仔猪断奶到发情配种期间。此阶段习惯上又称为母猪的空怀期。配种准备期母猪的饲养任务是保持正常的种用体况（不肥不瘦），能正常发情、排卵，并能及时配上种。

在营养需要上，此期应特别重视蛋白质的供给，不但要保证数量，而且还要注意质量。一般要求日粮中粗蛋白质占 12%。如果蛋白质供应不足会影响卵子的正常发育，并使排卵数减少。蛋白质品质差也会使受胎率降低，甚至不孕。在矿物质营养上，对钙的供给不足也极为敏感，会造成不易受胎或不孕，产仔数减少或产弱仔多。母猪一般很少感到缺磷。在日粮中应供给钙 15 g、磷 10 g、食盐 15 g。维生素 A、维生素 D、维生素 E 对母猪的繁殖意义很大。日粮中维生素 A 不足，会降低性机能的活动，还会影响卵泡成熟，使受精卵难以着床，引起不孕，使断奶后母猪发情延迟。倘若伴随维生素 D 缺乏，则使上述不良后果加剧。维生素 E 缺乏会造成不育。维生素 B_1、胆碱等对母猪的繁殖性能亦有影响。在母猪不缺乏青绿饲料时，一般不易缺乏维生素，但在冬季和早春缺乏青饲料时，需添加“复合维生素”予以补充。特别是在集约化养猪生产中更应注意补充。在日粮中维生素按每千克日粮中供给维生素 A 4 000 IU、维生素 D 280 IU、维生素 E 11 mg。

根据母猪配种准备期的营养需要特点，在日粮中供给大量的青绿饲料和多汁饲料是很适宜的，这类饲料富含蛋白质、矿物质和维生素，对排卵数量、卵子质量、排卵的一致性和受精都有益处。每天每头应饲喂 4～5 kg 多汁饲料或 5～10 kg 青饲料，1.9～2.4 kg 混合精料。

对断奶后瘦弱的经产母猪如果不能正常发情，可以采取“短期优饲”的措施，即在短期内(5～7 d)提高日粮能量水平，在维持基础上提高 50%～100%，增加精料喂量，使其尽快恢复体况，并能较早地发情排卵、配种，还可增加排卵数 1～2 个。

在管理上，要注意保持圈舍清洁卫生、干燥、空气流通，采光良好，以及温度适宜。一般而言，大多数母猪在断奶 5～7 d 即可发情。对于不发情的母猪应检查原因，及时采取相应的措施。如果是营养不足造成，就应改善饲养条件，调整饲粮组成，适当增加精料，特别是动物性蛋白质饲料的喂量，注意补充青料和矿物质饲料。如果是营养过量造成的，就应减少精料喂量，而增加青绿饲料饲喂，并加强运动，可促使其尽快发情。对于久不发情的母猪，可将公猪赶入母猪圈内追逐爬跨母猪，或将公母猪混养 1 周诱使母猪发情，也可给不发情母猪注射孕马血清 1～2 次，每次肌肉注射 5 mL，或者用绒毛膜促性腺激素，肌肉注射 1 000 IU，其效果均较好。

第四节 妊娠母猪的饲养管理

妊娠母猪饲养管理的好坏直接关系到胚胎的生长发育、产仔数、初生重、仔猪成活率、日增重、母猪的泌乳力和下一个繁殖周期的发情配种。保证妊娠母猪健康，才能保证胎儿发育正常。

一、胚胎的生长发育特点

胚胎的生长发育特点是前期形成器官，后期增加胎重。卵子受精后即靠吸取子宫乳得到营养，到第 11～13 天合子附植嵌入子宫内壁，第 18～24 天胎盘形成，第 30 天胚胎重 2.0 g，此后重量迅速增加(表 7-5)。怀孕 80 d 时，每个胎儿的重量为 400 g，占初生重的 29.0%。如果仔猪初生重按 1 400 g 计算，在怀孕 80 d 以后的短短 34 d 时间里，每个胎儿的增重为 1 000 g，占初生重的

71.00%之多,是前 80 d 每个胎儿总重量的 2.5 倍。

表 7-5　不同胎龄胚胎的重量占初生重量的比例

胎龄/d	胎重/g	占初生重/%
30	2.0	0.05
40	13.0	0.90
50	40.0	3.00
60	110.0	8.00
70	263.0	19.00
80	400.0	29.00
90	550.0	39.00
100	1 060.0	76.00
110	1 150.0	82.00
出生	1 300～1 500	100.00

在妊娠期间,胎儿的生长发育有一定规律。一般可分为前期、后期两个阶段。妊娠开始至 60～70 d,为前期阶段,此时主要形成胚胎的组织器官,胎儿本身绝对增重不大,而母猪自身增加体重较多,妊娠 70 d 后至妊娠结束为后期阶段,此阶段胎儿增重加快,初生仔猪重量的 70%～80%是在妊娠后期完成的,并且胎盘、子宫及其内容物也在不断增长。同时,乳腺细胞也是在妊娠最后阶段形成的。

二、妊娠母猪的饲养

(一)妊娠母猪的营养需要

妊娠初期胎儿发育较慢,营养需要不多,但在配种后 21 d 左右,必须加强妊娠母猪的护理并要注意饲料的全价性,否则就会引起胚胎的早期死亡。因为卵子受精后,受精卵沿着输卵管向子宫移动,附植在子宫黏膜上,并在周围形成胎盘,这个过程需时约 2 周。受精卵在子宫壁附植初期还未形成胎盘前,由于没有保护物，对外界条件的刺激很敏感，这时如果喂给母猪发霉变质或有毒性的饲料，胚胎易中毒死亡。如果母猪日粮中营养不全面，缺乏矿物质、维生素等，也会引起部分胚胎发育中途停止而死亡。由此可见，加强母猪妊娠初期的饲养，是保证胎儿正常发育的第一个关键时期。

妊娠后期，尤其是怀孕后的最后1个月，胎儿的发育很快，日粮中精料的比例应逐渐增加，以保证胎儿对营养的需要，也可让母体积蓄一定的养分，以供产后泌乳的需要。因此，加强妊娠后期的饲养，是保证胎儿正常发育的第二个关键性时期。所谓妊娠母猪"抓两头"就是这个道理。这也是饲养妊娠母猪时，节省饲料，把精料用在刀刃上的科学方法。

妊娠母猪的营养需要详见表5-13、表5-14。

(二)妊娠母猪的饲养方式

我国群众在生产实践中，根据妊娠母猪的营养需要、胎儿发育规律以及母猪的不同体况，分别采取以下不同的饲养方式。

(1)"抓两头带中间"的饲养方式：对断奶后膘况差的经产母猪，从配种前几天开始至怀孕初期阶段加强营养，前后共约1个月加喂适量精料，特别是富含蛋白质饲料。通过加强饲养，使其迅速恢复繁殖体况，待体况恢复后再回到青粗饲料为主饲养，到妊娠80 d后，由于胎儿增重速度加快，再次提高营养水平，增加精料喂量，既保证胎儿对营养的要求又使母猪为产后泌乳储备一定量的营养。

(2)"步步登高"的饲养方式：对处于生长发育阶段的初产母猪和生产任务重的哺乳期间配种的母猪，整个妊娠期的营养水平及精料使用量，按胎儿体重的增长，随妊娠期的增进而逐步提高。

(3)"前粗后精"的饲养方式：对配种前膘况好的经产母猪可以采取这种饲养方式。即在妊娠前期胎儿发育慢，母猪膘情又好者可适当降低营养水平，日粮组成以青粗饲料为主，相应减少精料喂量；到妊娠后期胎儿发育加快，需要营养增多，再按标准饲养，以满足胎儿迅速生长的需要。

科技工作者在总结近一二十年来母猪营养需要研究的基础上，确立了对母猪采取"低妊娠，高泌乳"的饲养方式。即对妊娠母猪采取限量饲养，使妊娠期母猪的增重控制在 20 kg 左右，而哺乳期则实行充分饲养，这是利用饲料最经济的饲养方式。过去认为母猪在妊娠期体内的营养储备有利于哺乳期泌乳，现在则认为妊娠期在体内储备营养供给产后泌乳，造成营养的二次转化，要多消耗能量，不如哺乳期不限量充分饲养经济。同时，哺乳期的饲料利用率以妊娠期增重较少的母猪为高。如果妊娠期营养过于丰富，体脂储备过多，则会使哺乳期母猪食欲不良，影响泌乳量，减重多，影响断奶后的发情配种。

据研究，在妊娠期由饲料养分转化为体脂的效率为 78%，而在哺乳期再由体脂转化为猪乳的效率为 63%，这样由于饲料的二次转化双重损失，其饲料利用率实际上只有 49%（78%×63%＝49%）。而哺乳母猪将饲料直接转化为猪乳时，其效率为 67%。"高妊娠，高泌乳"的饲养方式比"低妊娠，高泌乳"饲养方式，养分损失要高出 1/4 以上。所以，近年来国内外普遍推行对妊娠母猪采取限量饲养，哺乳母猪则实行充分饲养的方法。

（三）妊娠母猪的日粮配合

在实际生产中，妊娠母猪的饲粮组成可以有精料型和青粗料型两种类型。精料型饲料由谷实、饼粕、糠麸、草粉、矿物质饲料、微量元素添加剂和复合维生素添加剂等组成。喂量可根据母猪体重、气候条件灵活掌握，以保证母猪具有不肥不瘦的种用体况为准。

妊娠母猪的饲粮中应搭配适量的粗饲料，最好搭配品质优良的青绿饲料或粗饲料，使母猪有饱感，防止异癖行为和便秘，还可降低饲养成本。许多动物营养学家认为，母猪饲料可含 10%～20%的粗纤维。

根据上述要求,现以北京市农林科学院畜牧兽医研究所对丹麦长白母猪妊娠期饲粮配方为例做一介绍,见表7-6。

表 7-6 丹麦长白母猪妊娠饲粮配方 %

饲料种类	高能高蛋白质	中能中蛋白质	低能低蛋白质
玉米	54.0	51.0	45.0
大麦	14.0	16.5	11.0
豆饼	9.0	6.0	2.0
高粱	—	—	5.0
麸皮	10.0	6.5	9.0
草粉	6.5	15.0	25.0
鱼粉	6.0	3.5	2.0
食盐	0.5	0.5	1.0
贝壳粉		1.0	
每千克饲粮含			
消化能/MJ	12.80	11.84	10.92
粗蛋白质	15.83	13.04	10.67
钙	0.75	0.68	0.62
磷	0.63	0.50	0.48

如果青饲料、青贮料、糟渣类饲料丰富,再适当搭配精料,按妊娠期母猪的饲养标准配合成青粗饲料型饲粮,饲喂妊娠母猪可以节省精料,降低饲养成本。例如,黑龙江阎家岗农场根据生产经验所制定的日粮,能保证母猪平均窝产仔10～11头,初生重1.2 kg,仔猪体质健壮的营养需要,见表7-7。

表 7-7 怀孕母猪典型日粮 kg

期别		豆饼	麸皮	酒糟	糖渣*	豆腐渣*	青料或青贮料	食盐	贝壳粉
怀孕	经产	0.375	0.375	3.0	3.0	3.0	3.0～4.5	0.02	0.07
前期	初产	0.75	0.75	2.0	2.0	2.0	2.0～3.0	0.02	0.05
怀孕	经产	0.625	0.625	3.0	3.0	3.0	3.0～4.5	0.02	0.07
后期	初产	1.00	1.00	2.0	2.0	2.0	2.0～3.0	0.02	0.05

*:指只用其中一种的用量,若两者并则用量减半。

三、妊娠母猪的管理

妊娠母猪管理好坏直接影响胚胎存活和产仔数。因此，在生产上须注意以下几个方面的管理工作。

1. 避免机械损伤

妊娠母猪在妊娠后期宜单圈饲养，防止相互咬架、挤压造成死胎和流产。不可鞭打、追赶和惊吓怀孕母猪，以免造成机械性损伤，引起死胎和流产。

2. 注意环境卫生，预防疾病

凡是引起母猪体温升高的疾病如子宫炎、乳房炎、乙型脑炎、流行性感冒等，都是造成胎儿死亡的重要原因。故要做好圈舍的清洁消毒和疾病预防工作，防止子宫感染和其他疾病的发生。

3. 盛夏酷暑季节，要做好防暑降温工作

降温措施一般有洒水、洗浴、搭凉棚、通风等。冬季要搞好防寒保温工作，防止母猪感冒发烧造成胚胎死亡或流产。

4. 做好妊娠母猪的驱虫、灭虱工作

蛔虫、猪虱最容易传染给仔猪，在母猪配种前应进行一次药物驱虫，并经常做好灭虱工作。

5. 防止突然更换饲料

更换妊娠母猪饲料，一般需要经过 5～7 d。母猪在产前 10～15 d 起，即需将饲料种类逐渐更换成产后饲料。更换饲料切忌突然更换，以防止引起母猪便秘、腹泻，甚至流产。

6. 避免应激

母猪怀孕 21 d 内胚胎尚未着床，绝对避免冷、热应激，喂给过多的饲料以及其他任何应激，防止胚胎死亡。妊娠母猪舍要安静，妊娠期尽量不要拆群组群，饲养人员进舍要先打下招呼，不要突然惊动，使猪拥挤滑倒，以免造成流产和不必要的损失。

7. 适当增加饲喂次数

母猪妊娠后期应适当增加饲喂次数，每次不能喂得过饱，以免增大腹部容积，压迫胎儿造成死亡。母猪产前减料是防止母猪乳房炎和仔猪下痢的重要环节，必须引起足够重视。

8. 适当运动

妊娠母猪要给予适当的运动。无运动场的猪舍，要赶至圈外运动。在产前 5～7 d 应停止驱赶运动。

第五节　母猪分娩前后的饲养管理

一、母猪分娩前后的饲养

（一）分娩前的饲养

体况良好的母猪，在产前 5～7 d 应逐步减少 20%～30%的精料喂量，到产前 2～3 d 进一步减少 30%～50%，避免产后最初几天泌乳量过多或乳汁过浓引起仔猪下痢或母猪发生乳房炎。体况一般的母猪不减料，对体况较瘦弱的母猪可适当增加优质蛋白质饲料，以利于母猪产后泌乳。临产前母猪的日粮中，可适量增加麦麸等带轻泻性饲料，可调制成粥料饲喂，并保证供给饮水，以防母猪便秘导致难产。产前 2～3 d 不宜将母猪喂得过饱。

（二）分娩当天的饲养

母猪在分娩当天因失水过多，身体虚弱疲乏，此时可补喂 2～3 次麸皮盐水汤，每次麸皮 250 g，食盐 25 g，水 2 kg 左右。

（三）分娩后的饲养

在分娩后 2～3 d 内，由于母体虚弱，消化机能差，不可多喂精料，可喂些稀拌料（如稀麸皮料），并保证清洁饮水的供应，以后逐渐加料，经 5～7 d 后按哺乳母猪标准饲喂。

二、母猪分娩前后的管理

临产前应在圈内铺上清洁干燥的垫草，母猪产仔后立即更换垫草，清除污物，保持垫草和圈舍的干燥清洁，要防止贼风侵袭，避免母猪感冒引起缺奶造成仔猪死亡。保持母猪乳房和乳头的清洁卫生，减少仔猪吃奶时的污染，产后 2～3 d 不让母猪到户外活动，产后第四天无风时可让母猪到户外活动，让母猪充分休息，尽快恢复体力，哺乳母猪舍要保持安静，有利于母猪哺乳。要注意对产后母猪的观察，如有异常及时请兽医诊治。

第六节 哺乳母猪的饲养管理

一、哺乳母猪的饲养

母乳是仔猪生后 3 周内的主要营养来源，是仔猪生长的物质基础，养好哺乳母猪，保证它有充足的乳汁，才能使仔猪健康成长，提高哺乳仔猪断奶窝重，并保证母猪有良好的体况，仔猪断奶后母猪能及时发情配种，顺利进入下一个繁殖周期。

（一）母猪的泌乳规律和乳汁成分

母猪乳房结构的特点是没有乳池，不能贮存乳汁，亦不能随时排乳，每个乳房有 2～3 个乳腺管，各乳头之间相互没有联系，哺乳时，靠仔猪吮吸刺激下才能放乳，而且每次放乳时时间又很短，因此，一昼夜哺乳次数较多，平均 22 次，两次哺乳时间间隔仅 67 min。母猪产后头 3 d 乳为初乳，3 d 后为常乳。初乳中的干物质和蛋白质含量高，并且含有免疫球蛋白，可提高仔猪抗病力，是仔猪不可缺少的免疫抗体，不喂初乳的仔猪很难成活。初乳中的脂肪、乳糖、矿物质则低于常乳，见表 7-8。

表 7-8 猪的初乳和常乳成分比较 %

名称	水分	干物质	脂肪	蛋白质	乳糖	灰分
初乳	77.79	22.21	6.23	13.33	1.97	0.68
常乳	79.68	20.32	9.97	5.26	4.18	0.91

(二)母猪的泌乳量

母猪的泌乳量是指泌乳母猪在一个泌乳期内的泌乳量。泌乳量的高低与仔猪的成活率和生长发育速度有着密切关系。母猪60 d的泌乳量因品种和个体而异,一般为250～400 kg,日泌乳量在分娩后逐渐增加,产后3周达到最高峰,以后则逐渐下降,一般产后30 d内泌乳量占全期的60%～70%,为提高母猪的泌乳量,必须抓好产后第一个月的饲养(表7-9)。

表 7-9 母猪哺乳期泌乳量比较

项目	第一旬	第二旬	第三旬	第四旬	第五旬	第六旬	第七旬
各旬产乳量/%	15.0	20.0	21.0	17.5	13.0	10.0	3.5
每昼夜产乳量/kg	4.0	4.5	6.0	5.5	4.5	4.0	2.0～3.0

母猪乳头的位置不同,产乳量也不一样,一般前胸部乳头比后腹部乳头产乳量高。母猪头胎的产乳量较低,以3～5胎的产乳量最高,6～7胎以后下降。

(三)影响泌乳量的因素

影响母猪泌乳量的因素很多,有品种、胎次、带仔数、饲养管理等。

(1)品种:一般规律是大型肉用或兼用型猪种的泌乳力高,小型或产仔较少的脂用型猪种的泌乳力较低。杂种母猪泌乳量也表现出一定的杂种优势,比较高。

(2)胎次:一般情况,初产母猪的泌乳力低。初产母猪的乳腺发育不完善,又缺乏哺育仔猪的经验,对仔猪哺乳的刺激,经常处于兴奋或紧张状态,排乳较慢,第2～4胎泌乳量上升,以后保持一定水平，6～7 胎之后呈下降趋势。

(3)带仔数：母猪一窝带仔数多少与其泌乳量关系密切。

据英国农业研究会(ARC，1981)的观测窝仔数少的泌乳量低，窝仔数多的泌乳量高(表 7-10)。带仔数多，全部有效乳头都能充分利用，吸出的乳量也多。据此，采取并窝寄养方法，调整母猪产后的带仔数，使其带满全部有效乳头的做法，可以发掘母猪泌乳潜力。同时产仔少的母猪，仔猪被寄养出去后可以促使其很快发情配种，从而提高母猪的利用率。

表 7-10　产仔数对母猪泌乳量的影响

产仔数	母猪产乳量/(kg/d)	仔猪吸乳量/[kg/(头·d)]
6	5～6	1.0
8	6～7	0.9
10	7～8	0.8
12	8～9	0.7

(4)饲养管理：营养水平和饲料品质是影响泌乳量的主要因素，在哺乳期内如不能满足母猪的营养需要，就不能充分发挥母猪的泌乳潜力。哺乳期母猪饲料的营养水平、饲喂量、环境条件和管理措施均可影响母猪泌乳量。一般安静舒适的环境有利于母猪的泌乳。故夜间的泌乳量高于白天，粗暴地对待母猪，轻易变动工作日程以及气候条件的变化等均会影响泌乳量。

(四)哺乳母猪的饲养

1. 营养需要和饲料配合

哺乳母猪的营养需要由其本身的维持需要和泌乳需要两部分组成。

哺乳母猪的营养需要量，因品种、体重、带仔数不同而有差异。如体重 90 kg 左右，带仔 10 头的地方品种经产母猪，每日需消化能 47.28 MJ，粗蛋白质 533 g，钙 25 g，磷 16.6 g，而一头 120～150 kg 体重，带仔 10 头外国良种猪，每日需消化能 60.67 MJ，粗蛋白质 700 g，钙 32 g，磷 22.5 g。

哺乳母猪的饲粮配合，要求每千克饲粮含消化能 12.14 MJ，粗蛋白质 14%，钙 0.64%，磷 0.46%，盐 0.4%。哺乳母猪每日营养需要和饲粮配合要求参见表 5-15、表 5-16、表 5-21。

按营养需要配合哺乳母猪饲粮，能保证每日营养供给，才能获得满意的生产效果。例如，北京市北郊农场畜牧实验站，按标准配合妊娠母猪和哺乳母猪饲粮，所配饲粮（表 7-11）妊娠母猪日喂量 2 kg，哺乳母猪日喂量 5 kg，获得了满意的繁殖成绩。

表 7-11 母猪饲粮配方 %

饲料	妊娠母猪	哺乳母猪
玉米	48	58
大麦	15	—
麦麸	25	29.5
叶粉	8	—
鱼粉	—	1.5
豆饼	2	9
骨粉	1	1.7
食盐	0.5	0.3
添加剂	0.5	—
每千克饲料含消化能/MJ	12.43	12.16
粗蛋白	11.35	13.19

在生产实际中，可根据精料的多少选择精料型日粮和混合型日粮，如选用精料型日粮，注意添加维生素添加剂。精料型日粮可参考表 7-12，精、青、粗混合型日粮可参考表 7-13。

表 7-12 哺乳母猪精料型日粮配方

饲料名称	配方 1	配方 2	配方 3
玉米/kg	3.4	3.2	3
豆饼/kg	0.5	0.4	0.4
菜籽饼/kg	0.1	0.3	0.2
糠麸/kg	1.2	1.4	1.0
鱼粉/kg	0.3	0.2	0.25
贝壳粉/g	30	30	30
骨粉/g	30	30	30
食盐/g	20	20	20

表 7-13 哺乳母猪混合型日粮配方 %

饲料名称	配合比例	饲料名称	配合比例
高粱	10	鱼粉	7
黄玉米	40	骨粉	2
豆饼	12	食盐	0.5
大麦	5	每日每头喂量	6.95
麸皮	8	风干料/kg	4.5
粉渣	9.5	含消化能/MJ	60.67
青贮料浆	6	可消化粗蛋白质/g	573

2. 饲料喂量

喂料量要根据母猪的膘情、食欲、带仔猪多少和哺乳期的不同阶段相应增减，一般在妊娠给食量 1.5 kg 的基础上，每带一头仔猪外加 0.5 kg，即每日喂给湿拌料或干粉料 5.5～6 kg，日喂 3～4 次(每次间隔时间要长些)或自由采食。泌乳好的母猪要多喂、勤喂。断奶前 3 d 要逐渐减料，日喂 2 kg 左右为宜，以防断奶后母猪产奶过多而患乳房炎。

由于产房每头母猪喂料量有多有少，应在每头母猪饲槽前挂喂料量牌，按牌量给料。

在使用青饲料和加工副产物较多的情况下，每日喂精料 3～

4 kg,如果青饲料和加工副产物不足或缺乏,应增加精料喂量,整个哺乳期精料分配是60%～65%集中在产后第1个月使用,35%～40%分配在产后第2个月,这样既可满足第1个月泌乳量高的营养需要,又可避免母猪失重过多,对于初产母猪,由于自身还处于生长发育时期,因此在整个泌乳期都应保持较高的营养水平。

3.饲养技术

哺乳母猪的饲料配合应多样化,易消化,营养全面,适口性好,同时要求哺乳期饲粮应保持相对稳定,以免母猪不适应造成减食,影响母猪泌乳。为保持母猪良好的食欲和必需的采食量,可采取每日喂3次。青绿多汁饲料适口性好,容易消化,含维生素丰富,蛋白质品质也优良,并且有催乳作用,可显著地提高母猪泌乳力,可适当多喂些。猪乳中含有80%的水分,因此,应保证饮水供应,让母猪自由饮水,不喂冰水,切忌饲喂霉烂、腐败和变质饲料,以免引起母猪和仔猪下痢,或诱发其他疾病,严重者还会中毒死亡。

注意催乳与压乳,对泌乳量少的母猪,应分析原因,改进饲养管理,进行人工催乳,如适当增加精料喂量,或增加富含蛋白质的催乳饲料,或用药物催乳。对产后泌乳过多、过浓的母猪,可适当减少精料喂量,以免引起仔猪消化不良、下痢和母猪发生乳房炎,在仔猪断奶前3～5 d,应逐渐减少母猪日粮中的精料和青绿多汁饲料,以促使回奶,对膘况差的母猪也可不减料,母猪在仔猪断奶后的2～3 d内,应不急于加料,等母猪乳房的皮肤出现皱褶,说明已经回奶,再适当加料,以促使母猪早发情和多排卵。

二、哺乳母猪的管理

哺乳母猪的正确管理,对保证母仔的健康,提高泌乳量极为重要,应注意做好以下管理内容。

哺乳母猪舍一定要保持清洁干燥和通风良好,冬季要注意防寒保暖。母猪舍肮脏潮湿常是引起母、仔患病的原因,特别是舍内空气湿度过高，常会使仔猪患病和影响增重，应引起足够重视，注意运动，多晒太阳，合理运动和让猪多晒太阳是保证母、仔健康，促进乳汁分泌的重要条件，产后 3～4 d 开始让母猪带领仔猪到运动场内活动。

保护好哺乳母猪的乳房和乳头，仔猪吸吮对母猪乳房乳头的发育有很大影响。特别是头胎母猪一定要注意让所有乳头都能均匀利用，以免未被利用的乳房发育不好，影响以后的泌乳量。当新生仔猪数少于母猪乳头数时，应训练仔猪吃两个乳头的乳，以防剩余的乳房萎缩。经常检查乳房，如发现乳房因仔猪争乳头而咬伤或被母猪后蹄踏伤时，应及时治疗，冬天还要防止乳头的冻伤，腹部下垂的母猪，在躺卧时常会把下面一排乳头压住，造成仔猪吃不上奶，可用稻草捆成 60 cm 左右长的草把，垫在母猪腹下，使下面的乳头露出来，便于仔猪吮乳，腹部过分下垂的母猪，乳头经常拖在地上，应注意地面的平整；并经常保持地面清洁。注意观察母猪膘况和仔猪生长发育情况，如果仔猪生长健壮，被毛有光泽，个体发育均匀，母猪体重虽逐渐减轻但不过瘦，说明饲养管理合适。如果母猪过肥或过瘦，仔猪瘦弱生长不良，说明饲养管理存在问题，应及时查明原因，采取措施。

三、产房管理制度

(1)产房人员不准离岗，对产仔母猪和新生仔猪 48 h 监护。

(2)随时检查和观察母猪、仔猪体温、乳房软硬度、食欲、粪便、起卧表现，如有异常，做好记录并报告兽医及时治疗。

(3)做好防寒保温和防暑降温工作，舍内温差不能突变，要求变幅不超过 5℃，否则容易诱发疾病。

(4)产房经常保持通风干燥、清洁卫生，每日清扫 2 次，猪床上粪便及时铲出，只能清扫或用刷子刷擦，不能冲洗。每周带猪消毒 2 次。带猪消毒方法：选用 1% 火碱或百毒杀、次氯酸(按说明用)

等，不同性质的消毒药交替使用。

(5)28～35日龄断奶后母猪转回待配合，仔猪原栏培育，并及时做好断奶称重及记录。

四、生产实践中存在的问题

(一)母猪缺乳或无乳

在哺乳期内，有个别母猪在产后缺乳或无乳，导致仔猪发育不良或饿死。如遇到这种情况，应查明原因，及时采取相应措施加以解决。

1. 无乳的原因

母猪营养不良，过度瘦弱，年老体衰，生理机能衰退；或母猪过肥，乳房被脂肪填充，对仔猪吮吸刺激弱；或配种过早，乳房和乳腺发育不全；或母猪产后患子宫炎、乳房炎、高烧等造成无乳；有时个别母猪个别乳头孔内有乳塞现象，饲养人员可用手用力挤压，挤出乳塞后就能吸出乳。对于乳头孔闭锁(由于褥草中有一种叫文伞梗孢子菌的真菌，它引起乳头顶皮肤发生化脓性坏死炎症，从而使乳房乳头孔结疤而闭锁)，仔猪拱乳又无力，不能正常放乳时，饲养员在仔猪拱乳时，用手掌帮助按摩乳房，同时用嘴发出类似仔猪吃乳的“啧啧声”，这样可促使母猪正常放乳，吃过几次，当仔猪吃饱体力增强后，自己就能用力拱乳，母猪也能正常放乳了。

2. 催乳方法

(1)先将母猪与仔猪暂时分开，每头母猪用20万～30万IU催产素肌肉注射，用药10 min后让仔猪自行吃乳，一般用1～2次药即可达到催乳效果。

(2)喂豆浆、荤油。在煮熟的豆浆中，加入适量的荤油，连喂2～3 d。

(3)花生仁500 g，鸡蛋4个，加水煮熟，分2次喂给，1 d后就可催乳。

(4)海带 250 g 泡涨后切碎，加入荤油 100 g，每天早晚各1次，连喂 2～3 d。

(5)白酒 200 g，红糖 200 g，鸡蛋 6 个。先将鸡蛋打碎加入红糖搅匀，然后倒入白酒，再加少量精料搅拌，一次性喂给哺乳母猪，一般 5 h 左右产乳量大增。

(6)喂胎衣，将各种健康家畜的鲜胎衣(母猪自己的也可以)，用清水洗净，煮熟剁碎，加入适量的饲料和少许盐，分 3～5 次喂完，可催乳。

(7)将活泥鳅或鲫鱼 1 500 g 加生姜、大蒜适量及通草 5 g，煎水拌料连喂 3～5 d，催乳效果很好。

(8)中药：用王不留行 35 g、通草 20 g、穿山甲 20 g、白术 30 g、白芍 20 g、黄芪 30 g、当归 20 g、党参 30 g，水煎加红糖喂服。或用木通 30 g、茴香 30 g，水煎后拌入少量稀粥，分 2 次喂给。

(二)母猪拒绝哺乳仔猪

拒乳指母猪产后拒绝哺乳仔猪。拒乳有下列几种情况：其一是母猪缺乳或少乳，仔猪总缠着母猪吮吸乳头，使母猪不安，乃至乳头发痛而拒绝哺乳。此种情况需要提高母猪饲料营养水平，添加充足的催乳饲料，母猪乳汁分泌量增加，拒乳现象可以消失。其二是母猪患乳房或乳头擦伤，或因个别仔猪犬齿太长、太尖，哺乳时乳房疼痛而拒乳。此种情况需请兽医及时治疗。其三是初产母猪没有哺乳经验而不哺乳，对仔猪吸吮刺激总是处于兴奋和紧张状态而拒绝哺乳。生产上可采取醉酒法，用 100～200 g 白酒拌适量精料一次喂给哺乳母猪，然后把仔猪捉去吃奶，或者肌肉注射盐酸氯丙嗪(冬眠灵)，每千克体重 2～4 mg，使母猪睡觉，也可在母猪躺卧时，用手轻轻抚摸母猪腹部和乳房，然后再让仔猪吸乳。经过几次哺乳，母猪习惯后，就不会拒绝哺乳。

(三)母猪吃小猪

生产中个别母猪吃小猪是因为母猪吃过死小猪、生胎衣或泔水中的生骨肉(初生小猪的味道与其相似);母猪产仔后,非常口渴,又得不到及时的饮水,别窝小猪串圈入此圈,母猪闻出气味不对,先咬伤、咬死,后吃掉,或者由于母猪缺乳,造成仔猪争乳而咬伤乳头,母猪因剧痛而咬仔猪,有时咬伤、咬死后吃掉。消除母猪吃小猪的办法:供给母猪充足营养,适当增加饼类饲料,多喂青绿、多汁饲料,每天喂骨粉和食盐,母猪产仔后,及时处理掉胎衣和死小猪,不喂有生骨肉的泔水,让母猪产前、产后饮足水,不使仔猪串圈等。

思考题

1. 后备猪的饲养管理要求是什么?
2. 种公猪的饲养管理要求是什么?
3. 妊娠母猪的饲养管理要求是什么?
4. 为什么要区别对待分娩前后的母猪饲养管理?
5. 哺乳母猪的饲养管理要求是什么?
6. 母猪缺乳或无乳的原因有哪些?
7. 母猪催乳方法有哪些?
8. 如何对待母猪拒绝哺乳?

第八章　仔猪培育

仔猪阶段，是猪一生中生长发育最迅速、物质代谢最旺盛，又是对营养不全最敏感的阶段。仔猪培育效果的好坏直接关系到断奶育成率的高低和断奶体重，它是搞好养猪生产的基础，对加速猪群周转，提高养猪经济效益，起着十分重要的作用。培育仔猪的基本任务是获得最高的成活率和最大的断奶窝重。

第一节　哺乳仔猪的培育

哺乳期仔猪是指从初生至断奶时的仔猪。在这个阶段里，仔猪处于哺乳期，必须根据仔猪生长发育规律和生理特点，以及营养需要和对饲料要求的特点，精心培育，才能收到良好效果。

一、初生仔猪对环境变化的应激

仔猪出生前在母猪子宫内发育，到出生后在母猪哺育下生长发育，生活和生存环境发生了极大的变化，对这种变化，仔猪必然表现出应激反应。仔猪出生后环境变化表现在以下 3 个方面。

(1)仔猪出生前，生活在母体子宫内，在胎盘形成后，胚儿发育的全过程，均依靠母子胎盘的血液循环来实现气体交换，获取氧气并排出二氧化碳。同时，也依靠胎盘血液循环获取营养。出生后，新生个体转化为依靠自己的肺呼吸；依靠母乳并逐步过渡到依靠饲料获得营养。

(2)母猪子宫内环境温度恒定，一般保持在 39～39.5℃范围内，而出生后则处于自然环境中，面临的是天气变化的严峻考验。

(3)母猪子宫内为无菌环境，而出生后却受自然环境中各种微生物的侵袭。甚至生后 1～2 h 新生个体肠道内就有大肠杆菌的存在。

仔猪出生时所发生的这些变化，是对仔猪生命的严峻考验。在仔猪养育过程中，应当精心照顾，合理安排仔猪的饲养管理，尽量减少这些不利因素对初生仔猪的影响。

二、哺乳仔猪的生理特点

由于初生仔猪生理上的不成熟，常因饲养管理上的不当，影响其生长发育，甚至造成死亡。初生阶段是提高仔猪成活率的关键时期。

初生仔猪的生理特点表现为以下几个方面。

1. 生长发育快，代谢机能旺盛，利用养分能力强

初生仔猪体重小，各器官发育不完善，对外界抵抗力低，四肢弱小，容易因意外事故造成死亡。

哺乳仔猪的另一个特点是生长发育快，由出生时的体重 1 kg 左右，到 30 日龄时增长 5～6 kg，60 日龄可增长 10～15 kg，甚至更高。

仔猪从 20 日龄以后逐渐增快，在断奶后随年龄增长，生长强度减弱。仔猪快速的增长，需要充足的营养供给，在哺乳期特别是在 30 日龄前必须保证充足的母乳。

另外，仔猪生长的主要体组织是蛋白质，体细胞内含水率较高。形成体蛋白质所需的能量比形成体脂肪消耗的能量约少 40%。所以，小猪要比大猪长得快，能更有效地利用饲料。

2. 消化器官的重量和容积小，消化机能不完善

初生仔猪胃的重量为 5～8 g，胃的容积小，仅能容纳乳汁 20～50 g；仔猪胃肠容积小，排空速度快，所以初生仔猪哺乳的次数多。随着年龄的增长，胃肠呈现强烈的生长态势。

初生仔猪的消化机能不完善。主要表现为消化腺发育不全，消化液的分泌不足。初生仔猪胃内仅有凝乳酶，胃蛋白酶很少，而且胃底腺不发达不能制造盐酸。由于缺乏游离盐酸，胃蛋白酶原不能激活而无活性，它不能很好地消化蛋白质，特别是植物蛋白质。在此时，肠腺和胰腺发育较完善，胰蛋白酶、乳糖酶的活性较高，食物主要在小肠内消化。因此，初生阶段的仔猪只能吃奶而不能利用植物性饲料。

初生仔猪胃液中缺乏游离盐酸，一般 20 日龄才有少量盐酸出现，到 40～45 日龄时仔猪胃内的游离盐酸量才能达到杀菌浓度。在这之前，仔猪极易遭受微生物侵袭。因此，必须特别注意饲料、饮水卫生和食槽、猪舍的消毒，减少病从口入。

3. 体温调节机能不完善，对寒冷的应激能力差

初生仔猪皮下脂肪少，其御寒能力差；被毛稀少，保温能力差，体表面积较大，体温散失快。所以，初生仔猪对寒冷较敏感。

在仔猪初生阶段，大脑皮层体温调节中枢发育不完善，还不具有将血糖和肝糖原转化成热能来维持体温的能力。所以，体温被动地随环境温度的升降而波动，在寒冷的刺激下，初生仔猪很难维持体温平衡。据资料，初生仔猪的临界温度是 35℃，如果初生仔猪处在 13～24℃之间，在生后的第 1 小时，体温可下降 1.7～7℃。如果初生仔猪裸露在 1℃的环境中，2 h 可冻昏、冻僵，甚至冻死。仔猪体温调节机能，6 日龄时还很差，9 日龄才得到改善，至 20 日龄时接近完善。根据仔猪这一特点，在寒冷的冬季与早春产仔时，做好初生仔猪的防寒保温工作，就显得特别重要了。

4. 缺乏先天性免疫力，容易患病

母猪的免疫抗体是一种大分子 γ-球蛋白，由于脐带血管被 6～7 层组织将其与母猪血管隔开，限制了母猪抗体输入胎儿，致使初生仔猪缺乏先天免疫力。只有吃到初乳以后，靠初乳把母猪的抗体传递给仔猪，并过渡到自体产生抗体获得免疫力。仔猪出

生后通过吮母猪的初乳而获得免疫的这种免疫方式称为被动免疫或后天免疫。仔猪获得免疫球蛋白，是在出生后由母猪的初乳中得来的。仔猪出生后 24 h 内，其肠道上皮细胞处于原始状态，具有很大的渗透性。仔猪吸食初乳后，初乳中大分子免疫球蛋白可以直接地被吸收到仔猪血液中，使仔猪免疫力迅速增加。以后，随着仔猪肠壁的增厚，母液抗体进入仔猪血液的量逐减直至完全不能进入。母源抗体在仔猪体内降低的速度很快，其半衰期最长的只有 2 周龄左右，而仔猪自身抗体产生约在 10 日龄以后，30～35 日龄时仍很少，须到 35～42 日龄时才达正常水平。因此，3 周龄是抗体青黄不接阶段，最易患下痢。到此时仔猪已开始吃食，胃液中又缺乏游离盐酸，对随饲料和饮水进入消化道的病原微生物没有抑制作用。这是仔猪多病的又一病因。基于上述几点，在 24～36 h 内使仔猪吃足初乳，在管理上对仔猪进行免疫预防注射就显得十分重要了。

三、养育哺乳仔猪的关键措施

在仔猪哺乳期内，为提高仔猪成活率和断奶窝重，养育中应采取以下措施。

(一)抓好初生关，提高仔猪成活率

让仔猪出生后吃足母奶(特别是初乳)，是保证仔猪发育健壮的关键，做好防寒保暖，防压、防病工作，是提高成活率的基本措施。

1. 固定乳头，吃足初乳

初乳，是指母猪产后 3 d 内分泌的乳汁。初乳中含有丰富的蛋白质、维生素、钙、磷，营养价值高。初乳内含有多种酶，初乳酸度高，有利于消化。初乳内含有免疫球蛋白可以提高仔猪抗病力，增强健康，初乳中还含有镁盐，可以促进胎粪排出。初乳对仔猪是不可缺少和替代的。必须保证每头仔猪都能吃到、吃足初乳。

人工固定乳头，一般采用“抓两头顾中间”的办法，即将一窝中最强的、最弱的和最爱抢奶的仔猪控制到位，强制其吃指定的乳头，其余仔猪让其自由选择乳头。固定奶头必须从母猪产后第一次哺乳时开始。具体做法是：在母猪第一次哺乳前，用湿毛巾擦净母猪腹部、乳房及乳头，挤掉乳头内前几滴乳。再将仔猪放在母猪身边，让仔猪自寻乳头，待多数仔猪找到乳头后，再行调整。将发育较差，初生重较小的仔猪，调整到母猪胸前乳头上吮乳，将强壮体大的仔猪调整到母猪后面乳头上吮乳，其余仔猪留在其自行寻找的乳头上吮乳，位次不变。当第一次哺乳时确定好位次后，在母猪每次哺乳时，饲养员都应该监视吮乳仔猪，不允许打乱既定位次，经过几天的调教，仔猪就能按固定的位次吮乳。

固定乳头是一项细致的工作，特别是开始阶段，要有耐心给予细心照顾，必要时对个别不依位次吮乳的仔猪，强行令其在指定的乳头上吮乳。

2. 防压、防踩

仔猪生后的 1 周内，因母猪的踩、压致伤致死仔猪事件时有发生。这是因为初生仔猪反应迟缓，行动不灵活；在寒冷季节喜欢挤在一起，好钻草堆或钻入母猪腹下取暖，母猪起、卧时稍有不慎，即发生压死、踩死仔猪。尤其是那些母性不强、起卧动作粗鲁的母猪更易发生。

防止母猪踩、压死仔猪，最有效的措施是设置护仔间或护仔栏。规模化养猪场有专用产房，产房内设有分娩栏，每头母猪都安置在分娩栏内，大大降低了踩死、压死仔猪的可能性。对不采用分娩栏产仔的猪舍，在栏圈内设置护仔间，将仔猪置于护仔间内，同时，注意保暖，定时放出仔猪吮乳。如果没有护仔间，可采用护仔筐，在初生的 5 d 内，将仔猪安放于筐内，使母仔分开，每隔 60～90 min 哺乳一次。也可在猪床靠墙的一面或三面设护仔栏。护仔栏用钢管、圆木（直径 5～10 cm）在离墙和地面各 25～30 cm 处做成护栏，可以防止母猪踩压仔猪。

此外，在日常管理中，在寒冷冬季保暖，防止仔猪挤压聚堆，保持环境和圈舍安静，防止母猪受惊而突然起卧等，对防止母猪踩压仔猪有一定的作用。一旦发现母猪已经压住仔猪时，可以拍打母猪耳根或提起母猪尾巴，令其站起，救出仔猪。

3. 防寒保暖

1～7 日龄仔猪最适温度为 28～32℃，而此时仔猪自身保温能力和调节体温适应环境的应激能力都差，在寒冷季节怕冷，尤其在生后前几天更为突出。初生阶段是防寒保暖的重点时期。

仔猪的保温办法很多，可根据条件因地制宜。在规模化养猪场的圈舍内，设有护仔间或红外线保温箱，保温在其中进行。农家养猪多通过调节仔猪的产仔季节，避开寒冷季节，安排在春、秋季节适宜月份产仔。如全年产仔，应设产房，堵塞风洞，加铺垫草，保持舍内干燥。或在仔猪躺卧处加铺厚垫草，天冷时，可在仔猪窝的上面悬吊一束干草，让仔猪钻在下面取暖。有条件时，可以在产圈内设置红外线保温箱或保温室。红外线保温箱可用木制，容量约 1 m^3，固定于产圈的一角，留一个仔猪出入口，内悬挂一个 250 W 的红外线灯泡。红外线保温室可在两个相邻的产圈中间用砖或水泥修建宽 90 cm、高 80 cm 的保温小室，靠产圈一侧留一个宽 20 cm、高 30 cm 的仔猪出入口。室上面用板盖上，地面铺厚草，内挂 1 个 250 W 的红外线灯泡。保温室内温度，以调节红外线灯泡的高度来控制。保温室既可保温，还可以防母猪踩、压仔猪。

4. 寄养与并窝

寄养是将一头或几头母猪所产的多余母猪有效乳头数的仔猪，寄放给另一头产仔数少的母猪哺育。并窝则是将产仔数少的母猪的 2～3 窝仔猪合并起来，给其中一头泌乳性能较好的母猪哺育，让不带仔猪的母猪提早发情配种。

在养猪生产中，常出现母猪无乳、产后因病不能养育仔猪、母猪死亡、母猪产仔数少、母猪产仔数多于母猪有效乳头数或初产仔猪弱小等情况，在这些情况下，即可采取寄养或并窝措施。

无论是寄养或并窝，为保证其成功，所寄养或并窝仔猪的产期应尽可能接近，最好不超过 3～4 d。同时，所寄养或并窝的仔猪，都需吃到初乳。另外，所选择的代哺母猪必须要母性强，性情温顺，泌乳量高。寄养时可能发生被寄养的仔猪不认代哺乳母猪而拒绝吃奶，一般多发生于先产的仔猪往后产的窝里寄养时。解决办法是将寄养仔猪暂停止哺乳 2～3 h，待仔猪感到饥饿时，就会自己寻找代哺乳母猪的多余奶头吃奶；如果个别仔猪仍继续拒绝吃奶，可人工辅助把奶头放入仔猪口中，强制挤奶哺乳，经过 2～3 次强化，寄养可获得成功。另外，母猪依据嗅觉来辨别自己所产仔猪，对寄养或并窝来的仔猪拒绝哺乳并追咬仔猪。针对这种情况，在寄养或并窝时，先将代乳母猪和仔猪分开，然后将寄养或并窝来的仔猪与代乳母猪所产仔猪放在一起 0.5～1 h，使不同窝仔猪的气味一致，而这时代乳母猪的乳房已膨胀，仔猪已有饥饿感，再将其放出哺乳。或将寄养并窝的仔猪与原代乳母猪所产仔猪同放一窝内，向窝内喷洒少量的酒，混淆仔猪间的气味，然后再让代哺母猪哺乳。

在母猪产仔多而又无寄养并窝条件时，可采用以下办法。

(1)轮流哺乳：将窝产仔猪分为两组，其中一组仔猪数与母猪有效乳头数相等，剩余的为第二组，两组轮流哺乳，必要时加喂牛乳或羊乳，并实施早期断乳。这种方法较费劳力，工作繁重，夜间尚需值班人员照顾。

(2)市场交易调节：将窝产超过了母猪有效乳头数的初生仔猪，在 24 h 以内送到初生仔猪交易市场交易，调节其他养猪户，让自己产仔数少的母猪哺乳。20 世纪 90 年代初，在重庆市荣昌县石河镇自发地形成了一个初生仔猪交易市场，经过几年发展正在全县范围内推广。初生仔猪交易市场的形成和发展，调节了农户初生仔猪的余缺，不仅提高了荣昌县仔猪的育成率，而且也增加了农户养猪的经济效益。此法值得在饲养母猪多的地区推广。

(二)抓好补饲关，提高仔猪断奶重

提前诱饲，早期补饲是提高哺乳仔猪断奶重的关键措施。

1. 仔猪早期补饲的重要性

仔猪阶段是生长最快，饲料利用率最高的时期。仔猪生长至20日龄后，其体重及营养的要求每日俱增。从母猪泌乳规律来看，泌乳量在20 d左右达到泌乳高峰，以后又逐渐下降，此时仔猪生长发育加快，营养的需求量越来越多，从而出现了仔猪营养需要与母猪泌乳量供应不足的矛盾。

传统的养猪方法是在仔猪20～30日龄才给仔猪补饲饲料。由于补饲时间迟，当母猪泌乳下降时，仔猪还不能采食饲料，不能从饲料中获得其快速生长的营养，因而营养不足，体重下降，瘦弱，抗病力降低，易发生下痢等疾病。严重者可影响仔猪发育，甚至形成僵猪或造成死亡。在仔猪养育过程中，解决这个矛盾的最佳措施就是“提前诱食，早期补饲”。这项技术措施的具体做法是：在仔猪出生7～8 d开始用诱食料(又称“开口料”)，引诱仔猪开口吃饲料，逐渐养成仔猪采食饲料的习惯，待母猪泌乳开始下降时，也就是仔猪20日龄左右，仔猪已能大量采食饲料，此时对仔猪补饲饲料，供给仔猪快速生长的营养所需，以弥补母乳的不足。

2. 诱食的方法

仔猪出生后3～5日龄，活动量显著增加，有时离开母猪到圈外啃咬硬物或拱掘地面；7～10日龄开始长牙，齿龈发痒也正是训练的好机会。诱食一般从5～7日龄开始，经过7～14 d的诱食训练，仔猪就习惯吃料，进入旺食期。生产中有以下诱食方法。

(1)饲喂甜食：仔猪喜欢甜食，选择香甜、清脆、适口性好的饲料。如带甜味的南瓜、胡萝卜等切成小块作诱食，或将炒熟的麦粒、谷粒、豌豆、玉米、黄豆、高粱等籽粒喷上糖水或糖精水，并裹上一层配合饲料，拌少许青饲料，于上午 9 点至下午 3 点放在仔猪经常游玩的地方，任其自由采食。

(2)强制诱食：在母猪泌乳量高时，仔猪恋乳而不愿提早吃料，此时采取强制措施。做法是将配合饲料加糖水调制成糊状，涂抹于仔猪嘴唇上，让其舔食。仔猪经过 2～3 d 强制诱食训练，便会自行吃料。

(3)喂黄土料：仔猪 7～10 日龄开始长牙，齿龈发痒，喜欢啃食和拱土，此时将炒熟的粒状饲料撒在新鲜的红黏土上，让仔猪一边拱土，一边吃食。

(4)以大带小：仔猪有模仿和争食的习性。可以将已学会吃食的仔猪和还没有学会吃料的仔猪放在一起吃料，利用仔猪模仿和争食的习性，引诱仔猪吃食。

(5)母仔分开：诱食期间，将母猪和仔猪分开，让仔猪先吃料后再吃奶。每次间隔时间为 1～2 h。

诱食料要新鲜，品质好，每次给料不宜过多，做到勤添勤换。

3. 加强补料

哺乳仔猪的补饲，宜提早至 20 日龄开始。

(1)仔猪补饲料的特点：母乳常乳中干物质含量为 19%。其中乳蛋白 5.5%，乳糖 5%，乳脂 7.5%，消化能 22.2 MJ/kg。这种养分结构，最符合仔猪消化特点。因此，仔猪补饲料的营养特点应尽量与母乳相符，要求仔猪补饲料有较高能量水平，粗蛋白含量为 20%～22%，氨基酸平衡，足够的钙、磷和维生素。

(2)补饲料的组成：乳猪料的原料组成来，宜选用一部分乳制品(如奶粉或乳清粉)，选择燕麦(去壳)、小麦、大麦、玉米等作为能量饲料。能量饲料最好经过炒熟或膨化加工。蛋白质饲料除乳制品外，还可选择优质的鱼粉、蚕蛹、经过加工的豆粕和经过炒熟的或膨化的全脂大豆，慎用或不用菜籽粕、棉籽粕等饼粕原料。矿物质原料可以选择骨粉、磷酸二氢钙、磷酸氢钙等，维生素用猪用多维即可。

选用适宜的饲料添加剂：适宜胃肠道 pH 值是发挥消化酶活性和控制有害微生物的重要保证。补饲料内添加柠檬酸、甲酸钙或富马酸可以降低胃肠道的 pH 值，也可以添加杆菌肽锌、硫酸黏菌素、乳酸杆菌、酶制剂等，可以减少病原微生物感染和下痢或促进生长。

为改善补饲料适口性，还可以添加甜味剂、香味剂（乳香型）等。

(3)补料的方法。

传统的补料方法：是将补饲料置于饲槽内，让仔猪自由采食，做到少喂勤添，饲料新鲜。每日补料 4～6 次。饲喂量由少至多，35 日龄以后，仔猪进入旺食期，夜间再喂 1 次。同时，应以幼嫩多汁的青饲料配合饲喂，效果更好。在母猪泌乳量高时，仔猪往往不易上料。可以将每次喂乳后的仔猪，关进补料间 1～1.5 h，仔猪产生饥饿感后会对补料间的饲料或青料产生一定的兴趣，迫其吃料。

全价颗粒饲料补饲方法：目前国内市场，有不同品牌、种类繁多的适用于仔猪的全价饲料，可以根据需要选择。用全价饲料补饲，方法简单方便，但应注意以下几个方面：第一，颗粒料直接饲喂哺乳仔猪，不要用水拌湿，严禁蒸煮。第二，撒在地面或食槽内的饲料，防止母猪或其他畜禽偷食。撒饲料的地面应平坦、清洁、干燥、无杂物。第三，全价颗粒料饲料，不需再添加其他添加剂。第四，实行少喂勤添，让每头仔猪吃饱为止。第五，供给仔猪清洁、充足饮水，并保持昼夜不断。

预混料的补饲方法：乳猪用添加剂预混料或浓缩料含有哺乳仔猪必需的各种矿物质元素、生长促进剂、氨基酸等，适用于农村家庭养猪使用。使用方法是按生产厂家所提供的添加剂预混料配合比例，用自产饲料与之均匀混合，配制成补饲料待用。补饲时，按一次补饲量称取粉状料，用少量水分将其发湿，调制成湿粉料，其干湿度以用手握湿粉料握紧时成团、手指缝不滴水，手松开饲料团即散为宜。将湿粉料撒于饲槽内，任仔猪自由采食。补饲时，做到少喂勤添，以仔猪吃饱为止。湿粉料现喂现拌，一次拌料不能过多，每次补饲完毕清洗饲槽，喂给清洁饮水。使用该类饲料时应注意：第一，不能将多种添加剂预料或浓缩料混合使用。第二，尽量做到饲料原料多样化搭配。第三，不可将其放入40℃以上的泔水中饲喂，更不能放入锅中煮沸。第四，将配置好的饲料置于阴凉干燥处保存，每次取料后应及时扎封口袋，防止受潮。

4.预防仔猪缺铁性贫血

仔猪生长迅速，每天需铁元素7～11 mg，而由母乳中供给仔猪的铁仅有1 mg，这就发生了供需矛盾，如不及时补铁，7 d后仔猪表现出缺铁。贫血的仔猪皮肤和黏膜苍白，皮毛粗乱，食欲减退并继发轻度腹泻。其精神状态差，生长缓慢，抗病力差，易患疾病。为防止仔猪贫血，新生仔猪3日龄必须补铁。

用铁剂直接喂补补铁，吸收量少，效果不理想。

大群生产中常用肌肉注射铁剂补铁。注射用铁剂有：氨基酸螯合铁或右旋糖酐铁(商品名为"牲血素"或"血宝")。仔猪出生后3 d，在颈部肌肉处注射100 mg。若补铁后仍有贫血现象，再补充注射100～250 mg。目前各地正广泛使用"右旋糖酐铁钴注射液"给仔猪补铁效果更佳。新生仔猪3日龄肌肉注射1～2 mL，10日龄注射2 mL；也有3日龄一次肌肉注射3～4 mL，以后不再注射。

5.补充硒

矿物质微量元素中的硒常表现为地方性缺乏。缺硒症多发于营养状况中上等，生长快的仔猪。病猪表现出体温偏低，叫声嘶哑，行走摇摆，进而后肢瘫痪。有的病猪排出灰绿色或灰黄色稀便，皮肤和可视黏膜苍白，眼睑水肿。在仔猪出生后3～5 d，肌肉注射0.1%亚硒酸钠生理盐水0.5 mL，断奶时再注射1 mL，可防止缺硒的发生。

6.供给充足补充水

从仔猪3～5日龄起，在补料间内设置自动饮水器或饮水槽，保证清洁饮水的供给。

(三)疾病预防

腹泻是仔猪哺乳期养育的大敌。据调查，仔猪因腹泻而死亡数，占整个哺乳期仔猪死亡总数的30%。哺乳期仔猪腹泻多发期有两次。第一次在出生后3～5日龄，多为黄痢；第二次在2～3周龄前后，多为白痢和奶痢。

仔猪黄痢由致病性埃希氏大肠杆菌引起，主要侵害1～7日龄仔猪，并以母猪第一胎所产仔猪发病率高，死亡率亦高。仔猪白痢的病因很多，但大部分为大肠杆菌所致。仔猪腹泻病因复杂，但总体上是由仔猪受凉、消化不良和病菌3方面因素引起。所以预防从日常饲养管理入手，做到圈舍消毒，保持清洁卫生，对仔猪科学饲养，增强猪只体质，提高抗病能力。

为防止传染性疾病的危害，在仔猪40日龄时，对仔猪进行猪瘟、猪丹毒、猪肺疫和仔猪副伤寒等主要疫病进行预防接种。

(四)仔猪去势

凡不留作种用的仔猪，均应早期去势。去势时间为：公猪20～30日龄，母猪30～40日龄。

第二节 断奶仔猪的培育

断奶是仔猪出生后遭受的第二次大的应激。断乳后，仔猪营养全部来源依赖于饲料。营养来源的突然变化，仔猪的消化机能必然有一个适应的过程。因此，本期饲养的总原则是“平稳过渡”。

一、早期断奶

我国养猪业一贯实行60日龄(双月)断奶。母猪的生产周期由妊娠、哺乳天数和断奶至配种的天数组成。哺乳期长，则母猪的生产周期延长。所以在我国母猪一般一年平均产仔猪 1.5 窝。哺乳期的长短可以人为控制。如果在仔猪养育过程中，缩短哺乳期，实行早期断奶，使母猪提前发情配种，提前进入下一个生产周期，可提高母猪年产仔窝数，从而提高母猪利用率和繁殖能力。

早期断奶日龄，从我国实际来看，以 35～45 日龄断奶比较合适，条件好的大型猪场，断奶日龄可在 21～28 日龄。

二、断奶方法

在养猪生产中，许多养猪者特别是农户养猪多采用骤然断奶法。即在断奶时将母猪与仔猪一下骤然分开而断奶。一次断奶引起母仔不适，可能导致母猪乳房炎，仔猪体重下降，影响生长发育。

正确的断奶方法如下：

(1)在断奶的前 2～3 d 内，逐渐减少母猪饲料量，特别是母猪日粮组成催乳作用的饲料和青绿多汁饲料，使母猪泌乳量逐口减少。

(2)断奶前 5 d 将母仔隔离饲养，母猪定时、定次哺乳，哺乳次数逐渐减少直至完全不哺乳。具体做法是：在隔离的第一天，哺乳 4 次，第二天哺乳 3 次，第三天哺乳 2 次，第四天哺乳 1 次，第五天即断奶。但必须在减少哺乳次数的同时，增加补饲饲料量。

(3)断奶的当天将母猪转移到其他圈舍饲养，仔猪留在原圈内饲养，经 10～15 d 后，再行移出分群。

(4)断奶前后仔猪的饲喂(补饲)次数应该逐渐过渡。断奶前日喂 8～9 次，断奶后改为 6 次，以后改为 4 次。断奶后的短期内，适当控制仔猪的饲料量，一般 5 d 内不增加或稍微增加饲料量。断奶前后的饲料组成亦不能骤然变化，须逐步过渡到断奶后的日粮。

三、断奶仔猪饲养管理的主要措施

仔猪从断奶至4月龄称断奶仔猪。断奶后，仔猪的营养来源和生活环境发生变化，在营养来源上，仔猪由吮食母猪和优质饲料，转变为完全依赖采食饲料，其消化机能表现出不适；在生活环境方面，仔猪由母猪哺育转变为独立生活，分群合栏等管理措施，也使猪只表现不适。因此，在断奶后仔猪的饲养管理中，有其自身的特点。

(一)营养水平和饲料构成的特点

断奶阶段的仔猪，通常会影响其生长发育。采食量减少的，是由断奶条件变化造成的生理异常。因此，仔猪在断奶后的一定时间里，对饲料条件有特殊的要求。

断奶后仔猪的饲料，应该容易消化。断奶后7～10 d内采食高消化率日粮，可使每日总采食量保持较低，而且既满足仔猪营养需要，又不致使仔猪肠道负担过重而下痢。因此，首先要尽量满足饲粮的能量水平和赖氨酸水平（表8-1）。同时，由于豆粕中含有抗原物质，可以通过降低饲粮和蛋白质水平，来缓解腹泻的发生率。

表8-1 断奶仔猪日粮配方示例 %

饲料组成	1	2	3	4
玉米	20.0	20.0	22.0	32.0
高粱	13.0	13.0	16.0	15.0
小米	18.0	16.0	—	—
麦麸	4.4	4.4	15.6	15.6
米糠	—	5.0	5.0	10.0
豆饼	20.0	20.0	35.0	25.0
炒大豆粉	5.0	5.0	—	—
酵母粉	11.0	11.0	—	—
砂糖	3.0	—	—	—

续表 8-1　%

饲料组成	1	2	3	4
鱼粉	4.0	4.0	—	—
骨粉	1.0	1.0	1.0	1.0
贝壳粉	0.6	0.6	1.0	1.0
食盐	—	—	0.4	0.4
消化能/(MJ/kg)	58.24	59.87	56.53	56.36
粗蛋白质/(g/kg)	184.0	188.0	155.0	132.0

注：1.为35～40日龄断奶组前期(5～44日龄)的补料配方；

2.为35～45日龄断奶组中期(45～59日龄)的补料配方；

3.为60日龄断奶组5～59日龄的补料配方；

4.为35、45、60日龄断奶仔猪60～75日龄的补料配方。

在原料选择上，可选用玉米、鱼粉、喷雾干燥的血粉以及一部分豆粕。有条件者，最好用一些乳制品(如乳清粉)，使用柠檬酸等酸化剂和酶制剂，对帮助仔猪消化有一定的好处。

(二)断奶仔猪的饲养

仔猪断奶后，往往由于生活条件的突然改变，表现出食欲不振，增重缓慢，甚至减重；尤其是补饲晚的仔猪更明显。为了过好断奶关，要做到饲料、饲养制度以及生活环境的“两维持”和“三过渡”。即维持在原圈培育并维持原饲料，做到饲料、饲养制度和环境条件的逐渐过渡。

(1)饲料过渡：仔猪断奶后，要保持原来的饲料半个月内不变，以免影响食欲和引发疾病。半个月后，逐渐改变喂料。断奶仔猪正处于身体迅速生长阶段，需要高蛋白、高能量和含有丰富的维生素、矿物质的日粮。应限制含粗纤维过多的饲料，注意补充添加剂。

(2)饲养制度的过渡：仔猪断奶后半个月，每天饲喂的次数比哺乳期多1～2次。这主要是加夜餐，以免仔猪因饥饿而不安。每次饲喂，其喂量不宜过多，以七八成饱为度，使仔猪保持旺盛的食欲。

仔猪采食后，供给充足清洁饮水，以免供水不足或不及时，致使仔猪饮用污水而致病。

(3)环境过渡：仔猪断奶的最初几天，表现出精神不安，鸣叫，寻找母猪。为减轻仔猪不安，最好将仔猪留于原圈，也不要调圈并窝。在调圈分群前 3～5 d，使几窝仔猪同槽吃食，一起运动，彼此熟悉。然后再根据仔猪性别、个体大小、强弱，吃食速度的快慢等进行分群。分群后，让仔猪在圈外保持比较充足的运动时间，圈内注意清洁、干燥，冬暖夏凉。并进行吃、睡、拉定点调教。

(4)添加抗生素、微量元素：饲料中按规定标准添加抗生素，能够增强抗病力，促进生长发育。一般常用抗生素金霉素、土霉素等。仔猪按每吨饲料中添加 10～40 g；僵猪按每吨饲料中添加 50～100 g，待发育正常后降到正常水平。为完善仔猪饲粮的营养，还可以按饲料标准适量添加铜、铁、锌、锰、碘、钴、硒等微量元素。

(三)断奶仔猪的管理

(1)创造舒适的小环境：断奶仔猪的圈舍，必须阳光充足，温度适宜(22℃左右)，清洁干燥，圈内打扫干净，用 2% 火碱水全面消毒，然后铺上干草与干土的混合垫料，为仔猪营造一个舒适的小环境。

(2)合理分群：仔猪断奶后，在原圈内生活 10～15 d，待仔猪吃食、排泄正常后，按品种、性别、体重、体质、习性等基本均匀的原则，进行分群。合群仔猪体重的差异不超过 2～3 kg。而体重较小、体弱的仔猪则单独组群，给予细心照顾。

(3)有足够的圈舍面积和食槽：猪圈面积窄小，食槽不足，较易引起仔猪间争斗，造成休息不足，采食量不够，从而影响生长发育。断奶仔猪每头占圈面积为 0.5～0.8 m^2 较好。一般以每群仔猪 15～20 头，占圈面积 10 m^2 左右为宜。圈内设足够的食槽与饮水槽。

(4)细心观察和调教：在日常管理工作中细心观察采食状态，

凡时吃时停,或站立一侧,双目无神,动作迟缓,精神不振者,是有病的表现,应立即隔离治疗。其粪便黄且秘结者为青料不足所致;粪中有未消化饲料残留,为消化不良。粪稀薄夹杂气泡或有恶臭为消化道有病的表现,均应采取相应措施。

仔猪调教主要是训练其采食、排粪尿与睡觉定点(即吃、睡、拉三定点)习惯。猪的嗅觉灵敏,模仿性强,且喜欢在有水的地方排粪尿。为此,可利用这些特点,在分群前。彻底清扫消毒断奶仔猪舍,然后在规定睡觉处铺些垫草,水槽内放水,在预定猪排粪尿的地方,残留少量粪尿。当和合群进圈后,饲养员必须认真观察,防止仔猪互相咬架。在早、晚和每餐喂饲后,驱赶仔猪到规定地点排粪尿。一般经 3～5 d 训练,便能合群,并养成良好的习惯。

(5)防寒保温:冬季和早春气候寒冷,而仔猪又特别怕冷,常堆积在一起睡卧,互相挤压,并就地排泄。这样不仅容易压死、压伤仔猪,而且易患病(如感冒、拉稀等)。严重影响仔猪生长发育,甚至会引起僵猪。为此,在入冬前要维修好圈舍,圈内多垫干草,并做到勤扫勤换,保持圈内干燥。必要时在圈前圈后(随走道的门)挂草帘或生火保暖等。有条件时,可以修建暖圈或塑料大棚饲养断奶仔猪。

四、断奶仔猪的选择

2 月龄和 4 月龄是种用仔猪选择的时期。在断奶仔猪群内将符合种用的个体选出,转为种用后备猪群培育。凡不符合种用的个体,则进入育肥猪群进行育肥。

思　考　题

1. 仔猪出生后,生活环境发生了哪些变化?初生仔猪有哪些生理特点?

2. 在仔猪初生阶段可以采取哪些措施提高仔猪的成活率?

3. 何谓固定奶头？如何实施固定奶头？

4. 为什么要让初生仔猪吃足初乳？如何才能使仔猪吃足初乳？

5. 对哺乳仔猪为什么要实行早期补饲，如何进行早期补饲？

6. 对哺乳仔猪实施早期断奶有什么意义？早期断奶有哪些方法？

7. 在断奶仔猪饲养中，为何要在断奶前后实施“两维持、三过渡”的措施？

8. 对断奶仔猪的管理上可以采取哪些措施以确保仔猪正常生长发育？

第九章 猪的肥育

猪的肥育是养猪生产中的最后一个环节。猪肥育的目的是在尽可能短的时间内，以最少的投入，生产出量多质优的猪肉，供应市场，并从中获得经济效益。为此，生产者必须根据猪的生长发育规律，应用猪遗传育种、饲料营养、环境控制等方面的研究成果，采用科学的饲养管理与疫病防治技术，达到猪只增重快，耗料少，胴体品质优，成本低和效益高的目的。随着社会经济发展的需要，提高商品肉猪胴体瘦肉率和生产无公害生猪也是必然要求。

第一节 猪肥育的意义

就整个养猪生产来看，猪的肥育是极其重要的最后一个生产环节。对于满足人们肉食和外贸出口的需要，具有十分重要的意义。猪的肥育又可以检验种猪生产和幼猪培育的效果，因为猪的肥育性能是评定猪种优劣的主要指标之一，也是衡量猪育种的成果和育种水平的主要依据。猪的肥育在养猪生产中的重要意义，还在于肥育猪的数量大约占养猪总头数的80%以上，因此，养好肥育猪对节约饲料，降低养猪生产成本，增加养猪经济效益，促进养猪生产水平的提高，都有着十分重要的意义。猪的肥育既要重视数量，又要重视质量。适当的数量规模有利于降低单位生产成本，提高经济效益。提高肥育猪的质量，一方面采用先进的科学养猪技术，提高饲养管理水平，提高增重速度和出栏率；另一方面采用先进的生产管理措施来组织肥育猪的周转，降低生产成本，提高经济效益。

提高饲料利用率是降低成本的重要方面。在猪的肥育所需费用中,饲料费占 60%~70%或更多。假如,由每千克增重消耗 4 kg 混合精料降至 3.5 kg,就可以把饲养 7 头肥育猪的饲料用于饲养 8 头肥育猪。又如,以相同长短的肥育期将出栏体重由 75 kg 提高到 90 kg,每头出栏体重增加 15 kg,就相当于多养了 20%的肥育猪。又比如,肥育猪 20~90 kg 阶段,每千克增重耗料 3.5 kg 计,如果每千克饲料成本降 0.1 元,育肥一头猪可降低成本 24.5 元。重庆啤酒集团利用啤酒糟搭配适量精料饲喂育肥猪,以低饲料成本获得可观的经济效益,又解决了啤酒糟的出路。由此可见猪的肥育意义重大。

第二节 肥育猪的生长发育规律

猪与其他动物一样,整体及其各部分的生长发育有其自身的规律性。以下分别介绍猪出生后到出栏在体重、体躯各组织和猪体化学组成方面的变化规律。

一、猪体重的增长规律

由于品种、营养和饲养环境的差异,不同猪的绝对生长和相对生长不尽相同,但其生长规律是一致的。日增重与时间的关系呈钟形曲线(图 9-1)。

猪的体重虽在成年前随年龄而增长,但日增重在开始时较低,后来增加,并达到一个高峰,然后下降。猪的肥育最好争取在 6~8 月龄内结束,此时增重最快,每千克增重耗料最少。当然不同品种(系)、杂交组合、性别等在相同饲养管理条件下,日增重表现不同,日增重高峰期也不一样。同一品种(系),同一杂交组合,在不同饲养条件下,日增重也不同。

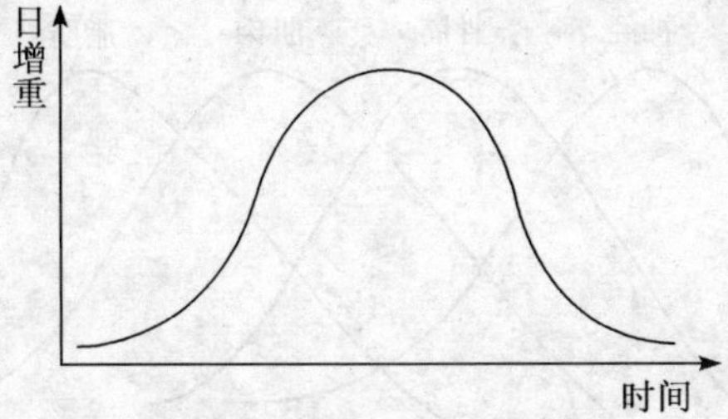

图 9-1　生长肥育猪每天的体重增长曲线

二、体躯各组织的生长发育规律

猪体躯各组织的生长发育，增长速度曲线类似于体重增长曲线，也呈钟形（图 9-2）。从中可见猪体的神经、骨骼、肌肉、脂肪的生长顺序和强度是不平衡的。神经组织和骨骼组织的最快生长期比肌肉和脂肪组织出现得早，而脂肪的最快生长期是出现最晚的组织。皮肤的生长基本上比较平稳，其生长势一般出现于肌肉之前，而我国一些地方猪种如民猪、内江猪、太湖猪等，其肌肉组织比皮肤组织更为早熟，即生后期皮肤的生长势强于肌肉，从而导致胴体肉少、皮厚，降低了肉用价值。一般情况下，生长肥育猪 20～30 kg 为骨骼生长高峰期，60～70 kg 为肌肉生长高峰期，90～110 kg 为脂肪蓄积旺盛期。

猪体各组织生长高峰因品种、类型、营养水平不同而有先后，但规律一致。大型晚熟品种，各组织生长高峰比小型早熟品种延后，同一品种或类型，在高营养水平下，生长高峰期提前，反之延后。瘦肉生长以蛋白质为主要原料，脂肪的沉积则是物质代谢过程中多余能量的积蓄。

在生产实践中，应充分利用上述规律，在生长肥育猪生长期（60～70 kg 活重以前）应给予高营养水平的饲粮，要注意饲粮中

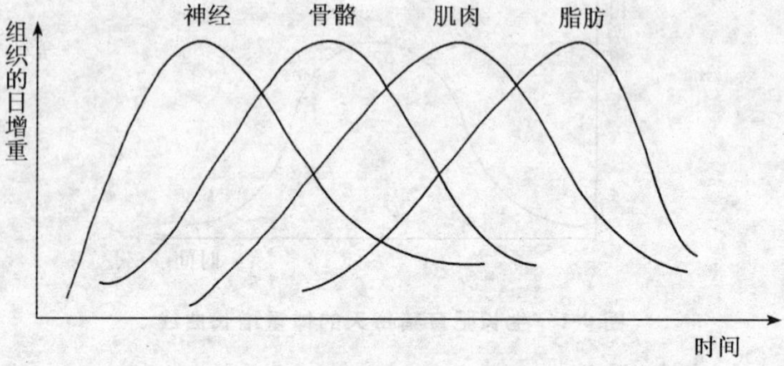

图 9-2 生长肥育猪每天的组织生长率曲线

矿物质和必需氨基酸的供应，以促进骨骼和肌肉的快速发育；到育肥期（60～70 kg 以后）则要适当限饲，特别是控制能量饲料在日粮中的比例，以抑制体内脂肪沉积，提高胴体瘦肉率，降低生产成本。

三、猪体化学成分的变化

猪体的化学成分随年龄和体重的增长呈现规律性变化，水分和蛋白质含量逐渐下降，脂肪含量大幅度增高，灰分下降较缓慢（表 9-1）。

表 9-1 猪体化学成分 %

日龄或重量	猪数	水分	脂肪	蛋白质	矿物质	去脂干物质	
						蛋白质	矿物质
初生	3	79.95	2.45	16.25	4.06	80.01	19.99
25 d	5	70.67	9.74	16.56	3.06	84.40	15.60
45 kg	60	66.76	16.16	14.94	3.12	82.72	17.28
68 kg	6	56.07	29.08	14.03	2.85	83.12	16.88
90 kg	12	53.99	28.54	14.48	2.66	84.48	15.52
114 kg	40	51.28	32.14	13.37	2.75	82.94	17.06
136 kg	10	42.48	42.64	11.63	2.06	84.95	15.05

注：取自山西农业大学主编《养猪学》，农业出版社，1982：251。“去脂干物质”栏内数据另行换算而成。

由表 9-1 可知，在体重 45 kg 以后，蛋白质和灰分相对较稳定，水分骤减，脂肪猛增。许振英教授(1991)应用体蛋白与体脂肪吻合异速方程推算出的猪体成分的动态变化(表 9-2)资料表明：随体重增长，体蛋白基本稳定在 14%左右，体脂肪却猛增。所以生产中不要养大肥猪。

表 9-2　猪体成分的动态变化　%

空体重/kg	1.5	20	40	60	80	100	120	140
体蛋白	12.94	13.96	14.25	14.41	14.53	14.63	14.71	14.77
体脂肪	2.23	11.11	17.07	21.94	26.62	30.10	33.69	37.07

据测定，体重 34 kg 时猪板油中饱和脂肪酸和不饱和脂肪酸分别占 34.89%和 65.11%；体重 86 kg 时则依次为 37.26%和 62.74%。

第三节　影响猪肥育的因素

在生产实际中，常常会出现用同样的饲料和肥育方法，而产生不同的肥育效果。说明影响肥育的因素很多，而且各因素之间又是互相联系和互相影响的。

一、品种和类型的影响

猪的品种很多，类型各异，对肥育的影响很大。由于猪的品种和类型形成和培育条件的差异，猪品种间的经济特性不同，以及人们对猪的产品需求的不同，在品种和类型之间的肥育性能和胴体品质也有差异。在精料为主的条件下肥育，瘦肉型品种日增重和饲料利用率均高。相反，在青粗饲料为主的条件下肥育，我国地方猪种比外国猪增重快，饲料利用率高。品种和类型不同，胴体品质也有差异。如内江猪、荣昌猪和成华猪等不同品种在胴体的肉脂比例方面就有一定差异(表 9-3)。

表 9-3 不同品种的胴体肌肉和脂肪的比例

品 种	饲养水平		
	阶段肥育(75 kg)	精料限量一贯肥育(90 kg)	精料不限量一贯肥育(120 kg)
内江猪	1∶0.8	1∶0.9	
荣昌猪	1∶0.6	1∶1.0	1∶1.5
成华猪	1∶0.8	1∶1.4	1∶0.9

因此,只有了解品种和类型的肥育性能,并采取相应的肥育措施,才能提高肥育效果。

二、经济杂交的影响

猪的品种或品系间进行杂交,利用杂种优势,是提高肥育效果的有效措施之一。通过杂交所得的后代,生活力强,增重快,肥育期缩短,饲料利用率提高,成本降低。但是杂种优势的显现,受许多因素的制约。不同的杂交方式杂交效果不同,不同的杂交组合杂交效果也不同,不同的环境条件杂交效果还不同,不同个体间杂交效果不同,不同经济性状表现的杂种优势不同。据国外的统计资料,肥育的增重速度和饲料利用率的优势平均为 5%,但变异幅度很大。从我国资料看,增重速度的优势率为 10%～20%,饲料利用率的优势率为 5%～10%。所以应因地制宜选择适合本地的最优杂交组合用于肥育。

三、性别的影响

我国养猪生产实践证明,公、母猪经去势后肥育,性情安静,食欲增强,增重速度提高,脂肪沉积增强,肉的品质改善。猪去势后,性机能消失,异化过程减弱,同化过程增强,将所吸收的营养,能更多地利用到增膘长肉上来。据试验表明,公猪去势后,其增重速度比未去势的公猪提高 10%;母猪去势后,其脂肪量比未去势的母猪提高 7.6%；饲料利用率和屠宰率都比未去势的猪高。有些国家，因猪性成熟晚，肥育时只将公猪去势，母猪不去势，未去势的母猪和去势公猪经肥育，进行屠宰比较，前者肌肉发达，脂肪较少，可获得较瘦的胴体。近年来，随着肥育期的缩短，认为小公猪不经去势进行肥育，在生长速度、饲料利用率和瘦肉率方面，都比去势的公、母猪为优，有利于降低成本。

四、仔猪初生重和断奶重的影响

一般情况下，仔猪初生重大，生活力就强，体质健壮，生长快，断奶重就大，肥育期增重就快（表 9-4、表 9-5）。从表中可以看出，仔猪初生重、断奶重与肥育效果关系密切，只有重视种猪的选择和饲养管理，加强仔猪培育，提高仔猪初生重和断奶重，才能为肥育打下良好的基础。

表 9-4　初生重大小与哺乳期增重　kg

初生重	仔猪头数	30 日龄平均重	30 日龄平均增重	60 日龄平均重
0.75 以下	10	4.00	3.30	10.20
0.75～0.90	25	4.67	3.85	11.20
0.90～1.05	40	5.08	4.10	12.85
1.05～1.20	46	5.32	4.19	13.00
1.20～1.35	50	5.66	4.38	14.00
1.35～1.50	36	6.17	4.74	15.55
1.50 以上	5	6.85	5.25	16.55

表 9-5　1 月龄体重与肥育期增重

1 月龄体重/kg	仔猪头数	208 日龄平均重/kg	以 5.0 kg 以下作为 100	肥育期间死亡率/%
5.0 以下	967	73.4	100	12.2
5.1～7.5	1 396	83.6	114	1.8
7.5～8.0	312	89.2	122	0.5

五、营养和饲料的影响

营养水平对肥育影响极大,一般来说,肥育猪摄取能量越多,日增重越快,饲料利用率越高,屠宰率也越高,胴体脂肪含量也越多,膘越肥(表9-6)。

表 9-6 能量水平对肥育的影响(日增重) g

能量水平		低能量水平		高能量水平	
摄取蛋白质		低(共 34 kg)	高(共 43 kg)	低(共 34 kg)	高(共 45 kg)
粗蛋白质含量/%		13.4	18.0	13.4	18.0
体重/kg	20～55	483	564	548	610
	55～90	808	780	828	945
	20～90	616	664	652	735
C点背膘厚/cm		1.75	1.50	1.90	1.65

注:C点背膘厚指腰荐结合部膘厚。

蛋白质对肥育亦有影响,蛋白质不足,不仅影响肌肉的生长,同时也影响肥育猪的增重。在一定范围内,随日粮蛋白质水平的提高,增重速度加快。一般认为,当蛋白质含量超过18%时对增重无效,但对改善肉质,提高胴体瘦肉率有用。表9-7是20～90 kg的肥育猪,在能量相同、蛋白质不同的情况下的肥育结果。

表 9-7 蛋白质水平对肥育猪增重的影响

可消化粗蛋白/%	15.5	17.7	20.2	22.3	25.3	27.3
日增重/g	651.0	721.0	723.0	739.0	699.0	689.0
瘦肉率/%	44.7	46.9	46.8	47.7	49.0	50.0
脂肪率/%	26.6	25.1	23.8	23.3	21.6	20.5

不仅蛋白质数量对肥育有重要影响,蛋白质品质对其也有重要影响。猪需要10种必需氨基酸,日粮中任何一种必需氨基酸的缺乏,都会影响增重。此外,矿物质、维生素对肥育效果也有很大

影响(表 9-8)。

表 9-8　常量元素、微量元素、维生素对肥育的影响

日粮	平均日增重/g	饲料利用率/%
平衡的玉米＋大豆日粮	774	2.75
不添加微量元素	738	2.70
不添加维生素	680	2.95
不添加钙和磷	576	3.30

饲料是猪营养物质的直接来源，由于各种饲料所含的营养物质不同，因此，应由多种饲料配合才能组成营养全面的日粮。饲料对胴体肉脂品质的影响也很大，特别是对脂肪品质的影响，由于有一部分饲料中的碳水化合物和脂肪是以原有的形式直接转移到体脂中，因而使猪体脂具有和食入饲料的脂肪相似的性状。

如猪食入含饱和脂肪酸多的大麦、小麦、甘薯等淀粉类饲料，则体脂具有洁白、坚硬的性状。相反，猪食入含不饱和脂肪酸多的米糠、玉米、豆饼、鱼粉、蚕蛹等饲料，则体脂较软，出现黄膘肉或异味。

六、温度、湿度、圈养密度和光照对肥育的影响

(一)温度、湿度的影响

肥育猪需要适宜的温度(15～23℃)，过冷过热都会影响肥育效果，降低增重速度，影响饲料利用率。高温条件下，猪食欲下降，采食量减少，低温条件下，采食量增加，热量散失大。气温对日增重的影响见表 1-2。对肥育猪而言，高温比低温危害更大。湿度对肥育的影响是随环境温度而产生作用的。高温下高湿度造成的影响最大，肥育猪增重会显著降低。如温度适当，湿度大小对肥育猪的增重不起直接作用。

(二)圈养密度对肥育的影响

圈养密度过大,使圈内小环境温度上升,气流降低,使猪的采食量减少,饲料利用率和日增重下降。一般以每栏饲养10～20头,每头占栏面积0.8～1.0 m^2 为宜。

(三)光照的影响

光照时间长短对肥育猪增重和饲料利用率无明显的影响,但若光照过于强烈,将易引起猪只兴奋、不安,影响猪只休息,从而影响增重。因此,肥育猪舍的光照亮度以便于饲养管理操作为宜。

第四节 猪的肥育方法

我国猪的肥育,应立足国内,兼顾外销。我国目前常用的肥育方法有:阶段肥育法和一贯肥育法等。

一、阶段肥育法

阶段肥育法即吊架子肥育法,是我国劳动人民根据猪的骨、肉、脂生长发育规律,从我国广大农村以青粗饲料为主养猪的实际出发,把猪的整个肥育期划分为几个阶段,分别以不同的营养水平,把精料重点用在小猪和催肥阶段,在中间阶段主要利用青粗饲料,尽量少用精料的肥育方法。

(一)肥育阶段的划分

由于各地猪种早熟性、肥育期长短以及体重要求不同,阶段划分不太一致,一般将整个肥育期大体划分为3个阶段。

1. 小猪阶段

从断奶到体重25 kg左右,饲养期约为2个月。这个阶段小猪生长速度相对较快,要求营养较多,日粮中精料多些,以免小猪生长发育受阻。此阶段要求日增重达200～250 g。

2. 架子猪阶段

体重 25～50 kg，饲养期为 4～5 个月，主要饲喂青粗饲料，要求骨骼和肌肉得到充分发育，长大架子。此阶段日增重较低，为 150～200 g。

3. 催肥阶段

体重 50 kg 左右到出栏。饲养期一般 2 个月左右，是脂肪大量沉积阶段，日粮中精料比重要大，使之加快肥育。日增重 500 g 以上。

（二）饲养管理技术

阶段肥育在饲养上采取“三阶段”、“两过渡”的方法，即在小猪和催肥阶段要集中使用精料，在架子猪阶段基本上以青粗饲料为主，搭配少量精料。为防止因突然增减精、粗饲料而引起食欲下降、消化道疾患和影响增重，故在小猪进入架子猪阶段和架子猪进入催肥阶段都要有一个较短时间的过渡。

应在仔猪断奶后经过 1 周左右的过渡，按体重大小、吃食快慢、食量多少、体质强弱和性情好坏等进行分群，加强调教，耐心管理。随仔猪日龄的增长，逐渐增加青粗料喂量，减少精料喂量和饲喂次数，为过渡到架子期做好准备。架子猪的消化器官已充分发育，消化机能较强，骨骼、肌肉生长迅速，应在日粮中逐步增加青粗饲料，少用高能量饲料，以免过早沉积脂肪。在架子猪的后期，要逐步增加精料的喂量，为过渡到催肥期做好准备。催肥阶段，猪的食欲旺盛，饲料利用率高，增重快，应增加含能量丰富的饲料，力求多样搭配，尤其在肥育后期，采食量有所减少，食欲下降，更应注意日粮搭配，适当增加饲喂次数，供给充足饮水，保持环境安静。

（三）日粮组成

现将四川省内江地区阶段肥育代表性的营养水平、日粮结构、对内江猪进行阶段肥育试验及其增重效果和饲料利用率列表介绍（表 9-9、表 9-10）。

表 9-9 内江猪阶段肥育的日粮组成

项 目			饲养阶段		
			前期(小猪阶段)	中期(架子猪阶段)	后期(催肥阶段)
体重/kg	始末		12.6～25.6	25.6～51.1	51.1～75.97
	代表		19.010	38.330	63.570
日粮组成	精料/kg	粮食	0.241	0.134	0.594
		非粮食/kg	0.095	0.094	0.287
	青料/kg		2.852	7.960	19.350
	粗料/kg		0.143	0.288	0.267
	矿物质/g	食盐	10.780	15.000	23.300
		骨粉、碳酸钙	13.880	—	—
	精料：青料：粗料		1：8.5：0.4	1：39.9：1.3	1：29.9：0.3
日粮内含	风干物质/kg		0.701	1.272	2.336
	消化能/MJ		8.050	12.230	25.130
	可消化粗蛋白/g		107.000	125.600	313.100
	钙/g		10.000	15.800	22.000
	磷/g		4.500	6.500	12.900

表 9-10 内江猪阶段肥育的增重和饲料利用

项目		饲养阶段			全期
		前期(小猪阶段)	中期(架子猪阶段)	后期(催肥阶段)	
饲养头数		6	6	6	6
饲养天数		30	130	55	275
始末体重/kg		12.6～25.6	25.6～51.1	51.1～75.97	12.6～75.97
每头增重/kg		13.00	25.50	24.87	63.37
平均日增重/g		144.40	196.20	452.40	230.40
每头消耗/kg	精料	30.29	29.70	48.50	108.49
	其中粮食	21.70	17.44	32.68	71.28
	青料	256.70	1 070.00	1 064.60	2 381.30
	粗料	12.85	37.57	14.68	65.10
每千克增重需消化能/MJ		55.75	62.57	64.79	62.04

二、一贯肥育法

一贯肥育法又叫一条龙肥育法或直线肥育法。从仔猪断奶到肉猪出栏，根据肉猪生长发育各阶段营养需要特点，供给充足营养，促进猪体各组织充分生长，以达到快速肥育的目的。

(一)肥育技术

一贯肥育要求肥育期短，日增重高，饲料利用率高，为此，必须重视肥育技术。

1. 饲喂方法

必须以精料为主。采用自动料箱给料，让猪昼夜随意采食；或人工定时投料，以饱为度。在小猪阶段要适当增加饲喂次数，以充分利用小猪生长快、饲料利用率高的特点。随着日龄的增长，可减少日喂次数。精料喂量应随体重增长而增加，并注意青绿饲料的供给。

2. 保证饮水

一贯肥育法，因日粮中精料多，较浓稠，特别是采用干粉料、颗粒料、生拌料饲喂，故应设置饮水器，让猪自由饮水。

3. 加强管理

肥育开始时，应做好防疫、防寒或防暑、驱虫等技术管理工作，并做好日常的清洁卫生管理工作。

(二)日粮组成

日粮配合要求多样化，营养全面。一般要求小猪阶段粗蛋白为16%，架子期14%，催肥期13%。重庆市养猪科学研究院曾用荣昌猪全窝快速肥育，从60日龄断奶开始，肥育113 d，平均体重达91.99 kg。其日粮配合见表9-11，采用自由采食的方法，3月龄日喂6次，4月龄日喂5次，5月龄日喂4次，6月龄日喂3次，增重和饲料消耗见表9-12。北京地区采用干粉料、湿拌料或稠料自由采食，另给饮水的方法，其日粮组成见表9-13。肥育猪6月龄体重达90 kg，日增重达700 g。世界上养猪业发达国家和我国一些工厂化养猪场，为追求较高的生长速度和较高的瘦肉率，多采用前期

(体重 60 kg 以前)让猪随意采食,后期(体重 60 kg 至出栏)适当限食。这样,前期让肌肉组织充分生长,尽可能提高增重速度和饲料利用效率,后期适当控制脂肪的过多沉积,以改善胴体瘦肉率。

表 9-11 不同阶段的饲料配合

项目		日龄			
		61～75	76～90	91～150	151～180
饲料组成/%	豌豆	48.40	25.00	19.00	8.00
	胡豆	15.30	5.00	5.00	—
	黄豆	—	8.00	7.00	5.00
	大麦	11.30	9.00	7.00	8.00
	饲碎米	—	6.00	10.00	11.00
	麦麸	—	9.00	10.00	5.00
	玉米	14.00	26.0	26.50	43.75
	细米糠	—	—	8.0	7.00
	菜籽饼	—	—	—	5.00
	蚕蛹	10.00	10.00	5.00	5.00
	矿物质添加剂	—	0.50	0.50	0.50
	碳酸钙	1.00	1.00	1.50	1.50
	食盐	—	0.50	0.50	0.50
每千克混合料含消化能/MJ		14.51	14.31	13.81	13.60
每千克混合料含可消化粗蛋白/g		200.40	170.90	141.90	119.20

表 9-12 全期增重和饲料消耗

项目		日龄					
		60	90	120	150	173	全期
头数		11	11	11	11	11	11
饲养天数		—	30	30	30	23	113
总重/kg		179.00	372.65	566.40	796.60	1 011.90	—
增重	每头平均重/kg	16.28	33.88	51.49	72.42	91.99	—
	每头增重/kg	—	17.61	17.61	20.93	19.57	75.71
	平均日增重/g	587.00	587.00	698.00	851.00	670.00	
每头消耗/kg	混合料	—	42.73	53.03	74.43	71.51	241.72
	青料	—	32.11	52.06	80.32	69.35	233.84
	粗料	—	14.43	19.84	28.16	17.72	80.15
每千克增重耗消化能/MJ		—	37.71	46.0	54.85	54.42	48.76

表 9-13　北京池区肥育猪的日粮配合

体重/kg	日粮组成/%									每千克饲料含							
	玉米	豆饼	麦麸	大麦	鱼粉	槐叶	秋白草	骨粉	食盐	干物质	消化能/MJ	可消化蛋白/g	粗蛋白质/%	粗纤维/%	钙/%	磷/%	食盐/%
16～40	27.7	12.5	8.9	35.7	3.6	1.8	8.9	0.45	0.45	88	12.37	115	15.3	6.2	4.4	5.1	4.5
40～65	27.7	10.7	8.9	41.1	—	1.8	8.9	0.45	0.45	88	12.22	97	13.3	6.4	3.1	4.8	4.5
65～90	28.2	6.4	9.1	46.3	—	—	9.1	0.45	0.45	88	12.20	85	11.7	6.3	3.0	4.8	4.5

三、阶段肥育法与一贯肥育法的比较

(一)两种肥育方法的比较

(1)肥育期:从表9-14可以看出,一贯肥育的肥育期较阶段肥育短,因一贯肥育的精料用量是随猪的体重而增加,没有特殊的吊架子期,故缩短了肥育期。

表9-14 不同肥育方法的比较

肥育方法		阶段肥育(至75 kg)			一贯肥育(精料限量至90 kg)			一贯肥育(精料不限量至90 kg)		
品种		内江猪	荣昌猪	成华猪	内江猪	荣昌猪	成华猪	内江猪	荣昌猪	成华猪
头数		6	6	6	6	6	6	6	6	6
始重/kg		19.6	19.5	19.6	20.1	20.1	14.0	21.1	21.1	17.6
末重/kg		75.0	76.3	71.9	90.4	91.4	90.4	90.4	88.3	93.1
饲养天数		233	233	239	187	189	204	124	124	141
平均日增重/g		238	244	239	376	377	375	559	542	536
每头消耗/g	混合料	113.7	91.1	113.6	185.2	191.2	226.9	233.0	232.0	255.8
	粗料	133.9	140.0	142.0	10.3	10.3	10.3	27.8	27.0	37.2
	青料	1 256	1 358	1 350	589	596	482	239	236	302
	粉渣	262	258	269	552	534	400	—	—	—
每千克增重消耗/g	混合料	2.1	1.7	2.2	2.6	2.7	3.0	3.4	3.5	3.4
	粗料	2.4	2.5	2.7	0.2	0.1	0.1	0.4	0.4	0.5
	青料	22.7	23.9	25.8	8.1	8.4	6.3	3.5	3.5	4.0
	粉渣	4.7	4.5	5.2	7.9	7.5	5.2	—	—	—

(2)日增重：从表9-14可见一贯肥育的日增重较阶段肥育高。

(3)饲料消耗：从表9-14可见阶段肥育无论是精料消耗的总量，还是每千克增重的耗料量都低于一贯肥育，而青料和粗料均高于一贯肥育。

(4)屠宰成绩：据四川农业大学和山西农业大学的试验，阶段肥育猪的屠宰率、膘厚均低于一贯肥育，而腹部脂肪高于一贯肥育，见表9-15。

表9-15　一贯肥育和阶段肥育猪的屠宰比较

项目	山西农业大学测定结果			四川农业大学测定结果			
	一贯肥育	阶段肥育	比较	一贯肥育		阶段肥育	
活重/kg	125.25	124.27	—	100.0	150.0	100.0	150.0
屠宰率/%	73.77	70.78	+2.99	71.4	75.1	70.1	74.0
膘厚/cm	6.13	5.21	±0.92	5.3	7.3	5.2	5.8
脂肪重/kg	7.70	8.29	－0.59	7.2	9.5	9.0	10.0

(二)两种肥育方法的适宜条件

从上述比较可以看出，一贯肥育的猪增重快，肥育期短，周转快，出栏率高，饲料利用率高，屠宰率高，背膘厚，需要精料多，经济效益高；而阶段肥育的猪增重慢，肥育期长，能充分利用青粗饲料，节省精料，但经济效益低。因此，在选用肥育方法时，应根据实际条件，做到因地、因猪而异。

就品种而言，晚熟品种因其骨骼、肌肉、脂肪生长出现的高峰期相距较远，宜采用阶段肥育法；而早熟品种或含有早熟品种血缘较多的杂种猪，骨骼、肌肉、脂肪生长出现的高峰期相距较近，宜采用一贯肥育法。

从饲料来看，在青粗饲料丰富而精料不太充足的地区，宜采用阶段肥育法；在精料比较充足并有大量糟渣类饲料的地区，宜采用一贯肥育法。

在交通不便或有放牧条件的地区，为充分利用农副产品资源，采用阶段肥育法，把春产仔猪通过夏秋放牧，入冬催肥，春节上市。而在大城市郊区和交通方便的地区，充分发挥饲料条件好的优势，争取一年出栏 2～3 批肥猪，以满足城市对猪肉的大量需求，宜采用一贯肥育法。

四、中猪肥育

中猪是我国华南地区的食品用猪，经烧烤加工后是上等名菜。中猪是指 105～120 日龄、体重 25～35 kg 的幼猪。对中猪的要求是：头小、嘴短、皮薄、膘薄、瘦肉多、背腰直、腹小，以瘦肉型为好。经烤制后的中猪，要求皮薄、鲜红、松脆、皮与膘之间不分离。从仔猪哺乳期至断奶后达到要求体重，均采用强度饲养方式，日粮中能量和蛋白质水平要高，粗纤维的含量要低。华南农业大学饲养中猪的日粮配合是：玉米 70%、麦麸 2%、豆饼 10%、花生饼 5%、鱼粉 10%、干草粉 1%、添加剂 2%，每千克混合料含消化能 12.91 MJ，可消化粗蛋白 19.7%，粗纤维 2.6%。

五、规模化猪场肥育猪的饲养管理要点

猪的肥育是养猪生产中最后一段工艺，其目的是力争在最短的时间内，用最少的饲料获得数量多、品质好的瘦肉型商品猪。育肥时间一般在 70～180 日龄（体重 25～100 kg）结束。

（一）肥育猪的饲养方法

（1）育肥猪营养需要：按生长育肥猪的生理特点，整个育肥期分为前期（生长阶段）20～60 kg 和后期（催肥阶段）60～90 kg。前期每千克日粮含消化能 13～13.4 MJ，粗蛋白质最好达到 16%～18%；后期抵抗力适应性和消化能力大大增强，生长特快，应满足营养物质的要求。每千克日粮含消化能不低于 13 MJ，粗蛋白质 14%左右。

（2）肥育猪饲喂方法：育成猪转入育肥舍的 7～10 d 内要控制

饲料喂量，饲料种类也要逐步改换。20～60 kg 的猪用干粉料，自动料箱的给料方法，日喂料 1.2～1.75 kg，供足饮水。自由采食因不限制采食量，增重效果较好；不采用自由采食，应采取湿拌料，每日定时喂 4 次。育肥后期（60 kg 以上）要适当限制喂量，防止采食过量，沉积脂肪过多，影响瘦肉率，日喂次数改为 3 次，日给料量 2.5～3 kg。

（二）肥育猪的管理方法

（1）准备育肥舍：前批肉猪出栏后，对空舍彻底清扫、冲洗、消毒（2%火碱水），墙壁用石灰乳刷白，粪沟彻底清除积粪，从空舍到进猪要间隔 1 周以上，猪舍地面每隔 2 周用 2%火碱水消毒 1 次。

（2）称重：育成猪转入肥育时要及时称重，在肥育期内每隔 1 个月定期进行日增重的抽样测定，以根据体重和日增重调整日粮。

（3）合理组群：肥育猪可采取同窝组群或同体重组群方法，同窝组群就是从断奶开始，实行同窝转群培育，同窝转群肥育；同体重组群是打破原窝和性别的界线，将体重相近的猪放在一栏内饲养，组群时要给合群后的猪用温水（冬季）洗澡或来苏水喷洒除去各自体表的异味，也可采用看护办法稳定猪群，以防咬斗造成损失。肥育猪组群前，公猪进行去势，母猪可不去势。

（4）搞好猪群调教：育成猪转入肥育舍的最初几天，必须做好调教工作，训练到指定地点排泄，每天清扫猪舍，定期清洗、消毒，经常保持猪舍干燥卫生。

（5）做好防寒、防暑和防潮工作：肥育舍的适宜温度应随猪体重大小而变化，体重越小需要的温度越高。肥育猪舍的室温冬季不低于 10℃，夏季不高于 30℃，如夏季温度过高可通过洒水淋浴降温，每隔 10 min 洒水 1 次，每次 2 min。

（6）猪栏管理：肥育栏装猪时，应首先留出 3～4 个空栏以便日后陆续将整个肥育期中出现的弱猪、病猪调出集中进行饲养和治疗。

第五节　肥育猪适宜出栏体重

猪的最佳屠宰体重的确定，要由日增重、饲料利用率、每千克饲料的价格、胴体瘦肉率、每千克活重售价等进行综合的经济分析而决定。肉猪多大体重出栏为宜是生产者必须考虑的问题，受许多因素的制约。

一、考虑增重与胴体瘦肉率

在一定的饲养管理条件下，肉猪达到一定体重时，达增重高峰。增重高峰期的早迟，高峰期持续时间长短因品种、经济类型、杂交组合不同而异。通常小型品种或含我国地方猪遗传较多的杂交猪，增重高峰期出现较早，增重高峰持续时间较短，适宜出栏体重相对较小。相反，瘦肉型品种，配套系杂交猪，含我国地方猪遗传较少的杂交猪，增重高峰期出现较迟，高峰期持续时间较长，出栏体重应相对较大。

此外，随着体重的增长，胴体瘦肉率降低。据研究，体重60～120 kg阶段，大致活重每增长10 kg，瘦肉率下降0.5%。长白猪×雅南猪 F_1 肉猪，在限食条件下，体重60～120 kg阶段，体重每增长10 kg，瘦肉率降低0.48%，雅南猪在任食和限食条件下，分别降低1.39%和1.63%。出栏体重越大，胴体越肥，生产成本也越高。因此，应在增重高峰过后及时出栏为宜。

二、针对不同市场需求确定出栏体重

养猪生产是为满足各类市场需要的商品生产，不同市场要求各异。国际市场对胴体组成要求很高。供给香港地区及东南亚市场活大猪以体重90 kg、瘦肉率58%以上为宜，活中猪体重不应超过40 kg；供日本及欧美市场，瘦肉率要求60%以上，体重110～

120 kg 为宜；国内市场情况较为复杂，在大、中城市要求瘦肉率较高的胴体，且以本地猪为母本的二、三元杂交猪为主，出栏体重 90～100 kg 为宜；农村市场则因广大农民劳动强度大，需要膘稍厚的胴体，出栏体重可更大些。

三、以经济效益为核心确定出栏体重

养猪经济效益的高低主要受 3 个方面因素的制约，即猪种质量、生产成本和产品市场价格。出栏体重越小，单位增重耗料越少，饲养成本越低，但其他成本的分摊额度越高，且售价等级也越低，很不经济。出栏体重越大，单位产品的非饲养成本分摊额度越少，但在后期增重的成分主要是脂肪，而脂肪沉积的能量消耗量大。据研究，沉积 1 kg 脂肪所消耗的能量是生长同量瘦肉耗能量的 2.6 倍以上，饲料利用率下降，饲养成本明显增高，同时由于胴体脂肪多，售价等级低，也不经济。因此，生产者应综合诸因素，根据具体情况灵活确定适宜的出栏体重。阎玉华(1987)用杜长沈三元杂交肉猪为材料研究适宜出栏体重，指出：从生产者利益出发，以销售去骨鲜肉为主，则以体重 105 kg 出栏为宜；销售分割肉和加工肉，则以 120～130 kg 为宜(表 9-16、表 9-17)。赵俊如等(1995)根据香港市场行情指出，以体重 85～90 kg 的肉猪销售单价最高，经济效益最好(表 9-18)。

表 9-16　杜长沈肉猪不同出栏体重的生产表现

体重/kg	饲养天数/d	日增重/g	料重比	瘦肉率/%	板油＋皮下脂肪/kg	出肉率*/%
25～90	86.75	751	3.04	59.52	9.81	67.4
25～105	107.90	742	3.11	58.98	11.64	68.3
25～125	127.90	743	3.23	56.25	15.32	69.0
25～135	143.90	747	3.34	54.54	19.20	71.7

*：按[(肉＋脂＋板油)/空体重]×100%计算出肉率。

资料来源：阎玉华等.东北养猪，1987。

表 9-17 杜长沈肉猪不同体重阶段的效益比较

效益项目	肉猪体重/kg			
	90.29	105.50	120.15	132.83
瘦肉生产量/kg	18.95	22.03	24.53	26.20
瘦肉收入/元	102.33	118.96	132.40	141.48
皮下脂肪+板油/kg	9.81	11.64	15.32	19.20
胴体收入/元	126.82	160.59	173.82	193.52
饲料支出/元	66.20	83.29	102.72	120.43
胴体收入-饲料支出/元	62.62	67.10	71.70	73.09
活猪收入/元	153.49	179.35	204.26	225.81
活猪收入-饲料支出/元	87.29	96.06	101.54	105.58

资料来源:阎玉华.东北养猪.1987。

表 9-18 供港猪体重与收益

体重阶段/kg	出售体重/kg	头均售价/港元	每千克售价/港元	售价/(港元/司担)
60~65	59.70	764	11.410	615
65~70	68.71	654	9.540	572
70~75	72.68	758	10.210	611
75~80	78.20	878	11.250	674
80~85	82.79	966	11.703	703
85~90	87.45	1 059	11.654	697
90~95	92.13	1 007	10.960	656
95~100	97.42	965	9.910	595
100~105	102.03	1 021	10.010	601
105~110	107.57	1 046	9.730	583
110 以上	118.68	967	8.120	487

注:每司担等于 60 kg。

总之,实际生产中,屠宰的最佳体重应在肌肉生长强度开始下降,脂肪生长旺盛的体重阶段。规模化猪场肉猪出栏体重多为95~110 kg,但在毛猪市场价格高,饲料价格低时可延长到130 kg。生长育肥猪饲养者应密切关注市场需求及市场变化趋势,审时度势,灵活应对,才能获取最大经济效益。

第六节　胴体品质

胴体品质指肥育猪屠宰后的产品品质。在提高猪产肉能力的同时，应重视提高肉脂质量。

一、对肉质的要求

（一）瘦肉

可通过肉的外观色泽、大理石花纹、pH 值、系水力、味道来评定好坏。

肉的颜色：肉的颜色因猪的年龄、品种、营养状况、部位不同而不同；理想的瘦肉颜色应为鲜红色，有光泽；劣质肉的颜色为暗红色或苍白色；背最长肌颜色稍淡；长白猪的肉色较其他品种为淡。

大理石花纹是指肌肉中脂肪分布的多少，以肌间脂肪分布适量的肌肉为最好，脂肪分布过多过少都不好。

肌肉 pH 值以 6.1～6.2 为正常，pH 值$<$5.9 或 pH 值$>$6.5 均为劣质肉。

优质的肌肉应紧密，用手指按压时，凹陷处立即复原，如肌肉松软，则是肉质不好的特征；好的猪肉吸水力强，渗水的肉是肉质不良的特征；品质好的肉具有自然香味，无其他异常气味。

（二）脂肪

胴体脂肪的颜色应为洁白或淡玫瑰色，要求脂肪坚实，不坚实的软脂烹调时易于蒸发，加工后贮藏易产生哈喇味。

二、白肌肉

白肌肉又称 PSE 肉，是一种异常的猪肉，基本特征是：肉色苍白，肉质松软无弹性，肌肉渗水（切面有水分渗出），pH 值$<$5.9。

白肌肉和正常肉的组成成分有明显的不同，白肌肉的水分含量高于正常肌肉，而蛋白质含量低于正常肌肉，因此，白肌肉风味不佳，降低了猪肉的商品价值和利用价值。

白肌肉产生的原因是由于含有应激敏感基因的猪在短时间高强度应激条件作用下（如运输、高温、运动、电击晕、屠宰、惊吓、抓捕、咬斗等），引起机体应激反应，交感神经兴奋，肾上腺素大量分泌促使糖原酵解过程加强加速，产生大量的乳酸和磷酸，使肌肉pH值迅速下降，水分由血液向肌纤维大量渗出，肌浆蛋白质变性所致

三、黄膘肉

正常猪的脂肪应为白色，有时见到脂肪呈淡黄色或黄色，这种猪肉称为黄膘肉。脂肪松软，有时有异常的腥味，经济价值极差。

产生黄膘肉的原因，其一可能是黄疸所致（一些疾病引起肝胆病变）；其二可能是色素所致（如喂大量的蚕蛹和新鲜的鱼屑易引起脂肪变黄），饲喂霉烂玉米，不仅引起脂肪变黄，严重时可引起死亡。

第七节　提高肥育猪胴体瘦肉率的措施

提高商品肉猪胴体瘦肉率，是当前养猪生产面临的重要课题。近年来，国内市场对瘦肉猪的需求增加，加之出口需要，发展瘦肉猪生产，不仅可以提高商品肉猪日增重，降低饲料消耗，而且可以改善肉的品质，减少脂肪含量，增强适口性，同时也是提高经济效益，改善养猪业经营状况的重要途径。

一、选养瘦肉型品种或开展杂种优势利用

外向型猪场以饲养外国引进的长白猪、大约克夏猪、杜洛克猪、汉普夏猪种进行杜×长大、汉×长大洋三元杂交猪或专门化品系杂优猪如 PIC 猪、斯格猪、迪卡猪等，虽然对饲料条件要求较高，但日增重高，饲料利用率高，胴体瘦肉率高达 60%以上。产品出口可获得较好的价格和利润。

内销商品肉猪可根据各地实际进行瘦肉型新品种(或品系)的育种工作，培育瘦肉型品种或品系用于商品生产。更多的宜选择瘦肉率高、生长速度快、饲料利用率高和肉质好的外国良种瘦肉型公猪作父本，以分布广、适应性强、繁殖力高和肉质好的我国地方猪种(或培育品种)作母本，进行二元或三元杂交生产瘦肉型商品猪。这是一种投资少，见效快，适合我国国情的生产瘦肉型杂种商品猪的有效途径。

总结近 20 年来我国猪杂交试验资料，结果列于表 9-19、表 9-20。结果表明，与地方品种相比，体重 20～90 kg，二元杂交平均日增重、饲料利用率和胴体瘦肉率分别提高 24.2%、12.6%和 20.8%；三元杂交分别提高 25.9%、14.6%和 33.7%。与二元杂交相比，三元杂交分别提高 1.4%、2.2%和 10.7%。

表 9-19 二、三元杂交效果比较

猪种类	组合数	试猪数	平均日增重/g	料重比	胴体瘦肉率/%
地方猪种	21	194	471±74	4.12±0.75	42.7±4.00
培育品种	16	1 863	581±60	3.64±0.32	53.7±3.00
引进外国良种	25	223	593±64	3.38±0.24	60.5±2.74
二元杂种(外×本)	81	872	585±62	3.6±0.36	51.6±4.94
三元杂种(外×外本)	92	1 521	593±76	3.52±0.30	57.1±2.74
二元杂种(外×培)	76	2 153	631±69	3.52±0.24	57.8±3.70
三元杂种(外×外培)	35	1 137	614±60	3.38±0.24	58.7±2.4

表 9-20 “六五”国家攻关筛选的商品瘦肉猪杂交组合

父本	母本	平均日增重/g	每千克增重耗料/kg	胴体瘦肉率/%	试验单位
大白	长白×北京黑	625	3.28	58.9	中国农科院畜牧所
杜洛克	长白×北京黑	626	3.10	57.6	北京市畜牧所
杜洛克	上海白	618	3.38	57.9	上海市畜牧所
杜洛克	湖北白	611	3.39	62.1	华中农业大学等
杜洛克	浙江中白	594	2.99	61.5	浙江省畜牧所
杜洛克	长白×嘉兴黑	562	3.36	56.4	浙江省畜牧所
杜洛克	长白×太湖	630	3.15	58.0	南京农业大学、苏州牧医站等
杜洛克	三江白	601	3.11	62.3	东北农业大学

近年来，全国各科研院所、大专院校和生产部门通过配合力测定，已筛选出了一批适合本地区的优良杂交组合，在生产中广泛应用，有效地提高了商品肉猪的瘦肉率。

二、适宜的饲养水平

饲养水平不仅影响猪的增重速度和饲料利用率，而且对胴体瘦肉率也有一定的影响。早年 McMeekan(1940)的经典试验结果见表 9-21。

表 9-21 饲养水平与猪体组成

饲养水平		胴体组成/%				料重比
前期	后期	骨	皮	肌	脂	
高	高	11.0	5.3	40.3	38.3	3.05
高	低	11.2	5.4	44.5	33.4	4.25
低	高	9.7	4.8	36.3	44.1	5.011
低	低	12.4	5.8	49.1	27.5	5.17

从表 9-21 可见，要获得较高的胴体瘦肉率和较低的料重比，以选择前期自由采食、后期限制采食为宜。

四川农业大学畜牧系养猪教研室用雅南猪和长白×雅南 F_1 为材料的试验结果见表 9-22。

表 9-22　饲养小水平与胴体瘦肉率

饲养水平		雅南猪×雅南猪			长白×雅南猪		
前期	后期	日增重/g	瘦肉量/kg	瘦肉率/%	日增重/g	瘦肉量/kg	瘦肉率/%
任食	任食	520	23.8	41.4	591	26.1	46.1
限食	限食	407	25.9	46.6	464	30.6	55.7
差异(任食－限食)		＋113	－2.1	－5.2	＋127	－4.5	－9.6

注:试验结束体重均为 85 kg 左右。

提高蛋白质水平,同时保证各种氨基酸的均衡供给,有利于胴体瘦肉率的提高。在不同的生长年龄阶段,蛋白质的供给水平是不一样的,具体的标准为体重 10～35 kg 阶段,粗蛋白质水平为 20%;体重 35～65 kg 阶段,粗蛋白质水平为 17%;体重 65～90 kg 阶段,粗蛋白质水平为 14%。另外,供给生长肥育猪平衡的氨基酸饲粮,有利于肌肉组织的充分生长。目前许多国家已开始在实际生产中运用理想氨基酸模式和可消化氨基酸的量来配制饲粮,其目的是使饲粮组成尽可能满足动物的最佳生长。

综上所述,饲养水平的高低是影响瘦肉率的重要环境因素。瘦肉率随饲养水平的提高而降低,反之,随着饲养水平的降低,瘦肉率也提高。许振英教授在总结国外有关资料后得出:日采食饲料大致每减少 10%可提高瘦肉率 1%～1.5%。但对于瘦肉型猪也不宜限食过多,以免影响肌肉的生长。

三、环境温度

环境温度对脂肪沉积的影响大于对蛋白质沉积的影响,过高或过低的环境温度对脂肪和蛋白质的沉积都不利。据报道,适于蛋白质沉积的温度是 18～20℃;另一报道,认为氮的沉积温度以 20～25℃ 时最高。据荷兰资料,在环境温度 10℃与 20℃条件下饲养的肥育猪，前者瘦肉率下降10.6%，膘厚增加3.4%。因此，为肥育猪创造适宜的环境温度可提高胴体的瘦肉率。

四、屠宰适期

肥育猪在不同体重屠宰，其胴体瘦肉率不同，控制适宜体重屠宰，可提高商品猪的胴体瘦肉率。屠宰率和瘦肉的绝对重量，随体重的增大而提高，但瘦肉所占的百分数却下降，瘦肉和肥肉中的水分含量随体重的增大而减少（表9-23）。

表9-23 肉用型猪不同体重的比较

体重/kg	35.4	54.4	80.7	103.0	124.3
屠宰率/%	65.38	74.17	72.47	80.62	77.74
分割瘦肉重量/kg	16.80	17.80	24.29	29.29	34.2
占胴体的百分数	40.80	44.10	41.50	37.90	35.40
分割肥肉重量/kg	5.80	13.25	23.30	35.11	46.08
占胴体的百分数	25.10	32.80	40.00	44.70	47.70
瘦肉含水分/%	69.56	64.61	62.83	61.70	61.57
肥肉含水分/%	23.08	15.18	11.43	10.23	10.58

据辽宁畜牧所的试验，胴体瘦肉率随屠宰体重的提高而降低（表9-24）。

肥育猪以多大体重屠宰为宜，既要考虑胴体瘦肉率，又要考虑综合经济效益。一般大型猪可在100 kg左右屠宰，中、小型猪可在75～85 kg屠宰。

总之，提高猪胴体瘦肉率是发展养猪生产和改善人民生活所必需的，生产瘦肉量高的肥育猪，必须采取综合措施，如选种、杂交、饲料配合、饲养技术、肥育方式、屠宰适期、环境因素、收购价格和收购标准等方面，应从全面考虑，综合分析，并能协调一致方可获得最佳效果。

表 9-24　不同体重屠宰的比较

猪别	体重/kg	头数	日增重/g	料重比	膘厚/cm	瘦肉率/%	每头猪纯收入/元
苏×民	60	4	603	2.77	2.92	55.09	28.52
苏×民	80	4	654	2.90	3.28	51.09	43.40
苏×民	100	4	669	3.07	4.24	49.97	55.32
苏×民	125	4	668	3.50	5.48	46.34	54.63

第八节　无公害生猪生产的要求

无公害生猪生产是指通过技术和管理等措施，对生猪生产中的饲养环境、饲料及饲料添加剂、动物保健品等生产资料和饲养管理、兽医防疫、无害化处理等生产全过程进行监控，防止生猪产品有害物质残留超标，使猪肉品质达到安全、优质、营养和生产场地环境保持良好。

农业部于 2001 年 9 月 3 日发布的，并于 2001 年 10 月 1 日开始实施的无公害食品的行业标准，其中 NY/T 5033—2001 对无公害肉猪生产过程中的引种、环境、消毒、饲养、免疫、废弃物处理等涉及到生猪饲养管理的各环节都提出了严格要求。

一、猪场环境与工艺

（1）猪场应建在地势高燥、排水良好、易于组织防疫的地方，场址用地应符合当地土地利用规划的要求。猪场周围 3 km 无大型化工厂、矿厂、皮革、肉品加工、屠宰场或其他畜牧场污染源。

（2）猪场距离干线公路、铁路、城镇、居民区和公共场所 1 km 以上，猪场周围有围墙或防疫沟，并建立绿化隔离带。

（3）猪场生产区布置在管理区的上风向或侧风向处，污水粪便处理设施和病死猪处理区应在生产区的下风向或侧风向处。

(4)场区净道和污道分开,互不交叉。

(5)推荐实行小单元式饲养,实施"全进全出"制饲养工艺。

(6)猪舍应能保温隔热,地面和墙壁应便于清洗,并能耐酸碱等消毒药液清洗消毒。

(7)猪舍内温度、湿度环境应满足不同生理阶段猪的需求。

(8)猪舍内通风良好,空气中有毒有害气体含量应符合NY/T 388要求。

(9)饲养区内不得饲养其他畜禽动物。

(10)猪场应设有废弃物储存设施,防止渗漏、溢流、恶臭对周围环境造成污染。

二、引种

(1)需要引进种猪时,应从具有种猪经营许可证的种猪场引进,并按照 GB 16567 进行检疫。

(2)只进行育肥的生产场,引进仔猪时,应首先从达到无公害标准的猪场引进。

(3)引进的种猪,隔离观察 15～30 d,经兽医检查确定为健康合格后,方可供繁殖使用。

(4)不得从疫区引进种猪。

三、饲养条件

(一)饲料和饲料添加剂

(1)饲料原料和添加剂应符合 NY 5032 的要求。

(2)在猪的不同生长时期和生理阶段,根据营养需求,配制不同的配合饲料。营养水平不低于 GB 8471 的要求,不应给肥育猪使用高铜、高锌日粮,建议参考使用饲养品种的饲养手册标准。

(3)禁止在饲料中额外添加 β-兴奋剂、镇静剂、激素类、砷制剂。

(4)使用含有抗生素的添加剂时，在商品猪出栏前，按有关准则执行休药期。

(5)不使用变质、霉败、生虫或被污染的饲料。不应使用未经无害处理的泔水或其他畜禽副产品。

(二)饮水

(1)经常保持有充足的饮水、水质符合 NY 5207 的要求。

(2)经常清洗消毒饮水设备，避免细菌滋生。

(三)免疫

(1)猪群的免疫符合 NY 5031 的要求。

(2)免疫用具在免疫前后应彻底消毒。

(3)剩余或废弃的疫苗以及使用过的疫苗瓶要做无害化处理，不得乱扔。

(四)兽药使用

(1)保持良好的饲养管理，尽量减少疾病的发生，减少药物的使用量。

(2)仔猪、生长猪必须治疗时，药物使用要符合 NY 5030 的要求。

(3)育肥后期商品猪，尽量不使用药物，必须治疗时，根据所用药物执行停药期，达不到停药期的不能作为无公害生猪上市。

(4)发生疾病的种公猪、种母猪必须用药治疗时，在治疗期或达不到停药期的不能作为食用淘汰猪出售。

四、卫生消毒

(一)消毒剂

消毒剂要选择对人和猪安全、没有残留毒性、对设备没有破坏、不会在猪体内产生有害积累的消毒剂。选用的消毒剂应符合 NY 5030 的规定。

(二)消毒方法

(1)喷雾消毒:用一定浓度的次氯酸盐、有机碘混合物、过氧乙酸、新洁尔灭等,用喷雾装置进行喷雾消毒,主要用于猪舍清洗完毕后的喷洒消毒、带猪消毒、猪场道路和周围、进入场区的车辆。

(2)浸液消毒:用一定浓度的新洁尔灭、有机碘混合物或煤酚的水溶液,进行洗手、洗工作服或胶靴。

(3)熏蒸消毒:每立方米用福尔马林(40%甲醛溶液)42 mL、高锰酸钾 21 g,21℃以上温度、70%以上相对湿度,封闭熏蒸 24 h。甲醛熏蒸猪舍应在进猪前进行。

(4)紫外线消毒:在猪场入口、更衣室,用紫外线灯照射,可以起到杀菌效果。

(5)喷洒消毒:在猪舍周围、入口、产床和培育床下面洒生石灰或火碱可以杀死大量细菌或病毒。

(6)火焰消毒:用酒精、汽油、柴油、液化气喷灯,在猪栏、猪床和猪只经常接触的地方,用火焰依次瞬间喷射,对产房、培育舍使用效果更好。

(三)消毒制度

(1)环境消毒:猪舍周围环境每 2～3 周用 2%火碱消毒或撒生石灰 1 次;场周围及场内污水池、排粪坑、下水道出口,每月用漂白粉消毒 1 次。在大门口、猪舍入口设消毒池,注意定期更换消毒液。

(2)人员消毒:工作人员进入生产区净道和猪舍要经过洗澡、更衣、紫外线消毒。严格控制外来人员,必须进入生产区时,要洗澡、更换场区工作服和工作鞋,并遵守场内防疫制度,按指定路线行走。

(3)猪舍消毒:每批猪只调出后,要彻底清扫干净,用高压水枪冲洗,然后进行喷雾消毒或熏蒸消毒。

(4)用具消毒:定期对保温箱、补料槽、饲料车、料箱、针管等进行消毒。可用0.1%新洁尔灭或0.2%～0.5%过氧乙酸消毒，然后在密闭的室内进行熏蒸。

(5)带猪消毒：定期进行带猪消毒，有利于减少环境中的病原微生物。可用于带猪消毒的消毒药有0.1%新洁尔灭、0.3%过氧乙酸和0.1%次氯酸钠。

五、饲养管理

(一)人员

(1)饲养员应定期进行健康检查，传染病患者不得从事养猪工作。

(2)场内兽医人员不准对外诊疗猪及其他动物的疾病，猪场配种人员不准对外开展猪的配种工作。

(二)饲喂

(1)饲料每次添加重量适当，少喂勤添，防止饲料污染腐败。

(2)根据饲养工艺进行转群时，按体重大小强弱分群，分别进行饲养，饲养密度要适宜，保证猪只有充足的躺卧空间。

(3)每日打扫猪卫生，保持料槽、水槽用具干净、地面清洁。经常检查饮水设备，观察猪群健康状态。

(三)灭鼠、驱虫

(1)定期投放灭鼠药，及时收集死鼠和残余鼠药，并做无害化处理。

(2)选择高效、安全的抗寄生虫药进行寄生虫控制，控制程序符合NY 5031的要求。

六、运输

(1)商品猪上市前，应经兽医卫生检疫部门根据GB 16549检疫，并出具检疫证明，合格者方可上市屠宰。

(2)运输车辆在运输前和使用后要用消毒液彻底消毒。

(3)运输途中,不应在疫区、城镇和集市停留、饮水和饲喂。

七、病、死猪处理

(1)须要淘汰、处死的可疑病猪,应采取不会把血液和浸出物散播的方法进行扑杀,传染病猪尸体应按 GB 16548 进行处理。

(2)猪场不得出售病猪、死猪。

(3)有治疗价值的病猪应隔离饲养,由兽医进行诊治。

八、废弃物处理

(1)猪场废弃物处理实行减量化、无害化、资源化原则。

(2)粪便经堆积发酵后应作农业用肥。

(3)猪场污水应经发酵、沉淀后才能作为液体肥使用。

九、资料记录

(1)认真做好日常生产记录,记录内容包括引种、配种、产仔、哺乳、断奶、转群和饲料消耗等。

(2)种猪要有来源、特征、主要生产性能记录。

(3)做好饲料来源、配方及各种添加剂使用情况的记录。

(4)兽医人员应做好免疫、用药、发病和治疗情况记录。

(5)每批出场的猪应有出场猪号、销售地记录,以备查询。

(6)资料应尽可能长期保存,最少保留 2 年。

思 考 题

1. 猪肥育的意义是什么?
2. 猪的生长肥育规律有哪些?
3. 影响猪肥育的因素有哪些?
4. 提高商品肉猪胴体瘦肉率的措施有哪些?
5. 什么是无公害生猪生产?
6. 无公害生猪生产的要求有哪些?

第十章　猪的疾病防治

猪病是养猪生产的大敌，一旦发生会给养猪生产造成重大损失。在猪病中尤以传染性疾病的危害更为严重，它的发生可以引发猪只的大批死亡，造成巨大的经济损失。尤其在现代养猪生产中，生产规模大，猪只数量多，密度大，疫病发生后，传播速度快，更难控制，其产生的后果更严重。同时，一些人畜共患的传染病还能传染给人，对人的健康造成威胁。因此，做好猪的疫病防治工作，是养猪生产中不可忽视的问题。在养猪生产中，为了防止猪病的发生给生产带来的损失，提高养猪生产效益，必须对猪群实行科学饲养，在提高猪只抗病能力的前提下，坚持"预防为主"的方针，坚决贯彻执行国务院颁发的《家畜家禽防疫条例》和农业部制定的《家畜家禽防疫条例实施细则》等法规，使防疫措施制度化、经常化，从而提高猪疫病的防治水平。

第一节　猪疫病的综合防疫措施

一、科学的饲养管理，增强猪只抗病能力

猪群有健康的身体和良好的体质，就能抵御疫病的侵扰。在日常饲养中，做到科学饲养，根据各类猪只营养需要的特点，精心地配合饲粮，供给充足而完善的日粮，可以增强猪只健康状况和对疾病的抵抗能力。在日常管理中，重视饲料和饮水卫生，不用腐败变质、发霉饲料喂猪，饮水符合卫生标准。圈舍勤打扫，勿使粪便堆积，做到圈舍清洁干燥，明亮通气，既可降低圈舍内氨气等不良

气体浓度，又可阻断蚊蝇及细菌滋生。冬天做到防寒保暖，夏季做到降暑降温，可以减少疫病发生的中间环节，同时也是保证猪群正常生长发育、体格健壮、增强抗病能力的基本条件。

二、预防接种

对健康猪只进行免疫接种，可以激发猪只体内产生特异性抗体，使猪只不受某些传染病的感染。有目的地定期施行预防注射，是预防和消灭传染病的重要措施之一。

免疫接种是用疫苗，菌苗、类毒素等生物制剂作为抗原激发免疫。常用的疫(菌)苗见表 10-1。

表 10-1 常用疫(菌)苗

疫(菌)苗名称	预防的疫病	接种对象和说明	免疫期
猪瘟兔化弱毒菌	猪瘟	按瓶签注明的剂量加水稀释，各种大小猪均肌肉注射 1 次，4 d 后产生免疫，哺乳仔猪在断奶后再注射 1 次	1.5 年
猪丹毒弱毒冻干活菌苗	猪丹毒	仔猪 70 日龄初免 1 次，1 头份/头；成年猪每年春、秋各免疫 1 次	6 个月
猪肺疫弱毒冻干活菌苗	猪肺疫	仔猪 70 日龄初免 1 次，1 头份/头；成年猪每年春、秋各免疫 1 次	6 个月
猪丹毒氢氧化铝甲醛苗	猪丹毒	体重 10 kg 以上的断奶仔猪，皮下注射 5 mL，10 kg 以下的仔猪或未断奶仔猪皮下注射 3 mL；间隔 45 d 后，再注射 3 mL，注射后 21 d 产生免疫力	6 个月
仔猪副伤寒弱毒菌苗	仔猪副伤寒	按瓶签注明稀释液稀释后，对 1 月龄以上健康哺乳猪或断奶仔猪，一律耳后薄层肌肉注射 1 mL	9 个月
无毒炭疽芽孢苗	炭疽	皮下注射 0.5 mL，注射后 14 d 产生免疫力	1 年
O 型口蹄疫 BEI 灭活油佐剂苗(浓)	口蹄疫	仔猪 40～50 日龄首免，100～105 日龄二免。种猪每隔 3 个月免疫 1 次。2 mL/头	约 2 个月
布鲁氏杆菌猪型 2 号弱毒苗	布氏杆菌病	臀部肌肉注射 1 mL，仔猪、孕猪忌用。因系活菌苗，用后注射器，针头煮沸消毒	1 年

续表 10-1

疫(菌)苗名称	预防的疫病	接种对象和说明	免疫期
伪狂犬病灭活疫苗(浓)	伪狂犬病	种公、母猪首免后间隔 4～6 周加免 1 次,以后每 6 个月免疫 1 次。种母猪产前一个月加免 1 次,仔猪断奶时免疫 1 次,间隔 4～6 周加免 1 次。3 mL/头	约 3 个月
乙型脑炎弱毒冻干活疫苗	猪乙型脑炎	4 月份对 4 日龄至 2 岁种猪接种,半年后加免 1 次,以后每年免疫 1 次。1 头份/头	1 年
细小病毒灭活油佐剂苗	细小病毒病	初产母猪孕前 2 个月接种免疫。1 头份/头	7 个月
猪气喘病弱毒冻干活菌苗	猪气喘病	种猪,后备猪每年春、秋各 1 次免疫,仔猪 15 日龄至断奶前首免,3～4 月龄种猪二免。胸腔注射,4 mL/头	1 年
大肠杆菌灭活菌苗、仔猪红痢灭活菌苗	大肠杆菌病 仔猪红痢	母猪产前 30 d,15 d 各免疫 1 次,1 头份/头	保护仔猪
TGE-PED 二联菌*	TGE PED	后海穴注射 5 mL/头	2 个月
猪链球菌病氢氧化铝菌苗	猪链球菌病	60 日龄首免,以后每年春、秋各免疫 1 次。3 mL/头	6 个月
传染性胸膜肺炎灭活油佐剂苗	传染性胸膜肺炎	2～3 月龄猪间隔 2 周 2 次接种	
传染性萎缩性鼻炎灭活苗	传染性萎缩性鼻炎	初产母猪产前 30 d,15 d 各接种 1 次,经产母猪产前 30～15 d 免疫 1 次,仔猪 7～10 日龄首免,2～3 周龄加免 1 次。种公猪年免 1 次。1～3 mL/头	
繁殖呼吸综合征冻干苗	繁殖呼吸综合	3 周龄以上的猪初次接种,再次接种母猪配种前 2 周。大猪 2 mL/头,小猪 1 mL/头	

*:TGE—传染性胃肠炎;PED—猪流行性腹泻。

在进行免疫接种时,须注意以下几项:①选用的疫(菌)苗一定要有针对性,仔细阅读疫苗瓶签上说明,并按其要求稀释。稀释后的疫苗应按规定方法保存和在规定时间内使用。②疫苗注射剂量要准确,进行高密度注射。③严格免疫操作规程,接种前须对猪只进行健康检查,对已病或有体温升高者不予接种,待其病愈后再行补接。④当周围地区已有疫情发生和流行时,要加大注射剂量和增加免疫密度。⑤使用活菌苗免疫接种后,在规定时间内不对猪只使用抗菌素类药物。⑥注射器、注射部位严格消毒,一猪一个针头,防止交叉感染。接种未用完的疫苗及用完后的疫苗空瓶,不得随地乱扔,应按规定完善处理。⑦不得使用过期或因保存不当而失效的疫苗接种。⑧加强疫苗管理,疫苗的选择、运输、保存、使用记录都要建立严格的制度,以备考查。

为了做好免疫接种工作,有效地预防疫病发生,应根据各地区猪疫病流行规律,猪群的特点,本场的具体情况以及疫苗的特性等,制定免疫程序,合理地安排各种疫苗接种猪只的月龄、接种途径、次数和间隔时间,用以保证高密度接种,使猪群保持高的免疫水平。表 10-2、表 10-3 所列免疫程序,供作参考。

表 10-2 种猪免疫程序

阶段	免疫时间	疫(菌)苗名称	剂量(头份)	备注
仔猪	15 日龄	猪喘气病灭活或弱毒苗	1	
	20 日龄	猪瘟活细胞苗	2	
	30 日龄	仔猪副伤寒弱毒苗 猪喘气病灭活苗或弱毒苗	1 1	
	60 日龄	猪瘟、猪丹毒、猪肺疫三联弱毒苗	2	
后备种猪	6 月龄或配种前 1 个月	猪细小病毒弱毒疫苗	1	
	母猪配种前 1 周	猪瘟、猪丹毒、猪肺疫三联弱毒苗	2	每年接种 2 次
繁殖种母猪种公猪	采用公猪每年 4 月份、10 月份	猪喘气病灭活苗或弱毒苗	2	每年接种 2 次
	母猪配种前一个月	猪乙型脑炎弱毒苗	1	建议免疫
	产前 40 d、15 d 各注射 1 次	仔大肠杆菌三价灭活苗(弱毒苗)	1	建议免疫
	产前 40 d	猪伪狂犬病灭活苗	1	建议免疫

表 10-3 商品猪免疫程序

免疫时间	疫(菌)苗名称	剂量(头份)	备注
15 日龄	猪喘气病灭活或弱毒苗	1	建议免疫
20 日龄	猪瘟细胞苗	2	
30 日龄	猪喘气病灭活苗或弱毒苗 仔猪副伤寒弱毒苗	1 1	建议免疫
60 日龄	猪瘟、猪丹毒、猪肺疫三联弱毒苗	2	

三、制定合理的防疫制度

从建立猪场开始,就应考虑卫生防疫问题。猪场选址,场内各种建筑物的布局,皆需符合卫生防疫要求(详见第九章)。兽医卫生防疫制度的建立并严格执行,是阻断疫病传播途径的有力措施,一般应包括以下内容:①生产区和猪舍入口处应设消毒池,猪场工作人员和饲养员进入生产区应穿工作服和鞋,工作服要定期消毒。不允许不同生产区的饲养员相互串门,非生产人员不得进入猪舍。②猪场原则上谢绝参观,对必须接待的参观者,必须换上工作服并进行消毒,须遵守场内防疫制度。③出售种猪、肉猪应在生产区外,场外运输车辆不得进入生产区,已出场的猪只不得回流入场,并坚持病猪不出场。每批商品猪出栏后,应对猪舍严格消毒,并空栏 5~7 d。④场内不准带入可能染病的畜产品或其他物品。⑤引入猪只需在非疫区购买,引入后隔离饲养 30 d 后,在认为健康者再全身喷雾消毒后方可并群饲养,并及时对引入个体进行免疫注射。⑥猪场内禁养狗、猫、家禽及其他动物。⑦不准在生产区内屠杀或解剖病死猪只。⑧猪场饲喂全价配合饲料,禁止饲喂不清洁,发霉变质饲料。⑨圈舍每天打扫,保持地面清洁卫生,饲槽、水槽干净,并做到定时消毒,消灭蚊蝇及鼠害。⑩日常管理中加强对猪只的采食、行为以及粪便的观察,如发现异常立即报告,及时处理。⑪场内兽医人员、不准私自对外诊疗猪只及其他动物,配种员不准对外开展配种工作，饲养员不得在场外兼任其他业务。⑫根据本地区、本场猪病发生的种类和规律，确定免疫接种的内容和适宜的免疫程序。

四、严格消毒，消灭疫病传染源

消毒的目的是消灭被传染源散布在外界环境中的病原体，切断传播途径，阻止疫病蔓延。消毒的对象包括被病猪或可疑病猪传染的圈舍、环境、土壤、水源、运输工具、粪便、仓库等。消毒内容还包含日常定期消毒，预防性消毒。常用消毒药见表 10-4。

表 10-4 常用消毒药

药物名称	常用浓度	用途及注意事项
草木灰	20%	用于地面及圈舍消毒
石灰乳	10%～20%	用于墙壁、圈舍、地面、沟渠及粪尿等消毒。随配随用
烧碱（氢氧化钠、苛性钠）	1%～2%	用于被污染的圈舍、地面、环境、用具等消毒。对金属制品有腐蚀性，消毒后立即清洗。对皮肤和黏膜有刺激性，消毒圈舍时应放出猪只，隔半天后用水冲洗地面，饲槽方可放猪入圈
漂白粉（氯化石灰）	1%～20%	用于圈舍、地面、沟渠、粪尿、运输车辆、水源等消毒。对金属、衣物及纺织品有破坏力，有轻度毒性。饮用水按每千克水中加入 0.3 mg 消毒
福尔马林（甲醛溶液）	10%～4%	2%～4%水溶液用于喷洒墙壁、地面、用具、饲槽等。1%水溶液可作猪体体表消毒，防腐和贮藏标本。福尔马林熏蒸可对圈舍、库房消毒。按 25～40 mg/m^3＋高锰酸钾 12.5～20 g/ m^3 计量
菌毒敌（农福）	0.3%～1%	1%用于发生疫情，圈舍、环境等消毒 0.3%用于空栏消毒、载猪消毒、消毒池
新洁尔灭	0.1%浸泡 0.2%喷雾	用于皮肤、器械、玻璃、搪瓷、衣物、敷料、橡胶制品消毒，猪舍外环境消毒，载猪消毒，金属器械消毒需加 0.5%的亚硝酸钠用以防腐。忌与肥皂或盐类相遇

续表 10-4

药物名称	常用浓度	用途及注意事项
百毒杀(50%)	0.3%～1%喷雾	猪舍外环境消毒，载猪消毒
灭毒净	0.2%喷雾	猪舍外环境消毒，载猪消毒
消毒威	1%喷雾	猪舍外环境消毒，载猪消毒
爱迪伏	5%～10%喷雾	猪舍外环境消毒，载猪消毒
高锰酸钾	0.1%浸泡	皮肤及创伤消毒
过氧乙酸	0.5%喷雾熏蒸	猪舍外环境消毒

(一)猪舍与运动场消毒

先清除猪舍、运动场内的粪尿、垫草、残余饲料以及垃圾，将清除物在指定地点进行堆积发酵处理。如果清除物量小又有传染危险时，可以焚烧或深埋。对地面、墙壁、门窗、饲槽及用具等，进行严格的喷雾消毒或彻底地洗刷后消毒。泥泞的圈舍，可以撒一层干石灰粉或草木灰，并在消毒后垫上新土。

圈舍、运动场消毒一般用10%～20%石灰乳或1%～10%漂白粉澄清液。用药量1 L/m^2。

圈舍福尔马林熏蒸法：将舍内猪只迁出，用具摆开，关闭门窗。按每立方米空间用福尔马林25 mL、水12.5 mL、高锰酸钾25 g量配药物。将水与福尔马林置于器皿中混合，再倒入高锰酸钾，立即有福尔马林等蒸气蒸发出来。经12～24 h后打开门窗通风，让残留福尔马林蒸气散发完后，再将猪只赶入舍内。

(二)地面、土壤消毒

被芽孢杆菌污染的地面，先用10%漂白粉液喷洒，然后掘起表层土30 cm左右，撒上干漂白粉与土混合，将此表层土深埋。其他传染病污染的地面，如为水泥地面，用消毒液喷洒消毒；如为泥地，则可将表层土翻起30 cm，撒上干漂白粉(0.5～2.5 kg/m^2)，然后再用水湿润、压平。

(三)粪便消毒

常用方法是将粪便堆积发酵消毒,对杀灭非芽孢病源体和寄生虫卵有效。若利用粪便发酵产生沼气,既可提供燃料,又达到消毒目的。

(四)污水消毒

视具体情况有针对性地消毒。如污水量不大,可以拌洒在粪便堆中堆积发酵。如水池、水井被污染,可以用漂白粉消毒。方法是按每立方米水中加漂白粉 8～10 g,充分搅拌,经数日后方可启用。

(五)车船消毒

运送过病猪、尸体、粪便等的车船,在彻底清扫洗涤之后,用10%漂白粉溶液或2%～4%烧碱溶液消毒。

五、严格检疫,防止传染病的发生和传播

猪场应定期对猪群进行健康检查,对曾经在本地区、本场流行的主要传染病进行特殊检查。如果发现疫情,及时向上级有关部门提出疫情报告,并采取相应的防疫措施防止传播。就地扑灭。猪场还应做到病猪不出场、不上市、不运输,以杜绝疫病的传染。

搞好市场、屠宰场、运输线的检疫。各级畜牧兽医部门、食品卫生、市场管理等部门密切配合,分工负责,不准病猪上市,严格执行肉品检验规定,病猪肉在作无害处理之前不得上市销售。需交通运输的猪只,必须有兽医部门签发的检疫证明,承运部门才能运输。

六、定期驱虫

猪的内、外寄生虫亦是妨碍猪群生产力正常发挥的疾病,猪场内实行定期驱虫制度,可以减少或防止寄生虫病对猪群的危害。

猪场一般每年春、秋两季对猪群各进行1次驱虫;对断奶后到

6 月龄的猪只，进行 1～3 次驱虫；妊娠母猪在产前 3 个月驱虫。对外寄生虫一旦发现，应及时扑灭。

驱虫应有的放矢，事前做粪便虫卵检查，掌握猪体内寄生虫的种类及危害程度，以便于有针对性地选择高效驱虫药物，提高驱虫效果。常用驱虫药见表 10-5。

表 10-5　常用驱虫药

药物名称	制剂	使用方法	使用剂量	备注
左旋咪唑	针剂 粉片剂	肌肉注射 口服	每千克体重 8 mg 每千克体重 8 mg	对肠道线虫有效，对鞭毛虫无效
精制敌百虫(兽用)	结晶粉末	口服 喷洒	每千克体重 0.1～0.12 g 1%～2%	对肠道线虫有效，外用对疥螨有杀灭作用
伊维菌素(阿维菌素)	针剂 粉片剂	皮下注射 口服	每千克体重 0.3 mg 每千克体重 0.3～0.5 mg	可同时驱杀肠道线虫及疥螨
增效磺胺制剂	针剂 粉片剂	肌肉注射 口服	每千克体重 20～25 mg 每千克体重 30 mL	用于防治猪球虫病及弓形体病
呋喃唑酮(痢特灵)	粉片剂	口服 饲料内添加	每千克体重 10～10 mg 每千克饲料 400～600 mg，连用 3 d 停用	防治猪球虫病
盐酸氯苯胍	粉片剂	口服	每千克体重 12～24 mg	对球虫病及弓形体病有效
杀虫脒	油乳剂	喷洒	0.1%～0.2%	外用杀蚧螨

七、药物预防

为了防止某些疾病，有针对性地选用一些药物添加在饲料和饮水中，进行群体药物预防，保证猪群在一定时间内不受疫病侵袭。作为抗菌防病剂而添加在饲料中的药物应是低毒或无毒、无残留的药品。而且饲料内添加的时间不能太长，一般 3～5 d 必须停止用药。猪场可以根据本场防病的需要，选用相应的药物添加，以达到预防的目的。

八、实行自繁自养

猪场所需猪只实行自繁自养，可以避免从场外购买猪只时带进或感染疫病。猪场和农户需养一定数量的种猪，用以繁殖仔猪，供作本场饲养肥育猪之用。

第二节 猪传染病的扑灭措施

一、疫情报告

当发生传染病时，兽医人员应立即到发病现场进行疫情调查，并结合临床症状、病理变化和必要的实验室检查，尽快做出诊断。如果不能及时地做出确切诊断，应采取病理材料，立即送有关部门检验。同时将疫情立即上报上级业务部门，报告的内容包括：发病动物种类、发病时间、地点、发病及死亡数、临床症状、剖检变化、初诊病名及防治情况等。在诊断结果未做出之前，应根据初步诊断，采取相应的紧急措施，尽快扑灭疫情。必要时，还应将疫情通知有关单位和邻近地区，以便采取相应措施。

二、采取紧急措施

根据发生传染病的性质和流行病的传染源、传播媒介和易感猪群 3 个基本环节，提出扑灭传染病的紧急措施。

(一)隔离

在发生传染病时，将病猪和可疑病猪与健康猪隔开，防止它们污染外界环境，以便将疫情限制在最小范围内，就地扑灭。当传染病发生时，对猪群进行逐头检查，依据检查结果，将猪群分成病群、可疑病群、假定健康群，并分别采取措施。

1. 病群

是具有典型临床症状或类似症状的个体，是最危险的传染源。对病群应在彻底消毒情况下，将其单独或集中隔离在原来圈舍、场院或偏僻场所或专门的隔离病猪舍内。隔离场所应注意消毒，严禁人、畜随意出入，粪便应单独堆积发酵处理。

2. 可疑病群

无任何临床症状，但与病猪及其污染的环境有明显接触（如同群、同圈等）的猪。这种猪可能正处在潜伏期，并有排菌（毒）的危险。对这种猪应在消毒后专人饲养，限制其活动，详加观察，出现病状则按病猪处理。对可疑者可进行紧急免疫接种，或预防性治疗法。经1～2周不发病者，可取消限制。

3. 假定健康群

一切正常，且与上述猪只无明显接触者，应与上述猪只分开饲养，同时进行紧急免疫注射。

（二）封锁

根据《家畜家禽防疫条例》规定，当发生口蹄疫、炭疽、猪瘟、猪传染性水泡病及当地新发现的猪传染病时，要实行封锁。由县级农牧部门划定疫点、疫区、受威胁区，报请县政府发布疫区封锁令，并报上一级政府备案，通报毗邻地区及有关部门。

疫区，指疫病正在流行的地区；疫点，指病猪所在的猪舍、场、院、饮水地点；受威胁区，指疫区周围和可能受到传染的地区。

封锁的疫点应采取的措施：

（1）禁人、畜、车辆和畜产品从封锁疫点出入。

（2）有人员出入时，需经有关兽医人员许可，并需严格消毒。

（3）对病、死猪及其同群猪，应由县级以上农牧部门采取扑灭、销毁或无害化处理等措施。畜主不得拒绝，处理费用由畜主承担。

（4）疫点出口设消毒坑，疫点内用具、圈舍、场地必须严格消毒。粪便、垫草、受污染的饲料必须做无害化处理。

封锁的疫区应采取的措施：

(1)于疫区交通要道建立检疫消毒哨卡，监督已感动物及其产品移动，对出入人员、车辆进行药物消毒。

(2)停止疫区内集市贸易，严禁采购病猪及其产品。

(3)未被污染的猪产品运出时要经县级以上农牧部门批准，在兽防人员监督下经过包装消毒运出。

(4)对非疫点的易感动物进行检疫、预防接种。

受威胁区应采取的措施：

(1)各级农牧部队门、乡(镇)政府动员组织有关单位、个人采取防御性措施。

(2)由畜禽防疫检疫机构、乡(镇)畜牧兽医站随时监测疫情动态。

解除封锁：在最后一头病猪痊愈、急宰或扑杀后，经过一定封锁期(根据该病潜伏期而定)，再无疫情发生时，经过全面的终末消毒后，解除封锁。解除封锁后，需根据各种传染病的性质，在一定时间内限制病愈猪只的活动，以防其带菌(毒)传播疫病。

(三)紧急接种和治疗病猪

传染病发生时，在疫区周围 5～10 km 地带内，给所有受威胁的猪只用疫(菌)苗进行紧急接种，建立起“免疫带”，在综合防治措施下，能较快地将传染病控制在疫区内扑灭。

在严格隔离的基础上，对病猪进行治疗，既可减少死亡损失，又可消灭传染源。治疗病猪要针对病症选用有效药物，以消除病原体。另外，为减缓或消除某些症状，恢复和调节机体生理机能，也可进行对症治疗。

(四)消毒

消毒的目的是消灭被传染源散布在外界环境中的病原体，以切断传染途径、阻止疫病的蔓延。消毒的对象为被病猪或可疑病猪污染的圈舍、场院、土壤、水源、运输工具、用具、粪便、产品仓库等。由于病原体特性不同,被消毒物体的种类不同,应根据实际情况及需要,选择不同的消毒方法和消毒药物。

(五)正确而及时地处理病死猪只尸体

这一措施在防制传染病和维护公共卫生上有重要意义。处理尸体必须符合"不散播病原,对人、畜无害"的原则,切忌乱丢病死猪只尸体。尸体处理常用的方法有加工利用、掩埋、焚烧和发酵4种,可根据具体情况及条件选用。

第三节 猪的常见疾病

一、猪瘟

猪瘟是由猪瘟病毒引起的一种急性、高度接触性传染病。本病传染性大,发病率和死亡率均高。本病慢性型在大肠发生坏死性炎症,特别在回盲口附近常见纽扣状溃疡,故俗称"烂肠瘟"。

【病原】猪瘟病毒广泛地存在于病猪的血液及组织器官中,病猪的粪、尿和各种分泌物都有大量病毒。

猪瘟病毒对理化因素的抵抗力较强。血液中病毒在室温下可生存2~5个月,在冻肉中可存活6个月。

对猪瘟病毒有效的消毒药为5%~10%漂白粉、2%~4%烧碱溶液及20%生石灰乳。猪瘟病毒对来苏儿、石炭酸等消毒药有抵抗力。

【流行病学】在自然情况下,不分年龄、品种、性别的猪只都可感染发病。病猪是其主要传染源,被病猪粪尿、分泌物、唾液污染的饲料、饮水、场地及用具等都能传播本病,经消化道感染。其次亦可经呼吸道、眼结膜及伤口感染。其他动物和人类可以带毒成为传播媒介。猪瘟的流行,没有明显的季节性。

猪群一旦感染本病,初起仅少数猪只突然发病死亡,1~3 d

内可迅速蔓延至全群。多数呈急性病例，最后则出现亚急性及少数慢性病例。死亡率极高。

【症状】潜伏期一般为5～6 d，也有长达21 d者。本病以急性最为常见，病猪精神委顿，被毛粗乱，寒战喜卧，尤喜钻入草堆或较温暖之处。体温升高到40.5～42℃，稽留于同一高度直至濒死前开始下降。眼结膜发炎，流脓性眼屎。初期大便干燥，像算盘珠子一样，以后拉稀，粪便恶臭，常有黏液或血液。病猪鼻端、耳后、四肢内侧的皮肤出现大小不等的紫红色斑点，指压不褪色。大多数病程为1～2周，死亡率很高。

慢性型多由急性病猪转变而来。症状不规则，体温时高时低，甚至长时间不呈体温反应。食欲不良，便秘、腹泻交替出现，间或正常。病猪消瘦，精神委顿，被毛粗乱，后躯无力，行走蹒跚，最后多衰竭而死。病程可拖1个月以上。

【剖检】急性型以全身出血变化为特征。病猪的胸、腹、四肢皮肤有紫红色出血斑点，淋巴结以腹腔内及腹股沟淋巴结最为明显，呈现肿大、充血及出血，切面多汁，呈红白相间的大理石纹。脾脏一般不肿大，在脾缘和表面有凸出数目不定的紫黑色出血梗塞区。肾脏皮质上有针尖状至小米粒大小出血点。肾脏色泽呈土黄色。膀胱黏膜有散在或弥漫分布的针尖状出血点。胆囊黏膜上有溃疡或针尖状出血点。喉头和会厌软骨上有程度不同的出血点。大肠黏膜有明显的出血性炎症。

慢性型变为坏死性肠炎，在盲肠和结肠上有特殊的纽扣状溃疡。此外，肋骨和肋软骨联结处的骺线增宽，距骺线1～4 mm有一紧密、完全或部分钙化的横线，这是慢性猪瘟的特征性病变。

【诊断】可根据流行特点，典型症状，剖检变化及免疫接种史的调查等做出初步诊断。如果出现高热稽留，以便秘为主的出血性肠炎，体表皮薄处常有出血斑。剖检见淋巴结、脾脏、膀胱、胆囊、肾脏、喉头和大肠有病变等均为诊断的依据。另外，还应与猪丹毒、猪肺疫、猪副寒等病鉴别诊断(表10-6)。

表 10-6　急性猪瘟、猪丹毒、猪肺疫、猪副伤寒、猪败血性链球菌病鉴别要点

	急性猪瘟	猪丹毒	猪肺疫	猪副伤寒	猪败血性链球菌病
流行病学	(1)不分年龄、季节均可发病;(2)传染迅速,呈流行性病;(3)发病率和死亡率均很高。由于预防接种,提高了猪群免疫水平,多呈散发性,有的可突然康复	(1)2～3月龄猪只多发;(2)常呈地方性流行病;(3)多见于炎热季节;(4)血吸虫可传播本病	(1)本病的发生与不良因素有关;(2)多发于气候多变的早春和晚秋;(3)常呈散发性疾病;(4)常因猪瘟、猪喘气病继发而来	(1)本病的发生与猪群的饲养管理及卫生条件密切相关;(2)多见于1～4月龄的仔猪;(3)常为散发性;(4)多见于天冷多雨季节;(5)以慢性经过为主;常为猪瘟的继发感染	(1)初次流行呈急性暴发;(2)发病率和死亡率都很高;(3)5～11月份多见;(4)各种年龄猪都可发生,但哺乳仔猪自然病例较少
临床症状	(1)体温升高至41℃左右稽留;(2)急性肠炎以便秘为主;(3)脓性结膜炎;(4)皮肤常有出血斑点;(5)白细胞减少;(6)齿龈、扁桃体坏死溃疡,公猪阴鞘积脓;(7)偶见神经症状	(1)体温升至42℃或者以上;(2)病初粪便多无变化;(3)有时呕吐;(4)皮肤充血潮红,指压褪色,死前不久有的出现疹块	(1)体温升至41.5℃左右;(2)咽喉部急性肿胀,指压敏感;(3)呼吸极度困难,口、鼻流出泡沫液体,常窒息死亡;或呈胸膜肺炎症状	(1)体温升至41～42℃;(2)肠炎常有腹泻,排出恶臭,带有稀粪;(3)耳、嘴筒、四肢下部皮肤发紫	(1)体温升至41～43℃;(2)多发生关节炎;(3)有的呈现神经症状;(4)少数皮肤充血潮红;有的有出血斑点;(5)后期呼吸困难
病理变化	(1)全身黏、浆膜出血、咽喉、肾、膀胱、胆囊、淋巴结、大肠明显;(2)淋巴结肿大、充血、出血,切面呈大理石纹;(3)脾不肿大,有的有出血性梗塞区;(4)大肠出血性炎症,病程稍长的有"扣状肿"	(1)皮肤潮红;(2)胃底及十二指肠、空肠前段出血性炎症;(3)脾肿大充血,呈樱桃红色;(4)肾充血肿大,有"大红肾"之称	(1)咽喉部皮下及周围组织出血性浆膜浸润;(2)脾不肿胀;(3)肺急性水肿或肺有胸膜炎病变	(1)皮肤发紫;(2)肠系膜淋巴结索状肿;(3)大肠黏膜卡它性出血性炎症,有的有散在浅表的糠麸样痂皮;(4)肝有时有小坏死灶	(1)浆膜腔液体增多,微混浊、混有纤维素絮片或凝块,浆膜上有纤维素沉积;(2)脾、肾常肿大;(3)脑膜充血,脑切面有小点出血;(4)关节肿大,关节腔液增多,微混浊,混有纤维絮片或凝块
青霉素治疗	无效	有特效	有一定疗效	无明显作用	有特效
病原	病毒	猪丹毒杆菌	多杀巴氏杆菌	沙门氏杆菌	兽疫链球菌

【防治】

1. 预防措施

(1)广泛持久地开展猪瘟疫苗的预防注射。用猪瘟兔化弱毒冻干苗稀释后大小猪只一律肌肉注射 1 mL,注射后 3～4 d 产生免疫力,免疫期可达 1 年以上。此外,亦可用猪瘟、猪丹毒、猪肺疫三联弱毒疫苗,每猪注射 1 mL,可对三病免疫。

(2)加强农贸市场的管理和运输检疫工作,杜绝病猪在市场出售和收购。

(3)搞好日常饲养管理,重视圈舍环境卫生,保持圈内干燥,定期用 2%烧碱水消毒。

2. 流行时的防制措施

(1)迅速确诊,及早上报疫情并隔离病猪,对猪舍、场地、饲养用具用 3%烧碱水消毒。病猪圈舍消毒后,铲除表层土壤。

(2)贵重种猪用抗猪瘟血清注射治疗,对接触过病猪尚未发病的猪只,立即用猪瘟兔化弱毒疫苗进行紧急接种。

(3)认真处理死猪尸体,病猪治疗一般无效,宜早日屠宰。急宰猪肉切成小块,煮沸 1.5～2 h 后才能利用。病猪血水、内脏、毛及洗刷脏水全部深埋。

(4)流行地区严禁向疫区外运出活猪、畜产品、饲料和粪肥等。

二、猪丹毒

猪丹毒是由猪丹毒杆菌引起的一种急性高热性传染病。急性病例呈败血症变化;亚急性病例皮肤出现红色疹块,俗称"打火印",慢性病例发生心膜炎和关节炎。

【病原】猪丹毒杆菌为纤细平直或微弯的小杆菌。革兰氏染色阳性。病菌广泛存在于败血型病猪血液、脏器之中,疹块型病猪皮肤疹块与病变皮肤交界处,慢性病例的心内膜和关节液中。

猪丹毒杆菌对自然环境的抵抗力较强。在熏腌肉中可生存

3～4个月，掩埋的腐败尸体中生存7～10个月，但对热比较敏感，75℃ 10 min，煮沸可立即致死。0.1%升汞(二氧化汞)、5%烧碱、2%福尔马林、1%漂白粉、3%来苏儿都能在5～6 min内使细菌灭活。10%～20%新鲜石灰乳能迅速杀死本菌，故常用于圈舍消毒。

本菌对青霉素极为敏感；其次为金霉素、氯霉素和链霉素等。

【流行病学】本病多发生于3～12月龄的猪只，哺乳仔猪和老年母猪很少发病，以4～6月龄的架子猪发病最多。其他畜禽很少感染。人偶尔可经伤口感染，称类丹毒。本病一年四季均可发生，但以夏、秋炎热多雨季节多发，呈散发或地方性流行。

病猪和带菌猪是本病的主要传染源。病猪的排泄物污染饲料、饮水、土壤、用具及圈舍，主要通过消化道或擦破的皮肤感染。

【症状】潜伏期长短不一，一般为1～7 d，根据病程长短，分为3种类型。

急性型(败血型)：特点是突然暴发，经过迅速，少数病例在未呈现临床症状即突然死亡。病势稍缓的猪，体温上升至42.5℃，稽留不退。食欲废绝，寒战，喜卧，走路摇摆不稳。眼结膜潮红，但眼睛特别清亮。在发病的1～2 d后，病猪胸、腹、四肢内侧、耳部皮肤上出现大小不等的红斑，指压红色暂时消退。大便干燥，后期可能出现腹泻。病程短，一般多在2～4 d死亡。

亚急型(疹块型)：病初精神不振，食欲不佳。体温升至42.5℃左右，经1～2 d在背、胸、颈、腹侧及四肢外侧皮肤上出现方形、圆形或不规则的凸出于皮肤表面的深色或黑紫色疹块，类似烙印，故俗称“打火印”。随着疹块的出现，病猪体温下降，病势减轻，最后形成干痂，表皮脱落而自愈。有时也可恶化为败血型或转为慢性型猪丹毒。

慢性型：由上两种类型转化而来，表现出关节肿大、跛行和心内膜炎。食欲时好时坏，精神不佳。后期可见贫血、腹泻等症状，重者可在2～4周内死亡；不死个体生长发育迟缓，形成僵猪。

【剖检】败血型猪丹毒病尸体表出现红斑，胃底部及十二指肠黏膜有点状和弥漫性出血。全身淋巴结肿大、充血，切面多汁。脾肿大，质地松软，边缘钝圆，呈樱红色。肝充血。肾淤血肿胀，常有小点出血。肺充血或水肿，心内外膜有出血点。疹块型主要病变是皮肤疹块。慢性型在心内膜上有花菜样疣状物，腕关节、跗关节、髋关节肿大，关节囊有纤维性渗出物。

【诊断】根据流行特点，病状及剖检变化可做出初步临床诊断。根据突然死亡、体温上升在 42℃ 以上，剖检时皮肤、内脏的变化及治疗时用青霉素疗效显著等都可做出诊断。注意急性败血型猪丹毒与猪的其他急性败血性传染病相区别。

【防治】

1. 预防措施

(1)每年春、秋两季用猪丹毒氢氧化铝甲醛菌苗对猪只进行预防接种，无论大小猪只，皮下注射 5 mL，注射后 21 d 产生免疫力，免疫期 6 个月。或用猪丹毒冻干弱毒菌苗，用氢氧化铝生理盐水按瓶签规定稀释，大小猪只一律皮下注射 1 mL，注射后 7 d 产生免疫力，免疫期 9 个月。

(2)改善饲养管理，增强机体抗力。清圈消毒，猪舍、运动场常用热烧碱水或石灰乳消毒，粪便进行无害处理。猪圈每年用石灰乳涂刷 2～3 次。

2. 发病后的扑灭措施

(1)发病猪群应随时检查，及时隔离病猪，对其余健康猪只全部注射弱毒菌苗进行免疫。在对病猪隔离治疗的同时，对所有与病猪接触的猪采用青霉素等早期注射。

(2)及时封锁疫点，彻底清圈消毒，以制止疫病传播。

(3)严格进行死猪或急宰猪尸体处理，如深埋或加工利用。

3. 治疗

(1)青霉素对本病有较好疗效。青霉素水剂按每千克体重

2万 IU,每天肌肉注射2～3次;或氨苄青霉素20 mg/kg体重,肌肉注射,每天2次。注意连续用药,否则易复发或转为慢性。

(2)红霉素每千克体重1万 IU,用5%葡萄糖溶液稀释后耳静脉注射,每天2次。

(3)四环素或土霉素每千克体重0.5万～2万 IU,肌肉或静脉注射。每天1～2次,连用2～3 d。

如果使用抗生素时,配合使用维生素C和地塞米松,疗效更佳。

三、猪肺疫

猪肺疫又名猪巴氏杆菌病,猪出血性败血病,俗称锁喉风。它是由多杀性巴氏杆菌引起的急性流行性和继发性传染病。

【病原】多杀性巴氏杆菌是革兰氏染色阴性小杆菌;无鞭毛,不形成芽孢,毒力强的菌株能形成荚膜。在病猪全身各组织、体液以及分泌物、排泄物中都有病菌。健康猪的上呼吸道存在巴氏杆菌。多杀性巴氏杆菌对外界环境及理化作用的抵抗力不强,在直射阳光下经10～15 min或加热60℃经20 min即死亡。常用消毒药有5%石灰粉、1%漂白粉和2%烧碱水等。

【流行病学】本病多发生于中、小猪,成年猪患病较少,一年四季均可发生。病猪和带菌者是主要传染源。病原体从呼吸道和各种分泌物、排泄物中排出,污染饲料、饮水、用具和周围环境,经消化道以及皮肤伤口侵入健康猪,引起发病或流行。饲养管理不当,卫生条件差和环境突然变换,以及长途运输,均可导致本病发生。

【症状】潜伏期为1～5 d。分为三型。

最急性型:突然发病,有时未见症状迅速死亡,病程稍长者,体温升高至40～42℃,食欲废绝,全身衰弱,卧地不起。咽喉下部可以出现高热、坚硬、红肿,可延至耳根甚至前胸。呼吸困难,黏膜发绀,犬坐喘鸣。末期口鼻流出白色或红色泡沫样物。耳根、腹侧和四肢内侧皮肤也可出现红斑，最后窒息死亡，病程1～2 d。

急性型：最为常见，除具败血型一般特征外，主要表现为急性胸膜肺炎。病猪体温升高，初期呈短而干的痉挛性咳嗽，后变为湿咳。鼻流铁锈色脓性鼻液。呼吸困难，呈犬坐势。皮肤上有红斑。食欲减少或废绝。初便秘，后腹泻。病程5～8 d，不死者转为慢性。

慢性型：主要表现为慢性肺炎或慢性胃肠炎。呼吸困难，持续性咳嗽。鼻流黏性或脓性分泌物。精神不振，食欲减退，下痢。体况瘦弱，发育停滞，如不及时治疗，一般经2周以上衰竭而死。

【剖检】病猪皮肤上有大小不等的红色斑块；颈部炎性肿胀，皮下有淡黄色或黄红色胶冻样浸润。气管、支气管有泡沫状黏液。喉头、气管、心内外膜、脾、胃肠黏膜有出血点。全身淋巴结肿大，切面红色、水肿。肺部病变明显，出现水肿、气肿、出血，肺上有散在的，与健康肺界限明显的暗红色至灰红色大小不等的肝变，此种病变可达肺实质的深部，有硬质感。病程长时，有胸膜肺炎的病变，胸腔内有淡黄色渗出物，胸膜与肺粘连，肺门淋巴结有轻度肿胀及淤血。

【诊断】可根据流行病学、病状和剖检做出初步诊断。对急性病例可取血液、咽喉水肿液、胸水、淋巴结涂片，用美蓝或瑞氏染色法染色后镜检，若有大量两极着色的卵圆形球杆菌便可做出诊断。

【防治】

1.预防措施

(1)预防接种，猪肺疫氢氧化铝甲醛菌苗不论大小猪只，每猪皮下注射5 mL，注射后14 d产生免疫力，免疫期6个月，春、秋两季各注射1次。也可用猪丹毒、猪肺疫二联苗注射；现在普遍使用猪瘟、猪丹毒、猪肺疫三联苗进行免疫注射，免疫期6个月。

(2)加强饲养管理，增强机体抗力，日常饲养管理中尽量避免由于饲养管理不当而导致机体抵抗力减弱的各种因素．如过分拥挤，潮湿，受冷，受热，营养缺乏等。

(3)搞好环境和圈舍卫生，圈舍、运动场和用具定期用10%石灰乳或5%漂白粉消毒。

2. 治疗

(1)四环素，每千克体重10～15 mg，用5%葡萄糖盐水稀释后静脉注射，每天2次；或卡那霉素，每千克体重1万～2万IU，肌肉注射，每天2次。

(2)20%复方磺胺嘧啶钠注射液，小猪10～15 mL，大猪20～30 mL，肌肉或静脉注射，每天2次。

(3)环丙沙星每千克体重2～5 mg，肌肉或静脉注射，每天2次。

上述药物配合地塞米松和维生素C使用，可提高疗效。临床治疗中如发现某些药物疗效不好，宜及时改用其他有效药物治疗，必要时可将两种以上能够相互协同的药物联合使用。药物连续使用，直至病愈后1--2 d。

四、仔猪副伤寒

仔猪副伤寒是由猪霍乱沙门氏杆菌和猪伤寒沙门氏杆菌引起的传染病，患猪发生坏死性肠炎，严重下痢。

【病原】猪霍乱沙门氏杆菌和猪伤寒沙门氏杆菌皆为革兰氏阴性菌，对外界环境抵抗力较强，在水和土壤中能生存4个月，干燥的环境里可存活5个月。但不耐热，60℃ 20 min可杀灭。此菌可存在于健康猪肠道、胆囊和病猪的内脏器官、粪便之中。猪霍乱沙门氏杆菌还可以污染乳、肉、蛋及其他食品，而使人发生食物中毒。

【流行病学】本病多发生于2～4月龄仔猪，成年猪很少发生。一年四季均可发生，而以秋冬、早春、气候多变和梅雨季节发病率最高。另外，仔猪饲养管理不当、圈舍潮湿、拥挤、气候突变、长途运输等均可诱发本病。

病猪和带菌猪是其病源。病原体随粪便排出散布传染。易感猪采食被污染的饲料、饮水经消化道感染。本病一般为散发性或地方性流行。常发地区多表现为慢性，初次流行地区可出现急性病例。病一旦在猪群中发生，病菌连续通过易感猪体后，毒力增强，使病由散发而转变为地方流行。

【症状】潜伏期长短不等，可由数天至数月。分为急性和慢性两型。

急性型：断奶前后的仔猪突然发病迅速死亡，病程稍长者，体温升至41℃左右，食欲不振或废绝。精神差，寒战，喜钻草，鼻盘发干，眼结膜潮红，有脓性眼屎。病后2～3 d，猪的鼻端、耳、颈、腹部及四肢内侧皮肤上出现紫色斑。随后病猪衰竭，呼吸困难，很快死亡。

慢性型：主要症状是拉稀。粪便呈粥样或水样，颜色为灰白、黄褐、灰绿或乌黑色，气味恶臭，有时混有血液，严重时肛门失禁，粪便自流，使尾部和后躯被沾污。有的病猪还发生肺炎，出现咳嗽和呼吸加快症状。由于持续下痢，病猪脱水，消瘦，衰弱，被毛粗乱无光，甚至体瘦如柴，最后衰竭死亡。

【剖检】急性型脾肿大，呈蓝紫色。肝脏肿大，有粉红色或灰黄色粟粒大小的坏死点。在脾、肾上偶尔也会有同样的坏死灶。特征性的病变是胃肠道急性炎症，从空肠到结肠越来越明显。肠黏膜充血，水肿，肠系膜淋巴结肿胀充血。

慢性型主要病变是盲肠、结肠壁增厚，有浅平溃疡和坏死。肠道表面附着灰白色或暗褐色假膜，形似糠麸。肠系膜淋巴结肿大。肝、脾、肾及肺均有坏死灶。

【诊断】本病主要侵害1～6月龄猪只，流行过程缓慢，饲养管理不良的猪场尤易发生。病猪发热，腹泻，耳、胸、腹下及四肢下端呈蓝紫色。剖检重视肝、脾及肠系膜的变化，一般在临床上能做出初步诊断。

【防治】

1. 预防措施

(1)本病的发生与饲养管理、卫生条件密切相关。因此，改善饲养管理，搞好圈舍卫生、增强猪只抵抗力是预防本病的主要措施。

(2)预防注射，每年定期注射仔猪副伤寒冻干弱毒菌苗，1月龄以上或断奶仔猪肌肉注射1 mL，免疫期9个月。体质瘦弱，患有其他种疾病或已感染副伤寒的仔猪，不宜注射。

(3)发病后及时隔离，圈舍清扫消毒，粪便堆积发酵。对假定健康猪用痢特灵或土霉素，有预防效果。病死猪要深埋。不可食用。以防人发生中毒事故。

2. 治疗

治疗时注意早期和连续用药的原则。

(1)痢特灵：每日0.4～0.6 mg，分2次内服，连用3～5 d，环丙沙星，每千克体重3～5 mg，肌肉注射，每天2次。氟哌酸，每千克体重10～20 mg，内服，每天2～3次。

(2)氯霉素：每千克体重2万～5万IU，肌肉注射，每天2次。土霉素，每千克体重0.1 g，每天2次口服，连用3 d。磺胺嘧啶(SD)，每千克体重20～40 mg，加甲氧卞氨嘧啶(TMP)，每千克体重4～8 mg，混合后分成2份，每天2次口服。

(3)大蒜：每次用量5～25 g，每天2～3次，连服3～4 d。

(4)中药：黄柏25 g，白头翁35 g，龙胆草25 g，苦参30 g，地榆20 g，车前子15 g，煨豆蔻15 g，马齿苋40 g，过路黄25 g，甘草15 g。煎水灌服，每天3次。

五、猪气喘病(猪肺炎支原体)

由猪肺炎支原体引起的一种接触性慢性传染病。本病死亡率不高，但对患猪的生长发育影响很大。

【病原】猪肺炎支原体存在于猪的呼吸道、肺及附近淋巴结中。该病原体离开猪体后对外界环境的抵抗力弱，生存时间不超过 36 h，对青霉素、磺胺类药物不敏感。土霉素、卡那霉素在临床上对本病有控制作用，常用的消毒药物均能达到消毒目的。

【流行病学】本病只发生于猪，其他动物均不感染。任何猪只均可被感染，但以幼猪发病率和死亡率为高；其次为妊娠后期和哺乳期母猪。成年猪以慢性和隐性经过为主。

病猪是其传染源，特别是隐性病猪。在引入病猪后，在引入区呈暴发性流行。康复猪在症状消失半年到一年后，仍可排出病原体。病猪通过咳嗽、气喘和喷嚏将病原体喷出，健康猪与病猪接触时，吸入带病原飞沫后经呼吸道传染。本病的发生无明显季节性，但以寒冷潮湿的冬春季节发病较多。饲养管理不良，饲料品质低劣，圈舍阴冷潮湿，通风不良，拥挤以及环境条件骤变，均可诱发本病。

【症状】潜伏期为 7～15 d，最短 3～5 d，最长可达 1 个月以上。根据病程经过，可分为急性、慢性和隐性三型，其中以后两型为主。

急性型：多见于新疫区的初期，以孕猪、哺乳母猪和仔猪多见。常为突然性发作。病猪精神不振，呼吸次数增加，每分钟 60～100 次以上，呈明显的腹式呼吸。随病程的发展，病猪呼吸困难或张口喘气。咳嗽次数少而低沉。体温一般正常或稍有上升，食欲减退或废绝，病程约 1 周，死亡率较高。

慢性型：常见于老疫区，多由急性转来。病的早期主要症状是咳嗽，在采食、剧烈跑动、早晨出圈时尤为严重。咳嗽时，病猪站立不动，弓背伸颈，头下垂，直至呼吸道分泌物咳出为止。病猪体温、精神食欲无明显变化。病的后期，出现喘气症状，腹部随着呼吸有节奏地扇动。呼吸次数每分钟 40～100 次。一般情况下，猪的精神、食欲无大的变化。病的后期病猪呼吸急促，次数增多，呈犬坐势张口呼吸或将嘴支在地面喘气。病程长的小猪消瘦衰弱，被毛粗乱无光，生长发育不良；病程可持续 2～3 个月，甚至长达半年以上。

隐性型：多见成年肥育猪。病猪多不呈现明显临床症状或仅有轻度咳嗽和气喘，不易察觉。老疫区猪群内占有相当数量，是危险的传染来源。

【剖检】主要观察呼吸器官及其淋巴结。若肺脏的心叶、尖叶、隔叶、中间叶前下部肺组织呈淡红色或灰红色，与周围肺组织界限明显的被称为“肉变”。肺门淋巴结肿大，可达正常淋巴结的 5～6 倍。

【诊断】根据临床症状以咳嗽、气喘为主，体温不高，患猪发育不良及剖检观察肺组织“肉变”做出临床诊断。

【防治】

1. 预防措施

(1)执行自繁自养方针，防止从外地购入病猪。必须引种时，认真了解猪源所在地区有无本病流行，如有可疑病情，则不能购买。在非疫区引入的健康猪也须隔离饲养，观察 1～2 个月，在无咳嗽、喘气症状表现时，才能混群饲养。

(2)加强日常饲养管理，保持圈舍清洁、干燥、通风，避免过于拥挤，定期做好消毒工作。

2. 发病时的控制措施

早期发现，严格隔离病猪。早期发现的方法是：一听(听咳嗽)、二查(查呼吸次数)、三剖检(剖检病猪可以发现典型的气喘病病变)。发现病猪后，立即隔离，并改善病猪饲养管理条件，积极治疗。

3. 治疗

(1)土霉素：每千克体重 20～40 mg，用 5%氯化镁溶液或 5%葡萄糖溶液稀释后肌肉注射，每天 1 次，5～7 d 为一个疗程。

(2)卡那霉素:每日每千克体重 2 万～4 万 IU,肌肉注射,每天 2 次,连续 3～5 d,或者与土霉素交替使用。

(3)长效抗菌剂:2～10 mL,肌肉注射,3 d 注射 1 次。也可以用林可霉素,每千克体重 1 万～2 万 IU 肌肉注射,每天 2 次。或用猪喘平,每千克体重 2 万～4 万 IU,肌肉注射,每天 1 次,5 d 为一个疗程。

六、仔猪大肠杆菌病

仔猪大肠杆菌病是由致病性大肠杆菌引起的仔猪腹泻病,它主要危害新生仔猪。包括仔猪黄痢、仔猪白痢和猪水肿病。

【病原】大肠杆菌是埃希氏菌属各种血清型的埃希氏大肠杆菌的总称,为革兰氏阴性杆菌。大肠杆菌大量存在于人及动物肠道之中,新生仔猪的肠道中亦存在不少的大肠杆菌,并且终身寄居。在正常情况下大肠杆菌不致病,而且还能合成维生素 B 等营养物质,某些菌株还能产生大肠菌素抑制肠道中某些病菌的生长。所以,大多数血清型大肠杆菌对机体有益,而仅有一些血清型大肠杆菌能引起发病,称这为致病性大肠杆菌。又由于致病大肠杆菌的血清型不同,所致疾病亦不相同。

大肠杆菌对外界因素的抵抗力不强,60℃ 30 min 即死亡。一般消毒药可立即杀死。但本菌可在土壤和水中存活数月之久。

(一)仔猪黄痢

本病是初生仔猪的急性、高度死亡率的传染病。其特征为排黄色或黄白色的稀粪。

【流行病学】本病主要在生后数小时至 5 日龄内的仔猪中发病,以 1～3 日龄内的仔猪发病居多,1 周龄以上仔猪发病很少。

带菌母猪是主要传染来源,病猪粪便中的致病大肠杆菌散布于环境中,从而污染母猪乳头及皮肤,仔猪吮乳时经消化道感染。一窝仔猪中最先由 1 头开始,随后陆续感染其他仔猪,最后引起全窝仔猪发病。死亡率很高，不死者生长发育缓慢，形成僵猪。

【症状】仔猪刚出生时，一切均正常，几小时后突然发病。急性病例很快死亡，随之出现以腹泻为主的病仔猪。病猪拉黄色或黄白色水样稀粪，粪内含有凝乳碎块。稀粪顺肛门流下，沾污尾、会阴和后躯，严重时小母仔猪阴户尖端可出现红色，后肢被粪便污染。捕捉挣扎或鸣叫时，粪便从肛门冒出。病仔猪精神沉郁，吃奶减少或不吃。由于脱水，眼球下陷，迅速消瘦，最后呈昏迷状态死亡。

【剖检】尸体体表沾污黄色稀粪，颈、腹部皮下有水肿，黏膜和肌肉苍白。肠道膨胀，有大量液状、黄色内容物和气体。肠黏膜呈急性卡他性炎症，肠壁变薄，松弛，尤以十二指肠最为严重。肠系膜淋巴结色淡或呈黄色，质地松软而脆弱，表面有弥漫性小点出血。肝、肾常有小坏死灶。

【诊断】根据发病日龄、严重腹泻和排黄色稀粪、急性死亡、发病率和死亡率很高等特点，可做出初步诊断。

【防治】

1. 预防措施

(1)不从有病猪场或地区引入种猪，已发生本病的猪场，对母猪和仔猪要固定圈舍和运动场。产仔母猪的乳头和其他部位皮肤可用0.1%高锰酸钾溶液擦拭，产圈打扫清洁，用生石灰消毒后才放入仔猪哺乳。

(2)母猪产前中药预防，可选用下方：黄芩45 g，黄柏45 g，银花40 g，白术45 g，苏梗45 g，砂仁35 g，白头翁50 g，龙胆草50 g，苦参50 g，陈皮40 g，甘草30 g，大蒜300 g捣成泥后分次添喂。

(3)母猪临产前两天内的西药预防：长效抗菌剂10～15 mL，分点肌肉注射，每天1次。复方磺胺6-甲氧嘧啶20～30 mL，肌肉注射，每天2次，连续2 d给药。

2. 治疗

(1)小诺霉素10万～20万IU，环丙沙星1～2 mL，分别肌肉注射，每天2次。地塞米松2～5 mL，肌肉注射。5%葡萄糖盐水20 mL，5%碳酸氢钠2～5 mL混合后腹腔注射。

(2)痢杀星1 mL口服，每天2次。小诺霉素10万～20万IU，肌肉注射。5%葡萄糖盐水20 mL、5%碳酸氢钠2～5 mL混合后腹腔注射。

(3)母猪过奶中药疗法：黄柏50 g，黄连35 g，白头翁60 g，龙胆草50 g，苦参50 g，秦皮45 g，瞿麦40 g，粟壳45 g，猪苓50 g，煨豆蔻45 g，木香35 g，白芍45 g，甘草35 g，马齿苋80 g，过路黄60 g，刺梨子根100 g，生大蒜300 g，捣碎分次混入中药水喂服。

(二)仔猪白痢

仔猪白痢又名“屙奶尿”，是10～30日龄仔猪常发的一种消化道传染病。其特征是排乳白色或灰白色稀粪。本病死亡率低，但严重影响仔猪生长发育。

【流行病学】本病主要发生于1月龄仔猪，以10～20日龄发病者居多。本病的病因除特异的致病大肠杆菌外，气候突变，饲养管理不良，卫生条件差，母乳中含脂率高或泌乳量降低等因素，都是使本病发生的重要原因。本病在各地猪场和农户猪舍均有较高的发病率。各窝仔猪发病的多少、先后以及严重程度不尽相同，采取一般的防治措施往往不易扑灭，因此，对养猪业造成严重影响。

【症状】病仔猪体温一般正常，精神、食欲无明显变化。随病程发展，病仔猪排出乳白色、灰白色或黄白色糊状粪便。随后，腹泻次数增加。排泄物腥臭而稀薄，有时混有气泡，如果不及时采取治疗措施，下痢逐渐加剧，肛门周围、尾巴及后肢被粪便污染。病仔猪精神差，食欲差，逐渐消瘦，被毛粗乱无光。走路不稳，严重的脱水，呼吸增快，最后衰竭死亡。病程较长而逐渐恢复的仔猪，生长发育缓慢，甚至生长停滞，形成僵猪。

【剖检】病死仔猪多无特异病变。病程短的病死仔猪，胃内有凝乳块，肠内有气体和稀薄的食糜，部分黏膜充血，其余大部分黏膜苍白，肠系膜淋巴结稍有水肿，但实质器官无明显变化。病程长的病死仔猪，除消瘦和脱水之外，胃肠较空虚，或有少量食糜和气体，黏膜稍见潮红，肠壁菲薄而带半透明状，肠系膜淋巴结水肿。实质器官无变化或有营养不良性变性。

【诊断】根据临床症状和流行病学，即可做出诊断。

【防治】

1. 预防措施

(1)加强妊娠母猪和哺乳母猪的饲养管理。根据母猪不同妊娠阶段及产后体质状况和奶质状况，合理调配饲料，以保持母猪泌乳量的平衡，防止乳汁过浓。母猪产前最好喂服一剂产前药。处方如下：

白术 45 g，黄芩 45 g，砂仁 35 g，苏梗 40 g，苦参 45 g，云苓 40 g，陈皮 40 g，白头翁 50 g，龙胆草 45 g，鱼腥草 45 g，穿心莲 50 g，甘草 30 g。

母猪产仔时，专人护理，仔猪放在干净箩窝里，产仔完毕，彻底清扫圈舍，用 0.1%高锰酸钾溶液清洗乳房后，再放入仔猪吮乳。

(2)做好仔猪养育工作，实行仔猪早期补饲，对提高仔猪抵抗力，防止异食，减少白痢的发生有利。在仔猪出生后 2～3 d，每只仔猪颈部肌肉注射 1 mL 右旋糖酐铁和维生素 B_{12}，对促进仔猪发育，防止白痢有良好作用。

2. 治疗

(1)痢杀星：每只猪每次内服 1 支，每天 2 次。

(2)环丙沙星：每只猪肌肉注射 2～3 mL，每天 2 次。

(3)小诺霉素：每只猪肌肉注射 1～2 mL，每天 2 次。

(4)痢特灵：每只猪每日 0.4～0.5 g，分 2 次口服。

(5)氟哌酸:每只猪 30～60 mL(或敌菌净 40～80 mL),鞣酸蛋白 0.2～0.6 g,活性炭 0.2 g,维生素 B_1 0.1～0.2 g,口服,每天 2～3 次。

(6)中药治疗:黄柏 50 g,白头翁 40 g,苦参 40 g,龙胆草 45 g,秦皮 45 g,瞿麦 45 g,粟壳 45 g,煨豆蔻 45 g,穿心莲 45 g,过路黄 50 g,金樱子根 50 g,漏芦 45 g,甘草 35 g。煎水,候温,每次喂服时加入生大蒜泥 100 g。

(三)仔猪水肿病

本病是由溶血性大肠杆菌引起的断奶仔猪的一种急性、散发性传染病。由于病猪主要出现典型的眼睑水肿、结膜潮红,故又称"红眼病"。

【流行病学】本病主要发生于断奶仔猪,有时数日龄或 4 月龄仔猪也有发生。在仔猪群中,常是部分仔猪突然发病,迅速死亡,尤以生长快、体质健康的仔猪最易发病,死亡率高,可达 80%～90%。

带菌母猪和病猪是本病的主要传染来源。病原随大便排出,污染饲料、饮水和环境,经消化道传染。饲料单纯、精料过多、缺乏维生素和矿物质、气候变化大、阴雨潮湿等,与本病的发生有一定的关系。一般多见于春、秋两季,呈地方性流行,常见于某一地区或某一猪场。

【症状】小猪突然发病,病猪表现为精神沉郁,食欲减少或不食。多数体温不高,少数可达 40℃ 以上,行走不稳,形如醉酒状态。有的病猪前肢跪地,两后肢直立,突然向前冲。当触摸或捕捉时,十分敏感,突然倒地,四肢呈游泳姿势。空嚼磨牙。后期反应迟钝,呼吸困难,声音嘶哑,腹泻或便秘。病猪眼睑水肿,严重时上、下眼睑间仅现一条小缝。病程长短不一,有的数小时,一般为 1～2 d,个别病例可长达 7 d 以上。死亡率很高。

【剖检】胃壁、大肠系膜以及某些部位的皮下水肿是本病的特征性变化。胃壁水肿最常见于胃大弯部和贲门部，有时波及胃底部和食道部。胃底部弥漫性出血。大肠系膜呈胶冻样水肿。全身淋巴结水肿，并有不同程度的充血及出血，病变严重的淋巴结呈红色。心包、胸和腹腔积有较多的无色或黄红色液体。肺和大脑有时也可见水肿。

【诊断】生前可见眼睑、头部水肿及神经症状；死后剖检见胃壁及大肠系膜水肿，结合流行病学特点，可做出诊断。

【防治】

1. 预防措施

(1)在仔猪断奶前后，注意饲养管理，防止突然改变饲料和饲养方法，避免饲料过于单纯，或蛋白质过多。多喂青饲料、矿物质饲料及维生素。

(2)必要时在饲料内添加抗菌素药物，如土霉素、氯霉素等，按每千克体重 5～20 mg。有预防本病的作用。

2. 治疗

(1)当发病时，暂时停喂浓厚精料，改喂青饲料拌有黄玉米粉的高能低蛋白饲料，待临床症状消失后，才将饲料调整到原水平。

(2)红霉素 25 万～50 万 U，用 5%葡萄糖溶液稀释后静脉注射，同时配合氟哌酸 6～10 mg 肌肉注射，地塞米松 5～10 mg，维生素 0.5～1 g，分别肌肉注射，每天 2 次。

(3)氯霉素 25 万～50 万 IU，磺胺 6-甲氧嘧啶 5～10 mL，地塞米松 5～10 mg，维生素 B_1 0.5～1 g，分别肌肉注射，每天 2 次。

(4)氨苄青霉素 0.5～1 g，环丙沙星 5～8 mL，分别肌肉注射。10%葡萄糖溶液 40～60 mL，速尿 20 mg、10%安钠咖 2～5 mL，混合静脉注射，每天 2 次。

(5)维生素 E 5 mL，亚硒酸钠 1～2 mL，分别肌肉注射 1 次。环丙沙星 5～8 mL，肌肉注射每天 2 次。

(6)环丙沙星 5～6 mL，氯霉素 25 万～50 万 IU，分别肌肉注射,每天2次。10%葡萄糖溶液40～60 mL,10%葡萄糖酸钙液5～10 mL,维生素C 0.5～1 g,混合后静脉注射,每天1次。

(7)氨苄青霉素0.5 g或土霉素4～8片,氟哌酸2～4片,维生素E 0.2 g,每天2次口服,加亚硒酸钠1～2 mg,每天1次口服,连服2 d。

七、猪流行性感冒

本病是由猪流行性感冒病毒引起的急性、热性、高度接触性传染病。突然发病,传播快,一般预后良好。

【病原】猪流行性感冒病毒主要存在于病猪鼻液、气管及支气管渗出液、肺及肺门淋巴结等处。病毒对干燥及冰冻抵抗力较强,但常用的消毒药如石炭酸、甲醛等均可致死,特别对碘制剂敏感,常用消毒药能达到消毒目的。

【流行病学】不分年龄、性别和品种的猪只,均可感染本病。病猪和病后的带毒猪为本病的传染源,咳嗽时排出的大量病原体,通过呼吸道感染。本病多发生于秋冬及早春季节,特别是气候骤变、忽冷忽热时易于发生。饲养管理不当,卫生条件不良,猪舍寒冷潮湿,过于拥挤以及猪只因其他疾病抵抗力降低,常能促进本病的流行。

【症状】潜伏期2～7 d,猪只突然发病,迅速蔓延全群。体温升高至40～41.5℃,精神高度沉郁,喜卧,行走困难。食欲减少或废绝。大便多干燥。呼吸加快,呈明显的腹式呼吸。眼、鼻流出分泌物,结膜潮红,进而发绀。病程较短,若无并发症,3～7 d可自愈。有并发症发展为肺炎时,病程延长,并可导致死亡。

【剖检】肺部病变多局限于尖叶、心叶及副叶,病变部呈深紫红色,塌陷,无捻发音。切面支气管及小支气管内充满浓稠、黏性渗出液。喉、气管及支气管黏膜充血,并有大量黏液,有时还有血液。其余肺叶则呈气肿,色泽略淡。颈、纵隔及肺门淋巴结高度肿胀,切面多汁。

【诊断】根据流行病学、临床症状及剖检可做出初步诊断。突然高热、全群迅速感染,患猪呼吸急促、咳嗽、肌肉、关节疼痛等均是临床诊断的依据。

【防治】

1. 预防

加强猪只饲养管理和防疫卫生措施,在阴雨潮湿、气候多变的秋冬和早春季节,搞好圈舍的防寒保暖,保持舍内清洁干燥,可以预防本病发生。发病后,立即将病猪隔离,注意保温,加强护理,给予消化饲料。猪舍用2%～5%漂白粉或烧碱溶液消毒。健康猪严禁与病猪接触。

2. 治疗

本病尚无特异的治疗方法,病猪在良好的护理下,适当给予对症治疗多能自愈,如30%安乃近3～5 mL,复方氨基比林5～10 mL,肌肉注射。如果为了避免继发症,可以适当选用抗菌素及磺胺类药物。也可选用安钠咖及钙剂等药物,用以强心和减少炎性渗出物。

八、仔猪传染性坏死性肠炎(仔猪红痢)

本病是由C型产气荚膜梭菌引起的肠毒血症,特征是排血色粪便,肠坏死,病程短,死亡率高。

【病原】C型产气荚膜梭菌为革兰氏阳性厌氧性大杆菌,厌氧条件下,能形成芽孢,多数芽孢的直径大于菌体宽度,使菌体呈梭形、汤匙形及鼓槌状。该菌有荚膜,无鞭毛不能运动。能在液体培养基和动物体内产生外毒素,是其致病的主要原因。

【流行病学】本病主要发生于1周龄以内的仔猪,尤以1～3日龄仔猪多见。一旦本病传入猪群,常可年复一年地在猪群发生。病原体广泛存在于自然界,人、畜肠道中也存在有本菌,并随粪便排出于外界，被污染的土壤、饮水、垫草和用具等，都可成为传染媒介。新生仔猪舔食污染的母猪乳头或土壤，经消化道传染。

【症状】常在仔猪出生后数小时至1～2 d发病，体温升至40～40.5℃。病仔猪不吃奶，精神委顿，步态不稳，离群独处。怕冷，腹泻排出恶臭、含有气泡红色黏液性粪便，沾污后躯，粪便中常混有坏死组织碎片。大多数病仔猪迅速虚脱而死，临死前寒战抽搐。病程1～2 d，极少数病仔猪能耐过。病程稍长的病仔猪，可延长至1周左右，排出灰黄色、含气泡恶臭粪便。病猪被毛粗乱，消瘦，虚弱，多归于死亡。

【剖检】腹腔内有多量樱红色积液，小肠壁外观呈深红色，病变和正常肠段界限明显，肠内容物暗红色，呈液状。肠系膜淋巴结呈鲜红色，病程稍长的呈坏死性炎。病变肠段变僵硬，失去弹性，表面颜色转成汪黄色或土黄色。在坏死肠段浆膜下和充血的肠黏膜中有数量不等的小气泡。内外膜、肾脏和膀胱有时可见小点出血。

【诊断】根据流行病学、临床症状和典型病理变化，可做初步诊断。本病主要发生于1周龄内的仔猪，病程短，死亡率高。排红色黏液稀便。剖检可见出血性坏死肠炎、肠壁浆膜下层有小气泡，肠内有红色稀薄的内容物。

【防治】在发病的早期用抗菌素药物，可能有一定的疗效，但往往由于病程太急而来不及治疗，故本病应着重于预防。

(1)在发病猪群，对妊娠母猪于产前1个月和产后半个月各肌肉注射仔猪红痢灭活疫苗1次，每次5～10 mL，可使母猪产生免疫力，新生仔猪通过母乳获得免疫。如果母猪在上一个胎次曾注射过本疫苗，可在产前半月肌肉注射3～5 mL疫苗即可。注射疫苗时，因母猪已处于妊娠后期，应尽量让母猪安静，以免引起流产。

(2)加强饲养管理，做好产房、猪舍、环境的清洁卫生及消毒工作和母猪乳头的经常卫生消毒工作，可以减少本病的发生和流行。

(3)在常发病的猪场,于仔猪出生而未吃初乳之前及以后几天内,用抗菌素药物进行预防性口服,对预防本病有一定效果。

九、猪传染性胃肠炎

本病是由猪传染性胃肠炎病毒引起的急性、高度接触性传染病。其特征为腹泻、呕吐及脱水。10日龄以下仔猪死亡率高。

【病原】猪传染性胃肠炎病毒存在于病猪各组织器官、体液及排泄物内,以小肠黏膜、肠内容物及肠系膜淋巴结含毒量最多。病毒不耐热,在室温下很快死亡。加热56℃经45 min可全部杀死。对紫外线和日光敏感,对低温冷冻却有较大抵抗力。病毒有囊膜,对胃肠环境具有一定的抵抗力。0.5%石炭酸、0.05%甲醛在37℃时,20～30 min可灭活病毒。

【流行病学】2周龄以下哺乳仔猪最易感染本病,而以10日龄以下仔猪死亡率高。母猪及成年猪亦可感染,但症状轻而死亡率低,多能自然康复。病猪及康复后带菌猪是本病传染来源,病毒从粪便和呼吸道排出,主要通过呼吸道和消化道感染。本病传播迅猛,发病有明显的季节性,以深秋、冬季和早春发病多,夏季发病少。在新发病猪群呈流行性发生,老疫区则呈地方性流行。

【症状】潜伏期短,一般为15～18 h,亦有2～3 d者。10日龄以内仔猪于感染后1 d,多在吃奶之后出现呕吐,接着开始急剧水样腹泻。粪便黄色或黄绿色,有时含有未消化的凝乳块,腥臭。由于严重脱水,表现口渴,体重迅速下降。精神委靡,被毛粗乱无光,吃奶减少或停止吮奶。战栗,于2～5 d内死亡。随仔猪日龄增加,死亡率降低。病愈仔猪生长发育不良。

架子猪、育肥猪及成年种猪表现腹泻,粪便水样,呈灰白色或灰褐色,伴有未消化的饲料,腥臭。腹泻使病猪消瘦脱水、口渴。在腹泻期间体温不显著升高,但在腹泻前有暂时性发热。患猪精神委顿,食欲丧失,个别患猪出现呕吐。哺乳母猪泌乳下降或停止。一般病程5～7 d。一旦腹泻停止，食欲逐渐恢复，绝大多数病猪可自愈。

【剖检】尸体明显脱水。消化道有不同程度卡他性胃肠炎，哺乳仔猪胃内充满白色凝乳块，胃底充血或出血，胃壁松弛，失去收缩力。小肠充血，伴有卡他性炎。小肠壁变薄，透明，扩张，黏膜充血，甚至出血，小肠内有黄色水样内容物。肠系膜血管及肠系膜淋巴结充血肿胀。小肠绒毛萎缩，变短，绒毛长度仅为正常的1/4。

【诊断】根据流行病学和临床症状，剖检可做初步诊断。剖检以小肠扩张、变薄、充满液体及肠系膜淋巴结显著水肿为特征。

【防治】本病发生时，立即划出疫区，对发病猪舍进行严格消毒，禁止猪只、车辆、用具随便转移。临产母猪产房消毒。可试用猪传染性胃肠炎弱毒疫苗预防。

本病无特效药物治疗。为避免脱水、病程中应供给充足饮水。亦可供给0.1%高锰酸钾水或补盐水（氯化钠3.5 g，氯化钾1.5 g，碳酸氢钠2.5 g，葡萄糖20 g，常水1 000 mL）。圈舍保温防潮。开始有食欲时，喂以易消化液状饲料。哺乳仔猪在患病期间可以皮下多次注射葡萄糖生理盐水，并配合大量清洁饮水灌服。可适当选用广谱抗菌素，以减少继发感染。

病猪康复后，对本病可以产生坚强的抵抗力。第一次分娩母猪的仔猪因本病死亡后，下次分娩的仔猪则多不再发生本病。

十、猪流行性腹泻

本病是由猪流行性腹泻病毒引起的高度接触性传染的肠道传染病。其特征为呕吐、腹泻和脱水。

【病原】猪流行性腹泻病毒属于冠状病毒科冠状病毒属，病毒粒子呈多形性，倾向圆形，直径95～190 nm。外有囊膜，囊膜上有花瓣状突起。本病毒对乙醚、氯仿敏感。

【流行病学】本病仅发生于猪，各种年龄猪只均能感染发病。

本病发病的特点多在冬季，以 12 月份至翌年 2 月份发病最多，传播迅速。本病的传染源是病猪和病愈猪，病毒存在于肠绒毛上皮和肠系膜淋巴结。病毒随粪便排出，污染环境、饲料、饮水及用具等。主要通过消化道传染。

【症状】本病潜伏期 5～8 d。临床症状与典型的传染性胃肠炎非常相似，病猪发生急性腹泻，粪便稀薄如水，颜色淡黄绿色或灰色，在采食或吮乳后发生呕吐。体温稍高或正常，精神、食欲较差。不同年龄猪只症状有所差异，年龄越小，症状越重。10 日龄以下仔猪发生腹泻后，由于脱水和吸收障碍，在 3～4 d 昏迷死亡，死亡率高达 90%。断奶仔猪和育肥猪呈持续 4～6 d 的水样腹泻，精神沉郁和厌食。母猪表现精神沉郁、厌食和腹泻，可持续 1 周。成年猪一般正常，有时仅表现呕吐或厌食，重者水样腹泻 3～4 d，可自愈。

【剖检】小肠扩张，内充满黄色液体，肠系膜充血，肠系膜淋巴结水肿，小肠绒毛缩短。组织学变化见空肠段上皮细胞的空泡形成和表皮脱落。肠绒毛显著脱落。

【诊断】根据流行病学、临床症状和剖检变化可做初步诊断，但本病流行病学和临床症状与猪传染性胃肠炎非常相似，需做鉴别。本病发生于寒冷季节，各种年龄猪只都可感染，而且年龄越小，发病率和死亡率越高。病猪呕吐、水样腹泻和严重脱水，进一步的确诊依靠实验室诊断。

【防治】

(1)用抗生素药物治疗无效。腹泻病猪就停食或减食，提供充足饮水、盐水或 0.1%高锰酸钾水。小猪应补液，可皮下多次注射葡萄糖生理盐水，并配合大量清洁饮水灌服。保持舍内温暖干燥，可以减轻病情和降低死亡率。在本病流行区，对于处于感染威胁下的猪群，应严格控制人、动物和交通工具的流动，搞好消毒卫生，以减少感染的危险性。

(2)在发病季节(冬季)到来之前,给猪只注射猪流行性腹泻弱毒病苗或灭活苗进行免疫。

(3)为减少继发感染,可适当选用广谱抗生素如氯霉素、土霉素及磺胺类药物等。

思考题

1. 在猪病防治中,为什么要贯彻执行“预防为主、防重于治”的方针?

2. 猪只检疫包含哪些方面内容?

3. 为什么说按“免疫程序”给猪只接种,可以有效地控制传染病的发生?

4. 在猪场应该制定哪些防疫制度?

5. 猪场一旦发生疫情,应该怎么办?

6. 紧急免疫接种有何作用?应该怎么做?

7. 猪场消毒包含哪些内容?如何进行消毒?

8. 简述猪瘟、猪丹毒、猪肺疫、仔猪副伤寒等病的鉴别诊断要点。

参 考 文 献

1. 张仲葛,等. 中国实用养猪学. 北京:农业出版社,1990.
2. 杨公社. 猪生产学. 北京:中国农业出版社,2002.
3. 杨凤. 动物营养学. 北京:中国农业出版社,1993.
4. 罗安治. 养猪全书. 成都:四川科学出版社,1997.
5. 郭传甲,等. 养猪. 北京:农业出版社,1992.
6. 朱尚雄. 中国工厂化养猪. 北京:科学出版社,1990.
7. 刘凤翥. 跟我学规模化养猪技术. 北京:农村读物出版社,2004.
8. 周安国. 饲料手册. 北京:中国农业出版社,2002.
9. 陈代文. 饲料添加剂学. 北京:中国农业出版社,2003.
10. 李德发. 现代饲料生产. 北京:中国农业大学出版社,1997.
11. 程德君,等. 规程化养猪生产技术. 北京:中国农业大学出版社,2003.
12. 中华人民共和国农业部畜牧司. 畜牧业经营管理手册. 北京:农业出版社,1993.
13. 蔡辉益. 常用饲料添加剂无公害使用技术. 北京:中国农业出版社,2003.
14. 齐广海. 饲料原料配制技术手册. 北京:中国农业出版社,2000.
15. 甘肃省畜牧学校. 家畜外科及产科学. 2 版. 北京:中国农业出版社,1993.
16. 孙秉忠,等. 饲料原料简易检测与参假识别. 沈阳:辽宁科学技术出版社,1998.
17. 内蒙古农牧学院. 家畜育种学. 2 版. 北京:农业出版社,1990.
18. 北京农业大学. 家畜繁殖学. 2 版. 北京:农业出版社,1989.